雷达技术丛书

捷变雷达抗干扰与信号处理技术

全英汇　吴耀君　刘智星　沙明辉　邢孟道　著

电子工业出版社

Publishing House of Electronics Industry

北京·BEIJING

内 容 简 介

本书系统地介绍了捷变雷达抗干扰及其信号处理技术的相关理论和算法实现。全书共 6 章，内容包括雷达抗干扰技术的发展现状和捷变雷达抗干扰技术，脉间频率捷变雷达相参合成及抗干扰技术，脉内频率编码雷达抗干扰技术，稀疏频率捷变联合正交频分复用雷达信号处理技术，干扰感知技术与认知捷变波形设计技术，以及捷变雷达实时信号处理实现。本书可作为雷达系统设计、电子对抗、雷达信号处理技术人员的参考用书，也可作为高等院校信息与通信工程等相关专业研究生的教学参考用书。

图书在版编目（CIP）数据

捷变雷达抗干扰与信号处理技术 / 全英汇等著.

北京 ：电子工业出版社，2024. 12. --（雷达技术丛书

）. -- ISBN 978-7-121-49278-5

Ⅰ. TN974；TN957.51

中国国家版本馆CIP数据核字第20249WG899号

责任编辑：徐蔷薇　　文字编辑：赵娜
印　　刷：河北迅捷佳彩印刷有限公司
装　　订：河北迅捷佳彩印刷有限公司
出版发行：电子工业出版社
　　　　　北京市海淀区万寿路 173 信箱　邮编 100036
开　　本：720×1 000　1/16　印张：14.75　字数：331 千字
版　　次：2024 年 12 月第 1 版
印　　次：2024 年 12 月第 1 次印刷
定　　价：98.00 元

凡所购买电子工业出版社图书有缺损问题，请向购买书店调换。若书店售缺，请与本社发行部联系，联系及邮购电话：（010）88254888，88258888。

质量投诉请发邮件至 zlts@phei.com.cn，盗版侵权举报请发邮件至 dbqq@phei.com.cn。

本书咨询联系方式：xuqw@phei.com.cn。

前　言

捷变雷达具备复杂电磁环境下优异的低截获能力与干扰对抗能力，随着电子战技术的迅速发展，捷变雷达的抗干扰技术与信号处理技术也迎来了日新月异的进步。目前，捷变雷达能够发射空域、时域、频域、极化域等多域参数随机捷变的信号，波形参数变化多达上万种，具有很强的抗干扰能力。然而，捷变雷达体制在带来优越性能的同时，也带来了信号处理方面的难题。

本书对过去数年团队在捷变雷达抗干扰与信号处理方面的相关工作进行了总结，内容涵盖了捷变雷达基本理论、信号处理技术、系统设计与应用等方面，具体包括多种捷变体制雷达的信号建模、波形优化、干扰抑制、相参处理和目标检测等关键技术。

本书主要面向雷达相关从业技术人员、雷达使用人员，以及高等院校信息与通信工程、电子科学与技术等领域的硕士、博士研究生，具有充分的深度、广度和工程应用价值，希望本书的出版能对他们有所帮助。

本书共 6 章，第 1 章绪论，系统总结了雷达抗干扰技术的发展现状及捷变雷达抗干扰技术，对多域抗干扰技术、捷变雷达抗干扰机理及捷变雷达面临的难题进行阐述。

第 2～第 5 章涵盖了捷变雷达的几种主要形式，结合该领域研究成果，总结了基于捷变雷达的干扰抑制和信号处理方法，包括详细的算法流程、仿真实验和实测数据处理结果。其中，第 2 章侧重脉间频率捷变雷达，详细介绍了脉间频率捷变雷达信号模型、相参合成技术与干扰抑制处理技术；第 3 章侧重脉内频率编码雷达，重点阐述了脉内频率编码信号模型、抗干扰技术与信号处理技术；第 4 章侧重稀疏频率捷变联合正交频分复用雷达，讨论了该体制雷达的目标距离与速度参数精确估计技术；第 5 章围绕认知捷变雷达，论述了干扰感知—波形优化—信号处理的认知捷变抗干扰方法。

第 6 章则出于工程应用考虑，提供了捷变雷达实现技术，介绍了工程实现中捷变雷达的关键技术实现方案。

本书由西安电子科技大学全英汇、吴耀君设计、统稿，由西安电子科技大学多位教师共同撰写。其中第 1 章、第 5 章由全英汇撰写，第 2 章由邢孟道撰写，第 3 章由吴耀君撰写，第 4 章由刘智星撰写，第 6 章由沙明辉、赵佳琪撰写。在图书校稿过程中，博士后张瑞，博士生董淑仙、吕勤哲，硕士生方文、杜思予、方毅、冯浩轩、段丽宁、黄亮、彭本旺、刘礼义、杨振华、杨莉荷、萧宁洁、徐俊彤、陈露露、张泽源、朱曦等人提供了大量帮助，在此向在本书编辑和出版过程中有所付出的工作人员表示衷心的感谢。

由于捷变雷达技术发展迅速、方法不断更新，因此本书不能将所有最新研究成果一一呈现，敬请广大读者谅解。鉴于作者水平有限，书中可能存在不当之处，敬请读者批评指正。

著者

2023 年 4 月 24 日

目　录

第 1 章
绪　论

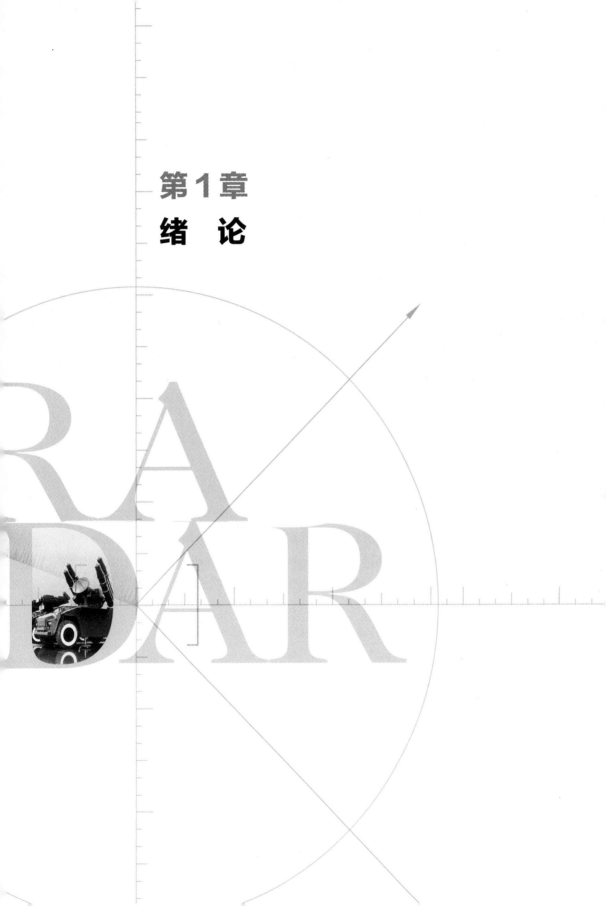

1.1 引言

雷达（Radio Detection and Ranging，Radar）利用发射的电磁波信号，能够全天时、全天候地探测远距离目标。雷达在诞生之初主要用于目标探测与测距，第二次世界大战后，涌现出了许多新体制和新功能雷达，如合成孔径雷达、相控阵雷达、多输入多输出（Multiple-Input and Multiple-Output，MIMO）雷达等。如今，雷达不仅能够精确测量多个目标的距离、速度、方位等多维度参数，还能够完成目标成像、识别等任务，成为武器系统不可或缺的电子装备。此外，雷达在民用领域也得到了广泛应用，如智慧交通、遥感测绘、资源勘探及气象预测等。

雷达技术的发展一方面聚焦传统的目标探测功能，不断追求更远距离、更高分辨率的探测与跟踪能力；另一方面现代战场环境日趋复杂，雷达面临电子侦察、电子干扰、隐身突防、反辐射导弹等多方威胁，因此，提升雷达在复杂电磁环境中的探测能力和生存能力成为现代雷达发展的重要方向。

传统干扰通常以噪声压制干扰和拖引式假目标干扰为主，由于干扰样式单一、干扰信号与目标回波非相干或假目标个数有限等原因，相应的雷达抗干扰技术已经相对成熟，如自适应波束形成、旁瓣对消、盲源分离、前/后沿跟踪等。数字射频存储器（Digital Radio Frequency Memory，DRFM）的问世极大地促进了电子对抗技术的发展，基于DRFM的干扰机能够在极短的时间内完成对雷达发射信号的不失真采样和转发过程，形成多个逼真的假目标。同时，由于干扰信号与目标回波高度相干，干扰能够在匹配滤波过程中获得信号处理增益，功率利用率非常高。另外，通过相位、幅度调制或噪声调制等手段，还可以生成多种具有不同干扰效果的干扰。对于这类新型干扰，传统的技术手段已经无法满足对抗需求，因此，探索新体制、新技术以提升雷达抗干扰能力具有重大的研究价值与意义。

捷变雷达成为近年来的研究热点，作为一种"主动"干扰对抗技术，本书所提的捷变雷达是指具备脉组、脉间或脉内波形参数在一定范围内随机/伪随机捷变能力的脉冲体制雷达。相比传统脉冲体制雷达，捷变雷达技术打破了雷达在干扰对抗中始终处于"被动"的尴尬局面，使雷达由"被动"的干扰抑制转变为"主动"反干扰。在干扰对抗过程中，传统脉冲体制雷达波形调制方式简单，波形参数相对固定，很容易被干扰机截获和识别，并被施加有源干扰，复杂电磁环境下的抗干扰能力较差。而对于捷变雷达，得益于信号参数（如载频、波形编码、重频等）的随机/伪随机捷变，一方面可以提升雷达波形的复杂度，降低雷达信号被截获、分选及识别的概率；另一方面可以有效地规避干扰或者降低干扰对雷达回波信号的影响。

在现代战争中，电子对抗越发重要。作为武器/防御系统的核心装备，雷达所面临的战场环境复杂多变，干扰种类和样式繁多，开展捷变雷达抗干扰技术的研究可以有效弥补传统体制雷达在低截获和抗干扰方面的不足，使雷达在电子对抗过程中占据有利地位，具有广阔的军事应用前景和重要的实际意义。

1.2 雷达抗干扰技术的发展现状

雷达抗干扰技术和干扰技术是相互伴随的，雷达抗干扰技术的进步必然会促进干扰技术的发展，而干扰技术的进步也会催生出新的雷达抗干扰手段，两者在相互博弈中均不断向前发展。

一般可以将雷达抗干扰技术归结为两种思路：①阻止或减少干扰进入雷达接收机；②利用雷达信号与干扰信号在某一个域上的特征差异区分目标信号和干扰信号，进而抑制干扰而保留雷达目标信号。当前，国内外的抗干扰方法主要采用新的雷达体制或在时域、频域、时频域、空域、极化域内对干扰进行抑制。

1.2.1 雷达时域抗干扰

在雷达时域抗干扰方面，大量学者开展了重频捷变技术及干扰对消技术的研究。时域干扰对消技术基于干扰信号重构和对消思想，可实现干扰抑制。例如，针对频谱弥散（Smeared Spectrum，SMSP）干扰[1]，通过干扰参数估计重构出干扰，与雷达接收回波信号相减可实现干扰对消；针对切片组合（Chopping and Interleaving，C&I）干扰[2]，可基于快慢时间域联合处理实现干扰对消。重频捷变可提高雷达的反侦察及抗干扰能力。例如，基于重频捷变体制，使干扰机无法准确预测脉冲重复周期（Pulse Repetition Time，PRT），进而结合干扰抑制手段，可实现有效干扰对抗[3]。

1.2.2 雷达频域抗干扰

在雷达频域抗干扰方面，频率捷变技术与频率分集技术是频域雷达抗干扰的重要手段。在频率捷变技术方面，清华大学刘一民教授团队在频率捷变波形相参处理及其性能边界分析等方面开展了大量研究[4]。西安电子科技大学全英汇教授团队在频率捷变雷达抗干扰技术方面进行了深入的研究。针对密集假目标干扰，全英汇等[5]将脉间频率捷变雷达与 Hough 变换相结合来抑制干扰。针对间歇采样转发式干扰时域不连续的特点，提出基于脉间频率捷变与脉内频率编码相结合的捷变波形，采用最大类间方差法自适应计算阈值剔除被干扰的子脉冲[6]。此外，频率分集阵（Frequency Diverse Array，FDA）技术也是一种行之有效的抗干扰措施，西安电子科技大学廖桂生教授团队[7]在 FDA 方面有深入的研究。廖桂生等[8]基于频控阵-多输入多输出（Frequency Diverse Array-Multiple Input Multiple Output，FDA-MIMO）雷达，利用雷达的距离维自由度对目标的真假进行区分，并设计距离-角度二维自适应匹配滤波器实现干扰抑制。

1.2.3　雷达时频域抗干扰

时频域抗有源干扰是利用目标和干扰在时频域的差异性或者可分离性，通过滤波的方式抑制干扰信号，同时保留目标回波。雷达信号的时域和频域通常有紧密的联系，因此时频域干扰的识别与抑制是一个重要方向。基于时频信息，可通过构造时频滤波器[9]、干扰重构对消[10]等方式实现干扰抑制。除时频域外，也可将信号映射到其他变换域提升信号与干扰的区分度，如经过分数阶傅里叶变换（Fractional Fourier Transform，FrFT）后的分数阶域[11]、循环谱域[12]及线性正则变换（Linear Canonical Transform，LCT）后得到的 LCT 域[13]等。

1.2.4　雷达空域抗干扰

在雷达空域抗干扰方面，旁瓣干扰对抗技术已发展得较为成熟，如经典的旁瓣相消技术，通过给雷达增加一个辅助天线，并利用辅助天线接收到的干扰信号来对消雷达主天线接收的干扰信号，使雷达方向图在多个旁瓣干扰方向上形成零陷，进而达到抑制旁瓣干扰的目的。此外，还有自适应波束形成、旁瓣隐匿及超低旁瓣天线等干扰抑制技术。对于雷达主瓣干扰，采用传统自适应波束形成方法在抑制主瓣干扰的同时，会导致雷达方向图主瓣畸变，并使旁瓣电平抬高，导致雷达虚警率急剧上升。空军预警学院王永良教授团队在空域抗干扰方面进行了深入研究，针对主瓣干扰下自适应波束形成方法导致的天线方向图畸变等问题，李荣锋等[14-15]提出了基于阻塞矩阵和特征矩阵投影两种预处理方法；针对主瓣压制干扰及杂波抑制问题，王安安团队[16]提出了联合多波束匹配相消级联空时自适应处理抑制方法。

空域抗干扰方法主要利用了目标和干扰在空间角度上的差异性，并且算法的抗干扰性能与这种差异性密切相关。然而，对于作战飞机挂载的干扰吊舱、弹道导弹携带的弹载干扰机和水面舰船搭载的舰载干扰机等自卫式干扰场景，由于目标和干扰在空间角度上的差异较小，空域方法的抗干扰性能可能并不理想。

1.2.5 雷达极化域抗干扰

在极化域抗干扰方面，主要利用雷达信号与干扰信号在极化域上的特性差异进行干扰对抗。近年来，随着极化雷达技术的发展及雷达抗干扰的迫切需求，雷达极化抗干扰技术受到了研究学者的高度关注，如极化滤波、极化鉴别等抗干扰技术。自适应极化对消器（Adaptive Polarization Cancellers，APC）由 Nathanson 在1975 年提出，根据两正交极化通道信号的互相关性自适应地调整两通道的加权系数，使合成接收极化与干扰极化域正交，从而达到抑制干扰的目的[17]。但由于低通滤波器响应时间的制约，APC 的收敛速度较慢。针对该问题，国防科技大学施龙飞、王雪松团队提出了一种干扰输出功率按最大梯度方向下降的 APC 迭代滤波算法[18]，该算法的收敛速度取决于干扰功率，因而收敛速度非常快。针对干扰抑制带来的目标信号幅度及相位失真问题，戴幻尧等[19]提出了一种空域零相移干扰抑制极化滤波器的设计方法。除上述对抗有源干扰外，干扰信号与目标极化特性的差异在对抗无源干扰方面也极具潜力，如对箔条、角反射器、充气诱饵等干扰的识别与抑制[20]。

1.2.6 雷达主动抗干扰

上述时域、频域、时频域、空域、极化域等滤波方法都是通过信号处理的方式抑制干扰信号，属于接收端被动干扰抑制。由于雷达参数相对固定，干扰机容易截获雷达信号并生成和目标信号高度相关的信号，因此被动滤波抑制干扰的性能有限。基于波形设计的主动干扰对抗技术可在保证雷达探测性能的同时，增加目标与干扰的区分度，提高雷达的抗干扰性能。在主动对抗波形设计过程中，结合干扰感知先验信息，如干扰机类型、干扰机个数、干扰调制参数、干扰采样周期等，更有利于雷达主动波形对抗设计[21-22]。波形设计可从两个角度出发：①针对干扰的工作机理设计波形；②发射波形和失配滤波器联合优化设计。在干扰的工作机理设计波形方面，周畅等[23]根据间歇采样转发干扰可以等效为多个移频干扰叠加的特性，设计了一种稀疏多普勒敏感波形，抑制脉冲压缩后假目标群中的次假目标，然后通过时域滑窗抽取，实现主假目标抑制和目标检测。在发射波形和失配滤波器联合优化设计方面，国防科技大学王雪松教授团队在发射波形恒模约束和失配处理信噪比损失约束的条件下，以发射波形和失配滤波器输出旁瓣能量及干扰信号和失配滤波器输出能量最小化为目标函数，对雷达发射波形和失配滤波器进行联合优化设计，实现间歇采样转发干扰的抑制[24]。

雷达抗干扰技术的研究历程贯穿了整个雷达技术的发展历史，在未来的电子对抗中，雷达必将面临更复杂的电磁对抗环境，单域抗干扰及被动干扰抑制已难以满足雷达对抗新型有源干扰的需求，雷达抗干扰技术也正从单域到多域、从"被动"到"主动"、从传统体制到新体制的方向发展。

1.3　捷变雷达抗干扰技术

捷变雷达根据任务需求和环境变化，通过改变雷达发射信号的调制方式和各种参数，实现高分辨率探测、目标成像和抗干扰等功能。随着近几年电子战领域技术的高速发展，由于捷变雷达的灵活性和"主动"反干扰等能力，国内外学者对捷变雷达技术展开了越来越多的研究。下面着重介绍捷变雷达的各种捷变方式及其带来的一系列问题。

1.3.1　捷变雷达体制

捷变雷达是雷达发射波形参数快速变化的脉冲体制雷达的统称。通过脉组、脉间或脉内波形参数（载频、重频、波形编码等）的随机/伪随机捷变，捷变雷达可有效降低雷达信号被敌方干扰机截获、分选和识别的概率，同时规避干扰或降低干扰对雷达回波的影响，进而提升雷达的"主动"抗干扰能力。

1.3.1.1　时域捷变

时域捷变一般指重频捷变技术，即脉冲重复频率在一定范围内随机或者伪随机跳变，使干扰机无法准确预测下一个脉冲的重复周期，可以起到抗同频异步脉冲干扰和距离门前置拖引干扰等作用。此外，重频捷变技术也被广泛应用于合成孔径雷达中，如基于自适应迭代方法（Iterative Adaptive Approach，IAA）可以在非均匀采样下恢复丢失的回波数据，然后采用多通道重建的方法实现雷达成像[25]。

重频捷变体制可以有效对抗相参欺骗干扰，其对抗原理如图 1.1 所示。干扰机侦察到我方雷达信号后，便会提取雷达信号的重频参数，形成相参欺骗干扰，从而在雷达信号处理时产生最大功率的假目标干扰，达到欺骗雷达去跟踪假目标或者以假目标大功率旁瓣压制真实目标回波导致雷达无法发现真实目标的目的。

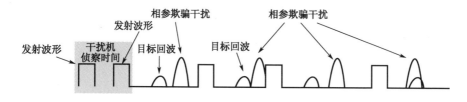

图 1.1　重频捷变体制对抗相参欺骗干扰原理

如图 1.2 所示，相对于传统脉冲多普勒（Pulse Doppler，PD）雷达，重频捷变雷达回波信号中相参欺骗干扰在雷达回波波门内可以等价于发生了脉间随机的距离徙动。图 1.2（a）中干扰信号与目标回波信号基本没有区分度，无法识别目标或抑制干扰；而图 1.2（b）中重频捷变雷达回波信号脉冲压缩结果明显显示出干扰信号呈散点状分布，这与一个相参处理间隔（Coherent Pulse Interval，CPI）内目标移动量微小的先验信息不符，可以判断该散点状信号为干扰信号。

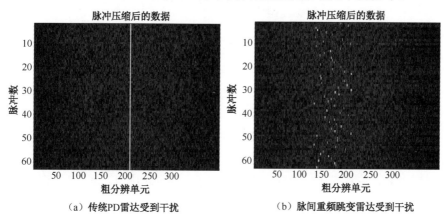

（a）传统PD雷达受到干扰　　　　（b）脉间重频跳变雷达受到干扰

图 1.2　传统 PD 雷达与重频捷变雷达受到相参干扰后的脉冲压缩结果

1.3.1.2　频域捷变

频域捷变也叫频率捷变，主要通过改变相邻发射脉冲载频，使干扰机无法根据侦收到的雷达信号对雷达载频进行干扰，有效地规避大部分窄带瞄准式干扰、转发式假目标前拖欺骗干扰和跨脉冲重复周期欺骗式假目标干扰等，显著地提高了雷达的抗干扰能力。根据频率捷变的方式不同，频率捷变可以分为脉组频率捷变、脉间频率捷变和脉内频率编码，如图1.3 所示。脉组频率捷变是指脉组之间的信号频率随机跳变，脉间频率捷变是指相参处理间隔内每个脉冲频率随机跳变，脉内频率编码是指单个脉冲内子脉冲频率随机跳变。

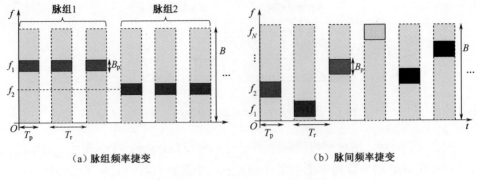

（a）脉组频率捷变　　　　　　　　　　　　（b）脉间频率捷变

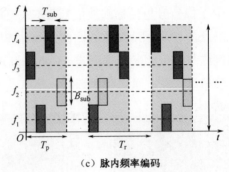

（c）脉内频率编码

图 1.3　三类频率捷变雷达信号时频结构示意

脉间频率捷变雷达体制可以有效对抗转发式欺骗干扰和瞄准式压制干扰，并具有降低雷达信号被截获概率的能力。其对抗转发式欺骗干扰的原理如图 1.4 所示，对抗瞄准式压制干扰的原理如图 1.5 所示。图 1.4 中 A、B、C 分别代表不同的载频。当干扰跨脉冲重复周期时，从第 2 个载频为 B 的脉冲开始，由于干扰信号与发射信号载频不一致，通过射频滤波可以将绝大部分的干扰信号能量抑制，不会进入雷达信号处理模块。最后，脉间频率捷变雷达的干扰对抗原理如图 1.4 中雷达视角图所示，只有第 1 个载频为 A 的脉冲存在两个假目标，其余假目标均被抑制。据此可以轻易分辨出真实目标与假目标，实现了脉间频率捷变雷达对转发式欺骗干扰的抑制。同理，如图 1.5 所示，利用瞄准式噪声干扰的载频与发射信号载频不同，通过射频滤波可以大幅抑制瞄准式噪声干扰能量，实现脉间频率捷变雷达对瞄准式压制干扰的抑制。

脉内频率编码体制可以有效对抗间歇采样转发干扰，如图 1.6 所示。由于脉内频率随机跳变，该体制雷达可以提升干扰信号与目标信号在时频域上的区分度，为后续的抗干扰处理提供了可能。

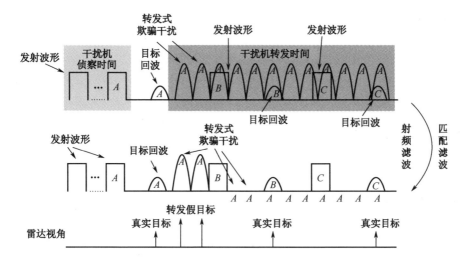

图 1.4　脉间频率捷变雷达对抗转发式欺骗干扰原理示意

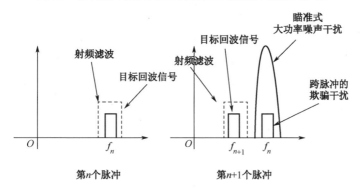

图 1.5　脉间频率捷变雷达对抗瞄准式压制干扰原理示意

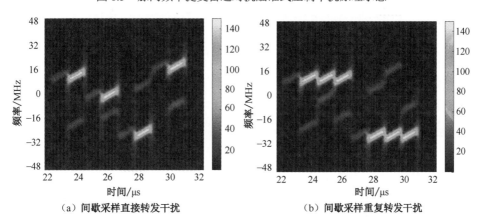

（a）间歇采样直接转发干扰　　　　　　（b）间歇采样重复转发干扰

图 1.6　脉内频率编码雷达收到间歇采样转发干扰的时频

1.3.1.3 极化域捷变

极化域捷变是指雷达在发送信号时，改变信号的极化方式。利用不同的极化方式，可以使回波信号与干扰信号在极化属性上产生差异。利用这种差异性可以区分目标回波和干扰信号，进而抑制干扰对雷达的影响（那些对极化不敏感的干扰机无法识别或产生针对特定极化方式的干扰信号）。因此，通过使用不同的极化方式，雷达可以有效地抑制这些干扰信号。在极化域捷变方面，刘勇等讨论了一种基于空域极化捷变有源假目标鉴别的方法，根据目标信号与干扰的空域极化特性差异，利用提取的空域极化特征量实现了有源假目标的有效鉴别[26]。此外，基于极化域捷变和匹配滤波思想，通过改变发射信号脉间的极化方式，并在接收端将回波的相位和幅度与目标进行匹配，能够达到抗欺骗干扰的目的[27]。

极化调制雷达系统可以采用极化域捷变编码抗干扰，雷达发射端对射频信号的极化方式进行编码，并按照特定的编码顺序进行调制。这样，每个脉冲周期内，雷达的极化方式将会以一种事先确定的顺序变化。而在接收机端，会针对编码顺序进行相应的解调处理，将接收到的信号恢复为原始的极化状态。通过这种方法，极化域捷变编码抗干扰技术可以有效地对抗固定极化调制干扰。因为固定极化干扰对应的编码顺序是固定的，而极化域捷变编码技术将极化方式按照特定的顺序进行调制和解调，从而将干扰信号区分开来。

1.3.1.4 多参数联合捷变

许多学者对雷达脉宽、调频率等参数捷变开展了研究。夏栋等研究了脉宽捷变雷达抗同频干扰方法，根据干扰信号与目标信号在脉冲宽度上的差异，利用脉冲宽度鉴别器对目标信号和干扰进行鉴别[28]。在合成孔径雷达抗干扰方面，通过发射脉间调频斜率微捷变的信号可以使目标回波与干扰失配，在雷达回波中首先对干扰信号进行抑制、逆变换后再对信号进行压缩[29]。类似地，采用随机线性调频斜率捷变体制雷达，并通过匹配滤波、一维和二维压缩干扰陷波等方法能够有效抑制欺骗式干扰[30]。但要保证同样的带宽，脉冲宽度需随着调频极性的变化而变化，从而增加了雷达系统的复杂度。李伟等将线性调频信号的调频极性捷变与限幅相结合[31]。雷达发射信号的调频极性在脉间捷变，当雷达接收到回波信号后，根据调频极性对干扰信号匹配、限幅并进行逆滤波，从而达到抑制干扰的目的。杨志伟等将脉宽捷变与调频极性捷变相结合，并对脉宽-调频极性捷变雷达的相参积累、单通道目标显示（Moving Target Indicator，MTI）和空-时处理的性能进行了深入分析[32]。姚洪彬则提出了一种多参数联合捷变雷达波形，并探究了多参数联合捷变雷达对窄带瞄准式、欺骗式及复合干扰的对抗性能[33]。

载频-重频联合捷变雷达是在脉间频率捷变雷达和重频捷变雷达的基础上发展得到的，其兼具了载频捷变和重频捷变的优点。针对载频-重频联合捷变雷达，吴嗣亮等利用数理统计方法重点分析了载频-重频捷变信号的平均模糊函数，得出了其解模糊能力、副瓣抑制能力及随机捷变参数与分辨能力的数值关系，为载频-重频捷变波形的优化设计提供了理论依据[34]。刘智星等提出了一种基于多重信号分类的载频-重频联合捷变雷达目标参数估计方法，通过信号模型的空时等效，实现了距离和速度的联合超分辨估计[35]。

1.3.1.5　多站雷达联合捷变

多站雷达系统一般是指空间分开的任意雷达系统，由网络中心站统一调配处理而形成一个有机整体。本书中的多站雷达联合捷变指的是在组网雷达系统内的各雷达进行不同极化方式、不同频率、不同波形编码的波形联合捷变。一方面，通过组网雷达协同能够完成不同层级、不同需求的战场任务。另一方面，多站捷变进一步提高了雷达的低截获能力，使干扰机同时准确侦测多处我方雷达捷变信号的难度增大，提高了雷达系统在复杂电磁干扰环境下的对抗能力。

1.3.2　捷变雷达信号处理

脉间频率捷变雷达具备很多优越性，如抗干扰能力强、可提高雷达探测性能、抑制杂波等，但也给信号处理技术带来了新的困难：脉间频率的随机/伪随机变化会导致雷达回波脉间相位不连续，此时传统的基于快速傅里叶变换（Fast Fourier Transformation，FFT）的动目标检测（Moving Target Detection，MTD）算法不再适用于捷变频雷达的相参积累。为与传统体制雷达的 MTD 算法兼容，一种解决方法是采用脉组频率捷变的方式，即在一个 CPI 内脉冲的频率保持不变，CPI 之间脉冲频率随机捷变。另一种解决方法是交替发射几个固定频点，利用同频点来实现相参积累。此外，雷达可以采用频率步进的方式，步进频雷达可以视为脉间频率捷变雷达的一个特例，具备瞬时窄带、合成宽带的优点，由于其脉间载频均匀步进，步进频雷达的相参合成则可以直接采用逆快速傅里叶变换（Inverse Fast Fourier Transform，IFFT）来实现。但其缺点是步进频雷达的载频序列规律性强，易被干扰机掌握。可以看出，无论是采用脉组捷变还是采用频率步进的处理方案，虽然解决了脉间频率捷变与相参处理之间的矛盾，但雷达的抗干扰性能会大打折扣。因此，国内外学者将研究目光转移到寻找新的捷变雷达信号相参处理算法上面。最直接的方法是补偿频率捷变引入的附加相位项之后再利用 FFT 完成相参处理。陈超等将载频捷变与重频捷变相结合，利用重频捷变和代价函数补偿法来补偿频率捷变所带来的附加相位项，并采用 FFT 完成相参积累[36]。除上述直接对频率捷变所引起的相位进行补偿外，还可以采用非均匀快速傅里叶变换（Nonuniform Fast Fourier Transform，NUFFT）来完成脉间频率捷变雷达的动目标检测[37]。

压缩感知理论在雷达中的应用为脉间频率捷变雷达信号处理开辟了另一条新途径。在稀疏约束的条件下，根据雷达发射信号的载频捷变序列构造字典矩阵，并通过求解欠定方程重构出目标信息。该方法可以得到目标的高分辨距离和速度，并且具有较低的旁瓣，因此成为雷达领域的研究热点。在压缩感知理论框架下，清华大学刘一民、黄天耀等从理论上分析了感知矩阵的特性，并推导了可恢复目标数量的边界[38]。西安电子科技大学全英汇教授团队将脉间频率捷变与脉内频率编码相结合来对抗间歇采样转发式干扰，并利用分段脉冲压缩和正交匹配追踪（Orthogonal Matching Pursuit，OMP）算法重构目标的距离和速度[39]。

重频捷变同样会带来相参积累难题，即重频捷变会导致脉间非均匀采样，基于 FFT 的方法无法实现相参积累。针对该问题，研究者提出了一系列解决方法。根据脉间采样的非均匀特性，最直接的方法是采用 NUFFT 变换来完成相参积累[40]。针对随机重频捷变雷达的速度估计问题，一些学者将其抽象为典型的压缩感知模型，实现了目标速度的高分辨估计[41-42]。另外，卢雨祥等对重频捷变雷达最大不模糊频率进行了推导，并采用自适应迭代方法（Iterative Adaptive Approach，IAA）算法完成了相参积累，该方法具有无多普勒模糊和低旁瓣的优点[43]。田静等将拉东变换与非均匀分数阶傅里叶变换相结合，解决了重频捷变所带来的相参积累难题，该方法首先通过在构造的运动参数空间进行搜索来校正距离单元徙动，然后采用非均匀分数阶傅里叶变换补偿多普勒频率[44]。该方法在较低的信噪比下依然具有良好的检测性能。

1.4 本书内容安排

面向提升雷达在复杂电磁环境下干扰对抗能力的技术发展需求，本书针对捷变雷达抗干扰与信号处理技术进行了总结与梳理：第 1 章绪论，系统总结雷达抗干扰技术的发展现状与捷变雷达抗干扰基础理论，详细介绍了捷变雷达的基本概念、核心问题与抗干扰机理。第 2 章脉间频率捷变雷达，详细介绍了脉间频率捷变雷达信号模型、相参合成处理技术与干扰抑制处理技术。第 3 章脉内频率编码雷达，详细介绍了脉内频率编码信号模型、抗干扰技术与信号处理技术。第 4 章稀疏频率捷变联合正交频分复用雷达，介绍了该体制雷达的目标距离与速度参数精确估计技术。第 5 章认知捷变雷达，详细介绍了干扰感知技术及认知捷变波形设计技术。第 6 章捷变雷达实时信号处理实现，介绍了捷变波形实时生成及其信号处理算法的硬件实现方案。

本章参考文献

[1] 原慧，王春阳，安磊，等. 基于信号重构的频谱弥散干扰抑制方法[J]. 系统工程与电子技术，2017, 39(5): 960-967.

[2] 张亮，王国宏，张翔宇，等. 快慢时间域联合处理抑制 C&I 干扰[J]. 系统工程与电子技术，2020, 42(6): 1274-1282.

[3] 佘忱，张磊. 基于重频捷变抗舷外有源诱饵距离假目标干扰的研究[J]. 舰船电子对抗，2020, 43(4): 23-26, 31.

[4] 黄天耀，李宇涵，王磊，等. 相参频率捷变雷达目标稀疏重建性能边界综述[J]. 系统工程与电子技术，2021, 43(7): 1729-1736.

[5] 全英汇，陈侠达，阮锋，等. 一种捷变频联合 Hough 变换的抗密集假目标干扰算法[J]. 电子与信息学报，2019, 41(11): 2639-2645.

[6] 董淑仙，全英汇，沙明辉，等. 捷变频雷达联合脉内频率编码抗间歇采样干扰[J]. 系统工程与电子技术，2022, 44(11): 3371-3379.

[7] 许京伟，朱圣棋，廖桂生，等. 频率分集阵雷达技术探讨[J]. 雷达学报, 2018, 7(2): 167-182.

[8] 兰岚，廖桂生，许京伟，等. FDA-MIMO 雷达主瓣距离欺骗式干扰抑制方法[J]. 系统工程与电子技术，2018, 40(5): 997-1003.

[9] GONG S, WEI X, LI X. ECCM scheme against interrupted sampling repeater jammer based on time-frequency analysis[J]. Journal of Systems Engineering and Electronics, 2014, 25(6): 996-1003.

[10] ZHOU C, LIU Q, CHEN X. Parameter estimation and suppression for DRFM - based interrupted sampling repeater jammer[J]. IET Radar, Sonar & Navigation, 2018, 12(1): 56-63.

[11] 万鹏程，白渭雄，付孝龙. 基于 FrFT 的 LFM 间歇采样转发干扰对抗方法[J]. 火力与指挥控制，2018, 43(10): 35-39.

[12] LI F, HAN X, LI Y, et al. Interrupted-sampling repeater jamming (ISRJ) suppression based on cyclostationarity[C]. IET International Radar Conference (IET IRC 2020), 2020: 793-797.

[13] 张亮，王国宏，李思文. 线性正则域抑制频谱弥散干扰方法[J]. 信号处理，2020, 36(3): 328-336.

[14] 李荣锋，王永良，万山虎. 一种在主瓣干扰条件下稳健的自适应波束形成方法[J]. 系统工程与电子技术，2002(7): 61-64.

[15] 李荣锋，王永良，万山虎. 主瓣干扰下自适应方向图保形方法的研究[J]. 现代雷达，2002(3): 50-53.

[16] 王安安，谢文冲，陈威，等. 双基地机载雷达杂波和主瓣压制干扰抑制方法[J]. 系统工程与电子技术，2023, 45(3): 699-707.

[17] NATHANSON F E. Adaptive circular polarization[C]. International Radar Conference, 1975: 221-225.

[18] 施龙飞，王雪松，徐振海，等. APC 迭代滤波算法与性能分析[J]. 电子与信息学报，2006, 28(9): 1560-1564.

[19] 戴幻尧，李永祯，刘勇，等. 单极化雷达的空域零相移干扰抑制极化滤波器[J]. 系统工程与电子技术，2011, 33(2): 290-295.

[20] 施龙飞，马佳智，庞晨，等. 极化雷达信号处理与抗干扰技术[M]. 北京：国防工业出版社，2019.

[21] 周凯，何峰，粟毅. 一种快速抗间歇采样转发干扰波形和滤波器联合设计算法[J]. 雷达学报，2022, 11(2): 264-277.

[22] 谭怀英，张鹏，贺青，等. 雷达参数级智能化抗干扰研究及应用[J]. 现代雷达，2021, 43(11): 15-22.

[23] 周畅，汤子跃，朱振波，等. 抗间歇采样转发干扰的波形设计方法[J]. 电子与信息学报，2018, 40(9): 2198-2205.

[24] WANG F, LI N, PANG C, et al. Complementary Sequences and Receiving Filters Design for Suppressing Interrupted Sampling Repeater Jamming[J]. IEEE Geoscience and Remote Sensing Letters, 2022, 15: 1-5.

[25] WANG X, WANG R, DENG Y, et al. SAR signal recovery and reconstruction in staggered mode with low oversampling factors[J]. IEEE Geoscience and Remote Sensing Letters, 2018, 15(5): 704-708.

[26] 刘勇，梁伟，王同权，等. 基于空域极化捷变的有源假目标鉴别[J]. 电波科学学报，2014, 29(2): 288-294, 299.

[27] 陈歆炜，赵建中，吴文. 基于极化捷变编码技术的雷达抗欺骗干扰研究[J]. 南京理工大学学报：自然科学版，2011, 35(5): 642-645.

[28] 夏栋，李宝鹏，高伟亮，等. 雷达脉宽捷变抗同频干扰技术[J]. 舰船科学技术，2001, 44(6): 121-124.

[29] 李江源，王建国. 利用复杂调制 LFM 信号的 SAR 抗欺骗干扰技术[J]. 电子与信息学报，2008(9): 2111-2114.

[30] 冯祥芝，许小剑. 随机线性调频斜率 SAR 抗欺骗干扰方法研究[J]. 系统工程与电子技术，2009, 31(1): 69-73.

[31] 李伟，梁甸农，董臻. 一种捷变调频斜率极性和限幅相结合的 SAR 抗干扰方法[J]. 遥感学报，2007(2): 171-176.

[32] 杨志伟，谢雪新，李舒婉. 脉宽-调频极性捷变波形相参处理能力分析[J]. 系统工程与电子技术，2022, 44(4): 1139-1147.

[33] 姚洪彬. 多参数联合捷变雷达抗干扰研究[D]. 西安：西安电子科技大学，2019.

[34] LONG X, LI K, TIAN J, et al. Ambiguity function analysis of random frequency and PRI agile signals[J]. IEEE Transactions on Aerospace and Electronic Systems, 2020, 57(1): 382-396.

[35] 刘智星，全英汇，沙明辉，等. 载频重频联合捷变雷达目标参数估计方法[J]. 系统工程与电子技术，2023, 45(2): 401-406.

[36] 陈超，郑远，胡仕友，等. 频率捷变反舰导弹导引头相参积累技术研究[J]. 宇航学报，2011, 32(8): 1819-1825.

[37] PAN J, ZHU Q, BAO Q, et al. Coherent Integration Method Based on Radon-NUFFT for Moving Target Detection Using Frequency Agile Radar[J]. Sensors, 2022, 20(8): 2176.

[38] HUANG T, LIU Y. Compressed sensing for a frequency agile radar with performance guarantees[C]. 2015 IEEE China Summit and International Conference on Signal and Information Processing (ChinaSIP). IEEE, 2015: 1057-1061.

[39] 董淑仙，吴耀君，方文，等. 频率捷变雷达联合模糊 C 均值抗间歇采样干扰[J]. 雷达学报，2022, 11(2): 289-300.

[40] ZHU W, LIU Z, XU H. Fast coherent integration method for moving target detection with random PRI variation[J]. Electronics Letters, 2020, 56(1): 41-43.

[41] LIU Z, WEI X, LI X. Aliasing-free moving target detection in random pulse repetition interval radar based on compressed sensing[J]. IEEE Sensors Journal, 2013, 13(7): 2523-2534.

[42] 隋金坪，刘振，魏玺章，等. 基于随机 PRI 压缩感知雷达的速度假目标识别

方法[J]. 电子学报，2017, 45(1): 98-103.

[43] 卢雨祥，汤子跃，喻令，等. 随机 PRI 雷达的多普勒频率特性及相参处理[J]. 现代防御技术，2017, 45(4): 130-136.

[44] TIAN J, XIA X G, CUI W, et al. A coherent integration method via Radon-NUFrFT for random PRI radar[J]. IEEE Transactions on Aerospace and Electronic Systems, 2017, 53(4): 2101-2109.

第 2 章
脉间频率捷变雷达

脉间频率捷变雷达（Frequency Agility Radar，FAR）是指各发射脉冲载频在宽频带范围内，按某种规律快速变化的一种脉冲体制雷达。相比传统雷达系统，脉间频率捷变雷达具有更高的灵活性和抗干扰能力，能"主动"规避干扰覆盖频段，降低被侦察截获概率，可以适应不同的探测任务和环境条件。因此，脉间频率捷变雷达在军事领域得到广泛应用，特别是在隐身目标探测和电子对抗中。此外，它也被应用于航空、航天、气象和地质勘探等领域。

本章将首先介绍三种不同类型的脉间频率捷变雷达，并对其进行信号建模，分析脉间频率捷变雷达的优势和存在的问题；其次讨论了一种频率捷变的相参合成方法；最后介绍脉间频率捷变抗密集假目标干扰技术。

2.1　脉间频率捷变雷达体制与信号模型

本节对三种脉间频率捷变雷达体制展开介绍。按载频变化规律和频带占用情况，脉间频率捷变雷达可以分为步进频雷达、随机步进频雷达和稀疏捷变频雷达三种类型。步进频雷达的频点呈现线性步进特点，随机步进频雷达的频点随机跳变，稀疏捷变频雷达的频点随机跳变且频点分布稀疏，三种雷达体制都可以通过合成带宽使雷达具备高分辨能力。

2.1.1　步进频雷达

1968 年，Ruttenburg K 将频率步进引入雷达系统，提出了步进频雷达的概念。步进频雷达发射脉间频率均匀步进的脉冲信号，相比于固定载频脉冲多普勒（Pulse Doppler，PD）雷达，该体制能够以较少的硬件资源换取合成带宽，从而提高雷达的距离分辨率和抗干扰能力。步进频雷达发射的信号脉间载波频率均匀步进，可以通过简单的逆快速傅里叶变换（Inverse Fast Fourier Transform，IFFT）运算实现相参积累。图 2.1 所示为步进频雷达频率分布示意。

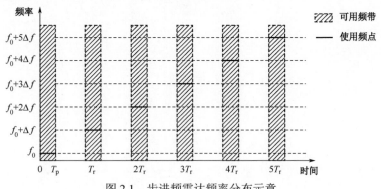

图 2.1　步进频雷达频率分布示意

步进频信号模型可以表示为

$$s_{\mathrm{T}}(\hat{t}, t_m) = u(t)\exp\left(\mathrm{j}2\pi f_m(\hat{t}+t_m)\right) + d(\hat{t}, t_m) \tag{2-1}$$

式中，$u(t)$ 表示信号的复包络；$d(\hat{t}, t_m)$ 表示噪声；$\hat{t}$ 和 t_m 分别表示快时间和慢时间，$t = \hat{t} + t_m$，$t_m = mT_{\mathrm{r}}$；T_{r} 表示脉冲重复周期（Pulse Repetition Time，PRT）；f_m 表示第 m 个脉冲的载频。

步进频雷达的载频计算公式为

$$f_m = f_0 + (m-1)\Delta f, \quad m \in \{1, 2, \cdots, M\} \tag{2-2}$$

式中，M 表示脉冲积累数；Δf 表示相邻载频间的频率间隔。脉间载频以跳频间隔 Δf 为步长按顺序步进，跳频点数为 M，则跳频总带宽为 $M\Delta f$。

2.1.2　随机步进频雷达

步进频雷达虽然能以较少的硬件资源实现雷达的高分辨距离，但其顺序步进的雷达脉冲发射序列容易被电子战设备侦获并施加干扰，因此随机步进频（Random Stepped Frequency，RSF）雷达应运而生。该雷达体制将顺序步进频的连续频点打乱发送，以提高雷达的抗干扰能力，同时可以降低系统瞬时带宽和数据采样率。图 2.2 所示为随机步进频雷达频率分布示意。

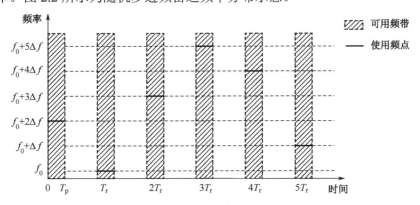

图 2.2　随机步进频雷达频率分布示意

与步进频雷达不同，随机步进频雷达的载频表示为

$$f_m = f_0 + a(m)\Delta f, \quad m \in \{1, 2, \cdots, M\} \tag{2-3}$$

式中，M 表示脉冲积累数；$a(m)$ 表示随机整数，被称为第 m 个脉冲的频率调制码字，取值为集合 $[0, M-1]$ 内的随机整数，$0 \leqslant a(m) \leqslant M-1$；$\Delta f$ 表示相邻载频间的频率间隔。

2.1.3 稀疏捷变频雷达

频率顺序步进或者随机步进均存在一个问题：一旦某些频点被干扰机覆盖，则该频点附近的脉冲均会被干扰，进而降低雷达的目标探测性能。因此，有学者提出在随机步进频的基础上进行频率抽取，只发射部分频率的脉冲信号，即稀疏捷变频雷达，这样能及时避开干扰能量强的频段，进一步提高雷达系统的抗干扰性能。

稀疏捷变频雷达的脉间载频表示为

$$f_m = f_0 + a(m)\Delta f, \quad m \in \{1, 2, \cdots, M\} \tag{2-4}$$

式中，M 表示脉冲积累数；$a(m)$ 表示随机整数，被称为第 m 个脉冲的频率调制码字，取值为集合 $[0, N-1]$ 内的随机整数，$0 \leqslant a(m) \leqslant N-1$；$N$ 为总跳频数，且满足 $N > M$；Δf 表示相邻载频间的频率间隔。

采用线性调频（Linear Frequency Modulation，LFM）作为脉内波形时，复包络为

$$u(\hat{t}) = \text{rect}\left(\frac{\hat{t}}{T_p}\right) \exp\left(j\pi\gamma\hat{t}^2\right) \tag{2-5}$$

式中，$\text{rect}\left(\dfrac{\hat{t}}{T_p}\right) = \begin{cases} 1, & \left|\dfrac{\hat{t}}{T_p}\right| \leqslant \dfrac{1}{2} \\ 0, & \text{其他} \end{cases}$ 为窗函数；T_p 表示脉冲宽度；$\gamma = B/T_p$ 表示调频斜率，B 表示信号带宽。图 2.3 所示为稀疏捷变频雷达频率分布示意。

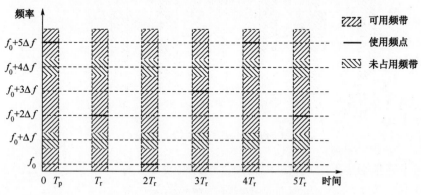

图 2.3 稀疏捷变频雷达频率分布示意

由步进频雷达、随机步进频雷达、稀疏捷变频雷达的信号模型可以看出，三种波形均在脉间进行频率跳变，因此具备以下优势。

（1）抗干扰能力强。首先，脉间频率捷变技术增加了干扰机的侦察干扰成本，

使侦察机难以准确截获、分辨、识别雷达辐射源，同时载频大范围跳变可有效降低干扰功率密度；其次，载频快速捷变使干扰机无法预测下一个脉冲的频点，干扰机截获当前脉冲后转发的干扰信号对下一个脉冲的干扰效果并不理想。如此，雷达可以有效避免跨脉冲重复周期干扰和部分前拖干扰，甚至能由此计算出干扰机的真实距离[1]。

（2）提高雷达的探测和成像性能。在雷达系统探测低空目标时，多径效应导致接收的回波信号由强杂波背景下目标直接反射路径与在波束宽度范围内的反射路径的信号叠加组成，使角误差明显增大，降低了目标跟踪精度。如果相邻发射脉冲的载频频率变化很大，可以有效去除相邻回波脉冲间的相关性，减缓多径效应带来的负面影响[2]。在逆合成孔径雷达中，脉间频率捷变技术能防止成像结果发生堆叠[3-4]。

（3）提高跟踪精度。角闪烁效应会严重影响目标跟踪性能，采用脉间频率捷变能够有效去除相邻回波脉冲间的相关性，人为地改变目标不同部位回波的相对相位关系，以达到抑制角闪烁现象的效果，因而可大大减小角闪烁引起的角度跟踪误差，提高雷达系统的跟踪性能。

（4）距离高分辨和多普勒高分辨。经过频率序列优化的脉间频率捷变雷达信号具有图钉状的模糊函数，这意味着稀疏捷变频雷达在速度维和距离维具有高分辨能力。

（5）抑制海浪杂波。海浪杂波特性会受到海况、雷达的载频、极化等因素的影响。脉间频率捷变技术可以降低相同距离分辨单元内海浪杂波的时间相关性，去时间相关性后的海浪杂波与海面目标在统计特性上有一定的差异，有助于改善雷达系统的信杂比，提高雷达系统海杂波背景下的目标检测能力。

在实际应用中，脉间频率捷变雷达主要存在以下两个缺点。

（1）对于步进频、随机步进频、稀疏捷变频而言，目标雷达散射截面（Radar Cross Section，RCS）快速起伏。雷达截面积对频率和观测视角十分敏感，频率的变化也会引起有效反射面积的极大变化。由于复杂目标是由许多大小、形状有极大差别的小散射体组成的，而雷达天线所接收到的回波是这些散射体反射回波的矢量和[5]，当雷达发射的频率变化时，由传播途径差引起的相位差随之变化，因而各散射体所反射电波的矢量和也随之变化，因此当雷达工作于稀疏频率捷变体制下时，每个回波的幅度会有很大的变化，对雷达系统的目标检测造成影响。

（2）对于随机步进频及稀疏捷变频雷达而言，相参合成困难。不同于传统的PD 雷达，脉间频率捷变雷达采用脉间载频跳变波形，由于对雷达回波信号在慢时间域非等间隔采样，导致脉间相位产生非线性跳变，因而适用于固定参数 PD 雷达的 FFT 手段无法完成信号的相参积累，基于二维匹配滤波方法也会导致旁瓣抬高。同时，图钉状的模糊函数使脉间频率捷变雷达信号成为"多普勒敏感"信号，回波中的多普勒频偏及系统相位噪声都会导致匹配滤波器产生多普勒失配现象，这将导致滤波器性能迅速下降[6]。

2.2 频率捷变的相参合成方法

相对于传统固定参数 PD 雷达及步进频雷达，脉间频率捷变雷达慢时间相位呈现出更强的非连续特征，其模糊函数呈现为图钉形状，可以实现时间–多普勒解耦合。但是 FAR 信号的随机性使其模糊函数中出现强度随机起伏的旁瓣平台，对此问题，现有常用方法包括依次估计目标距离和多普勒[7]、距离–速度二维参数估计[8]等，虽然这些方法可以解决相参积累难题，但是存在参数估计精度不高、频率跳变序列受约束等短板。2006 年，压缩感知（Compressed Sensing，CS）理论被提出，在稀疏约束的条件下，构造与目标参数信息相关的字典矩阵，可对目标的参数进行估计。基于雷达探测场景的稀疏性，利用 CS 的思想可实现脉间频率捷变雷达的相参合成，有效降低整个合成高分辨像的旁瓣。基于此，本节将介绍一种基于 CS 的相参合成方法，用于获得目标的距离高分辨–速度信息。

2.2.1 基于压缩感知的相参合成

对窄带雷达而言，其观测场景中目标的回波信号具备多域稀疏性，即回波信号在某些特征域中只存在有限个强幅值响应。例如，基于窄带雷达的目标检测应用中，场景中会存在飞机编队和舰船编队等密集多目标，但是受雷达波束宽度和雷达威力限制，通常一个相参处理间隔（Coherent Processing Interval，CPI）内雷达观测的目标个数是稀疏的。对大时宽带宽积雷达而言，通过匹配滤波器技术与回波信号脉内调制波形进行匹配，可以实现脉冲压缩之后的米级分辨能力，此时在一个距离单元内的回波信号具有稀疏性[9]。对合成高分辨雷达而言，其在一个距离单元内的回波由有限的强散射点决定，因而也具有稀疏性[10]。所以在雷达的观测环境中，目标回波可以满足 CS 模型对稀疏性要求这一先验信息约束。因此，可以利用 CS 信号稀疏重构的方法解决脉间频率捷变雷达回波信号慢时间域的相参积累难题。

2.2.1.1 基本原理

首先对脉间频率捷变雷达回波信号进行分析，不失一般性地，考虑到雷达采用脉间频率捷变同时进行重频捷变。设场景中存在 G 个目标，将信号表示为

$$x(T_q) = \sum_{g=1}^{G} a_g \,\mathrm{rect}\!\left(\frac{T_q}{T_\mathrm{p}}\right) \exp\!\left(-\mathrm{j}4\pi f_0 \frac{r_g}{c}\right) \exp\!\left(-\mathrm{j}4\pi\Delta f \frac{r_g}{c} d(q)\right) \cdot$$

$$\exp\!\left[-\mathrm{j}4\pi f_0 \frac{v_g T_\mathrm{r}}{c}\left(1 + \frac{d(q)\Delta f}{f_0}\right)\left(q + \frac{1}{U(q)}\right)\right] + n(T_q) \tag{2-6}$$

式中，T_q 表示慢时间序列；a_g 表示脉冲压缩所形成的包络；r_g 和 v_g 分别表示第 g 个目标相对雷达的径向距离和径向速度；q 为一个相参处理间隔内脉冲数索引，$q \in \{1,2,3,\cdots,Q\}$；Q 为一个相参处理间隔内的脉冲数；$d(q)$ 表示频率跳变编码，$d(q) \in \{1,2,\cdots,N\}$；$N$ 表示总跳频点数；Δf 表示最小跳频间隔；$1/U(q)$ 表示第 q 个脉冲重复周期的随机抖动程度；c 表示光速；$n(T_q)$ 表示回波噪声。

将不模糊距离和不模糊速度区间等分为 $K \times L$ 个网格，其中不模糊距离区间被均分为 K 个网格，不模糊速度区间被均分为 L 个网格。为了表示方便，定义 $k = \{1,2,\cdots,K\}$ 为距离网格索引，r_k 为第 k 个距离网格的距离，$l = \{1,2,\cdots,L\}$ 为速度网格索引，v_l 为第 l 个速度网格的速度。

进一步地，定义变量：

$$\begin{cases} \chi_{k,l} = a_{k,l} \exp\!\left(-\mathrm{j}4\pi f_0 \frac{r_k}{c}\right) \\[2mm] \boldsymbol{\Phi}_k(q) = \exp\!\left(-\mathrm{j}4\pi\Delta f \frac{r_k}{c} d(q)\right) \\[2mm] \boldsymbol{\Gamma}_l(q) = \exp\!\left[-\mathrm{j}4\pi f_0 \frac{v_l T_\mathrm{r}}{c}\eta(q)\right] \\[2mm] \boldsymbol{\eta}(q) = \left(1 + \frac{d(q)\Delta f}{f_0}\right)\left(q + \frac{1}{U(q)}\right) \end{cases} \tag{2-7}$$

从式（2-6）和式（2-7）中可以看出，当 $r_k = r_g$ 且 $v_l = v_g$ 时，$\boldsymbol{\Phi}_k$ 中包含了目标 g 的不模糊距离信息，$\boldsymbol{\Gamma}_l$ 包含了目标 g 的不模糊速度信息，则第 g 个目标的回波可以由式（2-7）中的 $\chi_{k,l}$、$\boldsymbol{\Phi}_k(q)$、$\boldsymbol{\Gamma}_l(q)$、$\boldsymbol{\eta}(q)$ 四个变量进行完备表示。

对任意具有无模糊距离 r_k 和无模糊速度 v_l 的目标，其回波可以表示为

$$x_{k,l}(T_q) = \chi_{k,l}\boldsymbol{\Phi}_k(q)\boldsymbol{\Gamma}_l(q) + \boldsymbol{n}(T_q) \tag{2-8}$$

式中，$\boldsymbol{n}(T_q)$ 表示噪声采样向量。

基于式（2-8）所述的信号表征形式，将式（2-7）进行归一化，由此可以构造一个包含目标可能距离-速度信息的完备字典矩阵 $\boldsymbol{\Psi}$：

$$\boldsymbol{\Psi} = \left\{ \underbrace{\boldsymbol{\psi}_{1,1} \quad \cdots \quad \boldsymbol{\psi}_{1,L}}_{L} \cdots \cdots \underbrace{\boldsymbol{\psi}_{K,1} \quad \cdots \quad \boldsymbol{\psi}_{K,L}}_{L} \right\}_{Q\times(K\times L)} \tag{2-9}$$

$$\boldsymbol{\psi}_{k,l} = \exp(\boldsymbol{\alpha}_k \odot d) \odot \exp(\boldsymbol{\beta}_l \odot \eta) \qquad (2\text{-}10)$$

$$\boldsymbol{\alpha}_k = \begin{bmatrix} p^k & \cdots & p^k & \cdots & p^k \end{bmatrix}_{Q \times 1}^{\mathrm{T}} \qquad (2\text{-}11)$$

$$\boldsymbol{\beta}_l = \begin{bmatrix} q^l & \cdots & q^l & \cdots & q^l \end{bmatrix}_{Q \times 1}^{\mathrm{T}} \qquad (2\text{-}12)$$

式中，符号 $\odot$ 表示哈达玛积；$p = \exp(-\mathrm{j}2\pi/K)$；$q = \exp(-\mathrm{j}2\pi/L)$。通常网格数的典型取值是 $K = N$ 和 $L = Q$，N 为总跳频点数，Q 为脉冲数。

根据图 2.4 所示，可以得到回波信号的 CS 信号模型：

$$\boldsymbol{x} = \boldsymbol{\Psi}\boldsymbol{\theta} + \boldsymbol{\delta} \qquad (2\text{-}13)$$

式中，$\boldsymbol{\delta}$ 表示噪声向量。

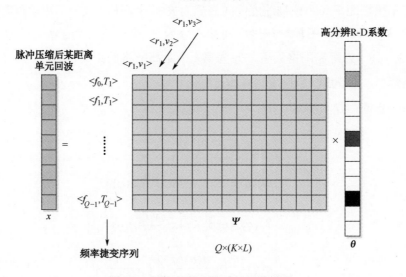

图 2.4　捷变频的压缩感知回波模型

在得到可以表征目标无模糊距离-无模糊速度信息的完备字典矩阵后，下一步的目标是基于确定的冗余字典和测量数据重建未知向量 $\boldsymbol{\theta}$（目标的距离-速度参数）。字典是确定性矩阵，因此可以预先构建。在雷达检测应用中，目标通常只占整个距离-速度坐标的一小部分。因此，回波信号在距离-速度域中可被认为是稀疏的[11-12]。然后，通过求解一个 l_1 范数最优问题对原始信号进行重构：

$$\langle \hat{\boldsymbol{\theta}} \rangle = \arg\min_{\boldsymbol{\theta}} \left(\|\boldsymbol{\theta}\|_1 \right), \quad \text{s.t.} \|\boldsymbol{x} - \boldsymbol{\Psi}\boldsymbol{\theta}\|_2 \leqslant \varepsilon \qquad (2\text{-}14)$$

噪声项 $\varepsilon = \|\boldsymbol{\delta}\|_2$ 可以从相邻的距离/速度单元估计。整个优化求解过程可以分为两部分：通过 l_2 范数来保证重构结果的计算精度和通过 l_1 范数来约束重构结果的稀疏性。

该最优化问题可以通过多种求解算法来解决，在雷达等信号处理实时性要求高的应用场景中，为减少运算复杂度，通常会选择正交匹配追踪（Orthogonal Matching Pursuit，OMP）算法来完成雷达信号的实时处理。但是，在弹载等计算资源严重受限的平台，往往需要采用复杂度更低的算法完成对目标参数的估计，为满足这种要求，在字典矩阵具有良好的列不相关特性时，可采用相关运算的方法实现对原始目标信号的恢复。相关操作是一种有效的信号成分分解方法。定义测量信号与字典矩阵的相关运算为 $\boldsymbol{\Psi}^{\mathrm{T}} \boldsymbol{x}$，上角 T 表示矩阵转置。通过相关运算，目标的距离-速度可以由字典矩阵 $\boldsymbol{\Psi}$ 中与观测信号 $\boldsymbol{x}$ 具有最强相关性的列向量指出。换句话说，根据式（2-7），$\boldsymbol{\Psi}^{\mathrm{T}} \boldsymbol{x}$ 的最大值所在的索引位置给出了相应的目标距离及速度。

Tropp 和 Gilbert[13]指出，OMP 算法是一种高效的信号重构算法。正交匹配追踪算法属于贪婪算法的一种，本质上是对匹配追踪（Matching Pursuit，MP）算法的优化和改进，在保留匹配追踪算法中搜索信号原子支撑集方法的同时，引入了原子支撑集的正交化运算。具体而言，正交匹配追踪算法在每一次循环中均将观测信号的原子支撑集进行正交化处理，基于此，OMP 算法比 MP 算法具有更高的信号恢复精度。下面给出 OMP 算法的迭代实现过程。

输入参数：冗余字典矩阵 $\boldsymbol{\Psi}$，观测信号 $\boldsymbol{x}$，迭代截止标志位。

输出参数：稀疏向量 $\boldsymbol{\theta}$ 的重构向量 $\hat{\boldsymbol{\theta}}$ 及稀疏重构的残差向量 $\boldsymbol{R}$。

初始化：构建向量索引集 $\boldsymbol{\varLambda}_0 = \varnothing$，将残差余量初始化为观测信号 $\boldsymbol{R}_0 \leftarrow \boldsymbol{x}$，定义迭代次数 t 计数器并初始化 $t=1$。

步骤一：对残差向量与字典矩阵 $\boldsymbol{\Psi}$ 各列的相关性进行计算（通过内积表征）：$\boldsymbol{g}_t = \boldsymbol{\Psi}^{\mathrm{T}} \boldsymbol{R}_{t-1}$。

步骤二：对 $\boldsymbol{g}_t$ 中最大值元素的索引位置进行定位，得到 $\lambda_t = \arg \max_{i=1,2,\cdots,N} |\boldsymbol{g}_t(i)|$。

步骤三：更新向量索引集合，同时将最大相关性向量取出，$\boldsymbol{\varLambda}_t = \boldsymbol{\varLambda}_{t-1} \cup \lambda_t$，$\widetilde{\boldsymbol{\Psi}}_t = \widetilde{\boldsymbol{\Psi}}_{t-1} \cup \boldsymbol{\Psi}_{\lambda_t}$。

步骤四：使用最小二乘法对当前向量索引集下的重构向量进行计算 $\boldsymbol{\theta}_{\varLambda_t} = \left(\widetilde{\boldsymbol{\Psi}}_t^{\mathrm{T}} \widetilde{\boldsymbol{\Psi}}_t \right)^{-1} \widetilde{\boldsymbol{\Psi}}_t^{\mathrm{T}} \boldsymbol{x}$。

步骤五：更新本次迭代的残差向量 $\boldsymbol{R}_t = \boldsymbol{x} - \boldsymbol{\Phi}_t \boldsymbol{\theta}_{\varLambda_t}$。

步骤六：判断迭代终止条件，如果满足迭代终止条件，则输出信号估计向量 $\hat{\boldsymbol{\theta}} = \boldsymbol{\theta}_t$ 和残差向量 $\boldsymbol{R} = \boldsymbol{R}_t$；否则，循环计数器 t 执行自加 1 操作后，求解算法跳转到步骤一继续执行。

需要指出的是，作为一种迭代优化求解算法，OMP 算法的终止条件有多种形式，通常采用的方式有预先设置迭代次数和根据信号重构残差。预先设置迭代次数在复杂环境下具有更好的计算效率，不会因稀疏度太大而导致计算过程漫长，但其也有显而易见的缺点，就是对信号稀疏度的估计错误，导致没有重构出小幅值的稀疏元素或者重构出小幅值旁瓣（本来不存在却被重构出的稀疏元素）。与之相反，重构残差进行终止的算法可以将事先预置的残差边界作为迭代终止条件，因此当残差预估准确时，该终止条件下的重构信号拥有很好的重构精度。

2.2.1.2　仿真实验

为对脉间频率捷变雷达信号处理算法的原理进行验证和性能检测，本节对脉间频率捷变雷达信号处理算法的性能进行仿真分析和实测数据处理验证。

1. 目标检测性能仿真

首先设置雷达仿真参数，为便于将理论仿真与实测数据处理进行对比，本仿真使用的脉间频率捷变雷达参数与下文目标检测性能试验一所使用的雷达参数相同。雷达在一个相参处理间隔内发射 64 个脉冲，中心载频为 10GHz，跳频总频点个数为 6 个，相对于中心载频偏移量分别为−1600MHz、−560MHz、−1270MHz、0MHz、100MHz 和 400MHz，其中脉内波形调制为线性调频信号，单脉冲信号带宽为 80MHz，因此可以求得雷达的粗分辨距离分辨力为 1.875m。雷达脉冲重复频率（Pulse Repetition Frequency，PRF）的中心频率为 1kHz，以该中心频率为基准，脉冲重复频率左右随机抖动，其中重频最大抖动幅度为12.5%。作为比较，将固定参数脉冲多普勒雷达的雷达参数设置为：雷达在相参处理间隔内发射 64 个脉冲，雷达载频为 10GHz，脉冲重复频率设置为 1kHz，将脉间频率捷变雷达和固定参数PD 雷达的脉冲压缩后信噪比设置为 10dB。

对参数固定的 PD 雷达，可利用 64 点 FFT 提取目标的多普勒信息，处理结果如图 2.5 所示。然而，对脉间频率捷变雷达，载波频率跳变和脉冲重复频率抖动使FFT 无法实现目标的速度测量，因此，本节提出的基于 CS 的方法被用于获取速度信息。根据式（2-7）构造字典矩阵。本实验中构造的字典矩阵的维数为 $Q \times (K \times L) = Q \times (N \times Q) = 64 \times (64 \times 64)$，采用 OMP 算法对回波信号进行估计，信号重构结果如图 2.5（b）所示，目标位置有明显峰值。对固定参数脉冲多普勒雷达，通过对同一个距离单元的回波进行 FFT 运算，可以在第 16 个速度网格处成功聚焦目标速度。为衡量信号重构的性能，特引入峰值旁瓣比作为信号重构

效果的量化指标，其中峰值旁瓣比 r_{m-s} 的定义为

$$r_{m-s} = \frac{\theta_m}{\theta_s} \tag{2-15}$$

式中，θ_m 表示多目标场景中最小目标的信号重构幅值；θ_s 表示重构信号中最高的噪声旁瓣。

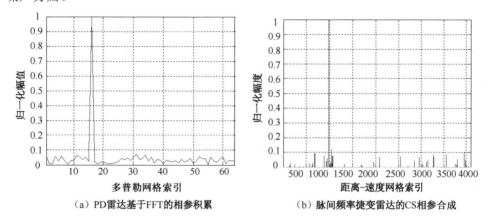

（a）PD雷达基于FFT的相参积累　　　　（b）脉间频率捷变雷达的CS相参合成

图 2.5　固定参数 PD 雷达与脉间频率捷变雷达相参合成

由式（2-15）可计算出 PD 信号进行相参积累后的峰值旁瓣比为 22.60dB。不同于传统的固定参数 PD 雷达，本节所述雷达体制在相参处理间隔内采用了频率捷变和 PRF 抖动，在脉冲压缩后的粗分辨距离单元中，回波相位随着信号载波频率的捷变产生随机变化，这种改变导致相邻脉冲之间的相位不连续变化。在这种情况下，基于 FFT 的传统方位向积累方法不能用来提取目标的多普勒频率。本节提出的脉间频率捷变雷达处理方法可有效解决相位不连续问题并恢复原始信号，基于构造的字典矩阵和回波信号，通过 OMP 求解算法进行信号恢复的结果如图 2.6 中的 CS-FAR 所示。在图 2.6 中，目标位于第 976 个距离-速度网格，可以根据式（2-7）推断出目标位于第 16 个速度网格和第 16 个距离网格，也可以根据式（2-15）计算出通过 CS 方法求解出的重构信号主峰与旁瓣比为 18.6dB。与传统参数固定 PD 雷达相比，本节提出的基于 CS 的脉间频率捷变雷达信号处理方法在目标检测性能方面存在 4dB 的主旁瓣比损失，虽然造成了一定的增益损失，但通过载频重频同时跳变的雷达体制使雷达获得了优异的抗欺骗干扰和阻塞干扰的能力，这一点是参数固定的 PD 雷达所不具备的。因此，通过基于压缩感知的目标参数估计方法，可实现脉间频率捷变雷达相参合成，同时为对抗复杂电磁干扰提供了一种有效的方法。

为进行比较，对脉间频率捷变雷达进行基于相关运算的信号恢复，从恢复出

的向量中将与 $\boldsymbol{\Psi}^{\mathrm{T}}\boldsymbol{x}$ 的最大元素在同一个距离单元上的元素提取出来，然后将其绘制在图 2.6 上。

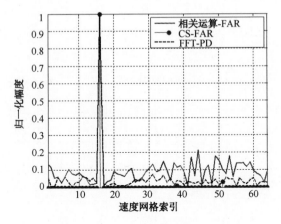

图 2.6　三种信号相参处理算法的比较

图 2.6 给出了基于 FFT 的固定参数 PD 雷达信号相参积累结果、基于相关运算的载频重频同时捷变信号相参积累结果、基于 CS 的载频重频同时捷变信号相参积累结果三者的性能差异。如图 2.6 所示，与相关操作相比，基于 CS 的相参合成方法具有更好的抑制旁瓣的性能。

2. 目标检测性能试验一

通过外场试验对本节提出的雷达信号处理算法进行验证，试验采用的雷达样机具有脉间频率捷变和 PRF 抖动的特性，可以使频率和 PRF 在一定范围内跳变。外场试验场景如图 2.7 所示。

图 2.7　外场试验场景

表 2.1 中列出了载频重频同时捷变的雷达参数的设置，雷达发射的随机载频跳变序列和重频抖动序列如图 2.8 所示。

表 2.1 脉间频率捷变雷达参数

参　数	数　值
载频跳变范围	8.4~10.4GHz
重频抖动范围	875~1125Hz
脉内调制带宽	80MHz
CPI 内脉冲数	64 个

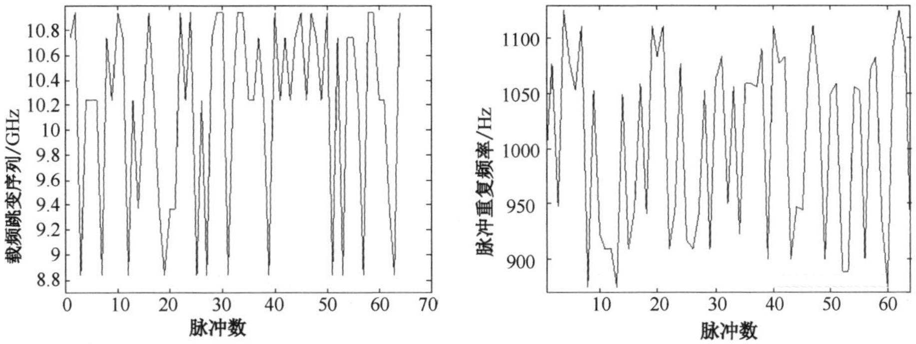

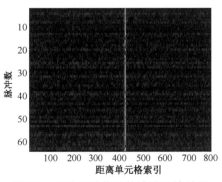

（a）发射信号的载频跳变序列　　　　（b）发射信号的重频抖动序列

图 2.8　载频跳变序列和重频抖动序列

基于上述脉间频率捷变雷达参数，根据式（2-7）构造与目标距离–速度二维分辨的冗余字典。设置高分辨率距离单元的数量 $K = 64$ 和速度单元的数量 $L = 64$。计算可得该雷达样机多普勒分辨率对应的速度分辨率为 0.2344m/s，目标的高分辨距离分辨率为 $\Delta R_{\mathrm{h}} = c / 2B_{\mathrm{s}} = 0.075\mathrm{m}$，$B_{\mathrm{s}}$ 为跳频总带宽。冗余字典的维度为 $Q \times (K \times L) = 64 \times 4096$。

雷达试验场景中待检测的目标是一艘正在运行的船。目标相对雷达的径向速度约为 6m/s。图 2.9 给出了雷达回波信号的脉冲压缩结果，经过脉冲压缩处理后，可发现目标位于第 425 个网格，回波反射强度随着信号载波频率而变化，脉冲压缩结果的幅度也随着脉冲而变化，即使有脉冲间的不匹配，在稀疏重构后，目标仍可被正确地恢复（见图 2.10）。

图 2.9　雷达回波信号的脉冲压缩结果

在获得回波信号的脉冲压缩结果后，通过稀疏恢复的方法对目标的高分辨率距离–速度信息进行重构，这里采用 OMP 算法求解式（2-7）中的优化问题，OMP 重构的信号如图 2.10 所示。从图 2.10 中可以看出，原始信号位于第 2843 个网格。根据式（2-7）可以推导出目标位于第 45 个高分辨率距离网格和第 27 个速度网格。因此，可以计算出目标对雷达的相对径向速度为 6.3288m/s。然后可以将稀疏重构所获得的重构向量 $\hat{\theta}$ 堆叠成一个二维矩阵，其中 L 为矩阵的行数并且由速度网格索引，K 为矩阵的列数并且由高分辨距离网格索引，该二维矩阵如图 2.11 所示。

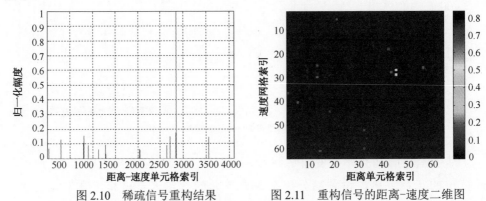

图 2.10　稀疏信号重构结果　　　　图 2.11　重构信号的距离–速度二维图

通过上文所述的相关运算，将回波信号与字典矩阵进行相关运算，相关运算处理结果如图 2.12 所示。由图 2.12 所示的结果可以看出，相对于相关运算，图 2.10 中通过 OMP 的稀疏恢复可以有效地抑制旁瓣，实现更好的检测性能。

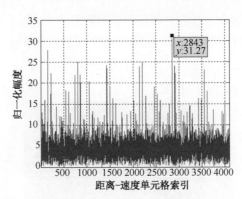

图 2.12　相关运算处理结果

3. 目标检测性能试验二

在该试验场景中，使用脉间频率捷变雷达对公路上行驶的卡车进行观测。试验场景示意如图 2.13 所示。

图 2.13　试验场景示意

雷达波段为 Ka 波段，雷达在一个相参处理间隔内发射 128 个脉冲，雷达距离高分辨率为 0.5m。雷达波束水平指向卡车，方位角和俯仰角均为 0，卡车相对雷达的径向距离为 300m，卡车运动方式采用水平方向朝向雷达行驶，对卡车持续 1120 个 CPI 观测并进行数据采集。卡车回波信号预处理如图 2.14 所示。

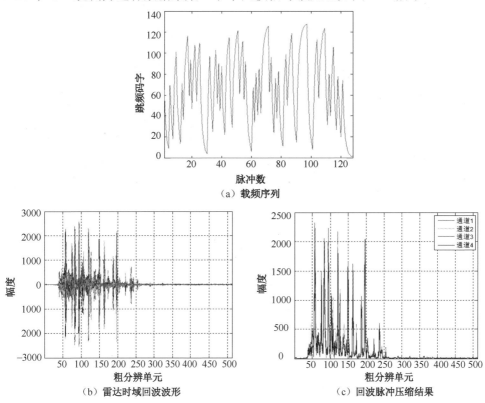

（a）载频序列

（b）雷达时域回波波形

（c）回波脉冲压缩结果

图 2.14　卡车回波信号预处理

图 2.14（a）中给出了该雷达的载频序列，图 2.14（b）和图 2.14（c）分别给出了雷达的时域回波波形和回波脉冲压缩结果。从图 2.14（b）和图 2.14（c）中可以看出，对地面目标进行观测，场景回波中包含了大量的目标（路牌、路边车辆、数目等），此时仅通过一维距离像难以检测到运动的卡车目标，因此需进一步对脉冲压缩结果进行方位向相参积累，基于 OMP 和相关运算的方位向相参积累结果如图 2.15 所示。

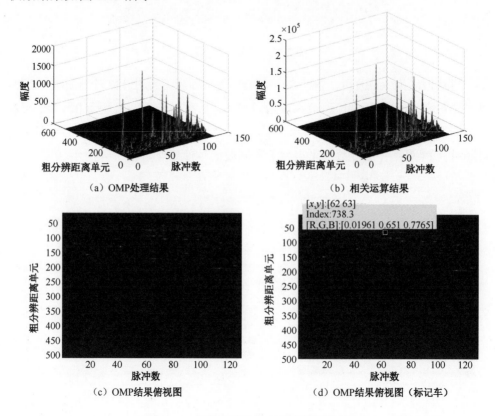

（a）OMP处理结果　　　　　　（b）相关运算结果

（c）OMP结果俯视图　　　　　　（d）OMP结果俯视图（标记车）

图 2.15　回波信号方位向相参积累结果

在图 2.15（d）中标出了卡车所在位置。由于周围杂波过强，导致在 OMP 恢复结果中，目标强度并不显著，只能通过结合速度来判断目标的位置。由于卡车具有一定的物理尺寸且大于该雷达的粗分辨距离单元大小，因此卡车的一维距离像不仅出现在一个距离单元，而且可以将卡车所在的距离单元切片取出得到目标的高分辨距离像，如图 2.16 所示。

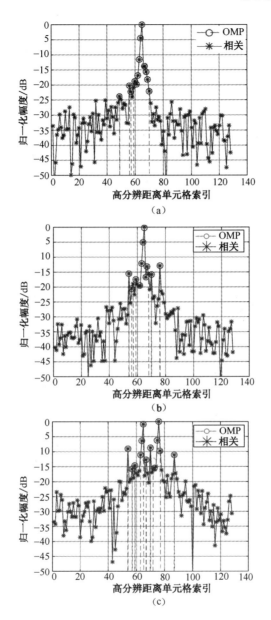

图 2.16 卡车所在粗分辨距离单元的高分辨距离切片

由图 2.16 可以看出，由于通过基于 CS 模型的脉间频率捷变雷达相参处理算法完成目标的相参积累，即使是卡车这种并非理想点散射模型的体目标，其回波特性仍满足回波强散射点数的稀疏性。

4. 目标检测性能试验三

在该试验场景中，使用脉间频率捷变雷达对空中无人机进行观测，观测场景示意如图 2.17 所示。雷达波段为 Ka 波段，雷达跳频总频点数为 256 个，雷达一个 CPI 内发射 128 个脉冲，雷达距离高分辨率为 0.5m。被观测的无人机为大疆-精灵 4 型号无人机，产品尺寸为 289.5mm×289.5mm×196mm。雷达对空仰角为 30°，波束中心对准无人机，无人机相对雷达的径向距离为 300m，无人机的运动方式采用水平加速朝向雷达方向飞行，无人机从静止开始飞行，对无人机持续 1120 个 CPI 观测。

图 2.17　观测场景示意

图 2.18（a）给出了雷达发射波形的载频序列，图 2.18（b）和图 2.18（c）分别给出了观测场景中的回波信号波形和脉冲压缩后的信号波形，从时域波形中可以看出，存在两个能量波峰，但脉冲压缩结果中只有一个能量波峰完成了积累，这是因为第一个能量波峰是由能量泄漏导致的回波信号，而且该信号是非相参的，因此在进行匹配滤波时没有获得足够的增益。

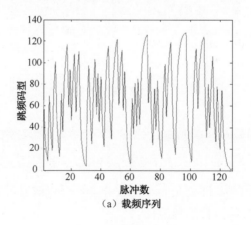

（a）载频序列

图 2.18　雷达回波预处理

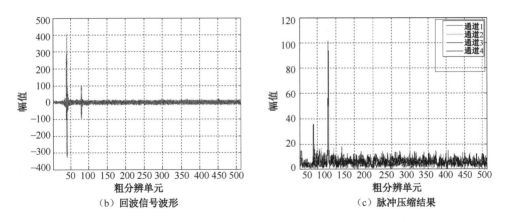

（b）回波信号波形　　　　　　　　　（c）脉冲压缩结果

图 2.18　雷达回波预处理（续）

对脉冲压缩结果进行方位向相参积累，积累结果如图 2.19 所示。

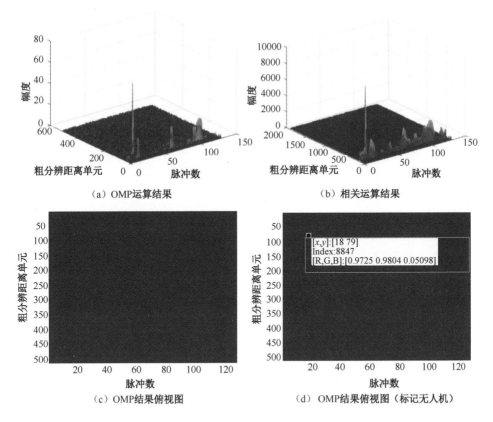

（a）OMP运算结果　　　　　　　　　（b）相关运算结果

（c）OMP结果俯视图　　　　　　　　（d）OMP结果俯视图（标记无人机）

图 2.19　雷达回波相参处理结果

从图 2.19 中可以看出，由于是对空进行探测，相对试验二中的对地探测而言，对空探测的回波中值夹杂了较少的杂波信号，无人机方位向积累结果中只存在很低的噪声电平，同样取出无人机所在的距离单元如图 2.20 所示。

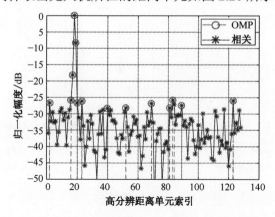

图 2.20　无人机所在距离单元的高分辨距离切片

从图 2.20 中可以看出，相对于试验二，由于对空探测没有强地杂波的影响，所以经过方位向积累的目标信号具有更高的主旁瓣比。

进一步地，对持续观测到的 1120 个 CPI 进行处理，分别得到目标在 1120 个 CPI 的速度和距离信息，将这些信息绘制到图 2.21（a）和图 2.21（b）中，如图 2-21 所示。

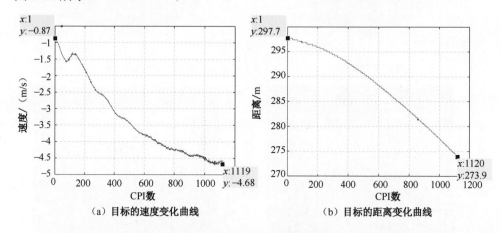

（a）目标的速度变化曲线　　　　　（b）目标的距离变化曲线

图 2.21　无人机运动过程描述

从图 2.21 中可以看出：无人机具有一个明显的加速过程，由于是手动摇杆操控，所以加速过程有些波动，从无人机的径向距离图中也可以看出，目标的距离变化速度是逐渐变快的；无人机在 1120 个 CPI 内的走动距离为 297.7m－273.9m＝23.8m，对无人机做关于速度的积分，可以计算出无人机一共向雷达径向飞行了 23.7265m，两种计算方式所得到的数据相吻合，这也说明了基于 CS 的信号处理算法的正确性。

2.2.2 捷变波形优化设计

由 CS 的原理可知,顺利求解 CS 模型的前提是字典矩阵须满足某种特性。Candes 和 Tao 指出满足约束等距性(Restricted Isometry Property,RIP)特性是准确地恢复信号时字典矩阵需要满足的充分条件[14]。Mallat 和 Zhang 的工作则采用互不相干性(Mutual Incoherence Property,MIP)特性对字典矩阵的特性进行描述[15]。Donoho 和 Huo 证明了 MIP 特性与待恢复信号最大稀疏度的关系[16],基于互相关特性的研究,Tropp 的工作进一步引入了累计互相关性来描述字典矩阵的不相关特性[17]。但是无论何种字典矩阵的正交性衡量方式都指向的结论是,字典矩阵的构造与选取会直接影响对原始信号重构的稳定性与精确性。由此,在使用压缩感知模型对雷达信号进行处理时,字典矩阵的选取是保证雷达目标检测性能的关键技术问题,而字典矩阵的特性又与发射波形息息相关,因此可以通过捷变波形优化设计来优化稀疏重构性能。通常针对字典矩阵的列不相关性有两种常用的衡量方式,一种是 RIP 特性,另一种是 MIP 特性,本节根据这两种特性对脉间频率捷变雷达的稀疏恢复性能展开讨论。

1. RIP 特性

Candes 和 Tao 指出,对一个稀疏度为 G 的待重构稀疏向量和长度为 Q 的观测向量(其中,观测信号的维度远小于待重构向量的维度),当构造出的字典矩阵满足以下表达式:

$$1 - \lambda_g \leqslant \frac{\left\| \boldsymbol{\Psi \theta} \right\|_2^2}{\left\| \boldsymbol{\theta} \right\|_2^2} \leqslant 1 + \lambda_g \qquad (2\text{-}16)$$

同时 $\lambda_g < 1$ 时,称字典矩阵满足 g 阶的 RIP 特性,其中 λ_g 被称为限制等容常数[18]。当待重构稀疏向量的稀疏度未知时,对式(2-16)进行计算是一个复杂的组合问题,因此很多 CS 使用场景中,字典矩阵的 RIP 特性往往无法直接进行验证。但是 RIP 具有的等价衡量标准可以作为更加实用的 RIP 衡量准则,这些等价衡量标准将在下文介绍并使用。

2. MIP 特性

定义一个字典矩阵 $\boldsymbol{\Psi} = \left[\boldsymbol{\psi}_0, \boldsymbol{\psi}_1, \cdots, \boldsymbol{\psi}_h, \cdots, \boldsymbol{\psi}_{H-1} \right]$ 的列相关系数为

$$\mu(\boldsymbol{\Psi}) = \max_{0\leqslant i\neq j\leqslant H-1} \frac{\left|\left\langle \boldsymbol{\psi}_i, \boldsymbol{\psi}_j \right\rangle\right|}{\left\|\boldsymbol{\psi}_i\right\|_2 \left\|\boldsymbol{\psi}_j\right\|_2} \qquad (2\text{-}17)$$

式中，$\left|\left\langle \boldsymbol{\psi}_i, \boldsymbol{\psi}_j \right\rangle\right|$ 为 $\boldsymbol{\psi}_i, \boldsymbol{\psi}_j$ 内积的模值；$\left\|\boldsymbol{\psi}_i\right\|_2$ 为 $\boldsymbol{\psi}_i$ 的 l_2 范数。

降低字典矩阵的相关性，可有效提高待恢复目标的稀疏度上限，同时可提高稀疏信号重构的精度和稳健性。但是，如果一味降低字典矩阵相关性而进行不完备的字典矩阵设计则可能导致无法根据观测信号从字典矩阵中匹配出原始信号的参数信息。针对脉间频率捷变雷达的字典矩阵，根据不同冗余字典的距离和速度取值区间、不同的脉冲重复频率、不同的载频重频序列等字典矩阵构成要素，可以设计出特性不一的字典矩阵。为使设计出的脉间频率捷变雷达具有优异的目标检测识别跟踪等功能，需要以 RIP 和 MIP 准则为设计原则，构造恰当的字典矩阵来实现相应的雷达功能。

定义 $\boldsymbol{x}$ 为一个稀疏向量，λ 是字典矩阵 $\boldsymbol{\Psi}$ 的 RIC，$\boldsymbol{\Psi}_G$ 表示从字典矩阵中随机挑选的 G 列所构成的矩阵，当字典矩阵 $\boldsymbol{\Psi}$ 满足 RIP 特性时，矩阵 $\boldsymbol{\Psi}_G^{\mathrm{T}}\boldsymbol{\Psi}_G$ 特征值分布在 $(1-\lambda,1+\lambda)$ 的取值区间当中，其中 $0 < \lambda < 1$[19]。在本节中，使用蒙特卡罗实验来对字典矩阵的 λ 进行估计，估计结果为 1024 次独立迭代的特征值的平均值，如图 2.22 所示。如果 $\boldsymbol{\Psi}$ 满足 $G+1$ 阶 RIP 并且满足 $\lambda < 1/(3\sqrt{G})$[20]，则可以使用 OMP 算法恢复出一个稀疏度为 G 的信号。如图 2.22 所示，当 $G < 3$ 时，基于上述脉间频率捷变雷达所构造的字典矩阵满足 RIP。换言之，基于上述参数，通过 OMP 算法可以从 CS 模型中恢复不超过两个目标。由于字典的特性对可恢复目标的数量会产生重大影响，因此可以优化频率和 PRF 序列以实现更多目标的准确恢复。

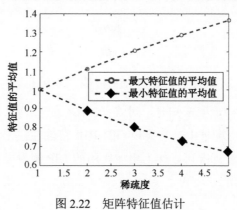

图 2.22　矩阵特征值估计

接下来，对恢复性能与稀疏度的关系进行研究。随机生成跳变频率序列及重频抖动序列，其中频率跳变上下界分别为 8.84GHz 和 11.12GHz，根据式（2-7）进行字典矩阵的构造，目标稀疏度的范围是 1～5，脉冲压缩后的信噪比为 10dB。

进行 1024 次独立重复试验，对每一组试验测量其峰值旁瓣比，将 1024 次独立重复试验的峰值旁瓣比均值作为该稀疏度下的峰值旁瓣比，仿真结果如图 2.23 所示。

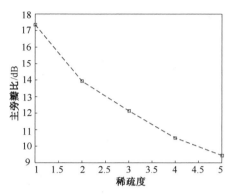

图 2.23 信号重构主旁瓣比信号稀疏度的关系图

从图 2.23 中可以看出，当稀疏度从 1 变到 5 时，峰值旁瓣比由 17.3dB 下降到 9.5dB，这表明随着场景中观测目标个数的增加，基于压缩感知的信号恢复性能会有一定程度的下降。

字典矩阵的相关性与压缩感知模型可以恢复的目标稀疏度及恢复目标的精度有着直接的关系。具体来讲，对一个冗余的字典矩阵，字典列间的正交性越强，则压缩感知模型可以精确恢复的目标稀疏度越大。在基于压缩感知的脉间频率捷变信号相参处理算法中，观测信号由观测场景和目标决定，但字典矩阵可由雷达设计者进行直接设计，不受观测场景影响，同时字典矩阵的相关特性由脉间频率捷变雷达的参数直接决定，因此可以通过优化设计脉间频率捷变雷达参数来进行字典矩阵的正交性优化，从而获得更高的目标检测性能。

为简化符号，令 $\psi_{kl} = \psi_{v_k\eta}$（$1 \leq k \leq K, 1 \leq l \leq L$），表示字典矩阵的第 $k \times L + l$ 列，任取两列 $\psi_{k_1l_1}$、$\psi_{k_2l_2}$，$1 \leq k_1, k_2 \leq K$，$1 \leq l_1, l_2 \leq L$，$k_1 \times L + l_1 \neq k_2 \times L + l_2$，得两列的互相关系数：

$$
\begin{aligned}
\mu(\psi_{i_1k_1}, \psi_{i_2k_2}) &= \frac{\left|\psi_{i_1k_1}^{H}\psi_{i_2k_2}\right|}{\left\|\psi_{i_1k_1}\right\|_2 \left\|\psi_{i_2k_2}\right\|_2} \\
&= \frac{1}{Q}\left|\sum_{q=1}^{Q} e^{-j\frac{2\pi}{K}k_1d(q)-j\frac{2\pi}{L}l_1\eta(q)} e^{-j\frac{2\pi}{K}k_2d(q)-j\frac{2\pi}{L}l_2\eta(q)}\right| \\
&= \frac{1}{Q}\left|\sum_{q=1}^{Q} e^{-j\frac{2\pi}{K}k_1d(q)-j\frac{2\pi}{L}l_1\left(1+\frac{d(q)\Delta f}{f_0}\right)\left(q+\frac{1}{U(q)}\right)} e^{-j\frac{2\pi}{K}k_2d(q)-j\frac{2\pi}{L}l_2\left(1+\frac{d(q)\Delta f}{f_0}\right)\left(q+\frac{1}{U(q)}\right)}\right|
\end{aligned}
$$

（2-18）

由于在 CS 模型中，恢复信号所进行的计算量与字典矩阵的维度直接相关，所以在实际应用中通常需要事先根据距离分辨率和速度分辨率指标分别对距离和速度网格进行设计。因此，式（2-18）中的距离分辨率、速度分辨率、初始载频、脉冲重复周期及脉冲数均可预设为固定值。通过优化雷达参数对字典矩阵进行优化设计则需以优化载频捷变序列和重频抖动序列为切入点。由式（2-18）可以得到字典矩阵的最大列相关系数表达式为

$$
\mu(\boldsymbol{\varPsi}) = \max_{1 \leqslant k_1, k_2 \leqslant K; 1 \leqslant l_1, l_2 \leqslant L; k_1 \times L + l_1 \neq k_2 \times L + l_2} \mu\left(\boldsymbol{\psi}_{k_1 l_1}, \boldsymbol{\psi}_{k_2 l_2}\right)
$$

$$
= \max_{1 \leqslant k_1, k_2 \leqslant K; 1 \leqslant l_1, l_2 \leqslant L; k_1 \times L + l_1 \neq k_2 \times L + l_2} \frac{1}{Q} \left| \sum_{q=1}^{Q} e^{-j\frac{2\pi}{K}(k_1+k_2)d(q) - j\frac{2\pi}{L}(l_1+l_2)\left(1+\frac{d(q)\Delta f}{f_0}\right)\left(q+\frac{1}{U(q)}\right)} \right| \quad (2\text{-}19)
$$

由式（2-19）可以看出，字典矩阵的列最大相关系数可表示为关于载频跳变序列 $d(q)$ 即第 q 个脉冲的跳频码字和重频抖动序列 $U(q)$ 的函数，进一步将字典矩阵的优化问题设置为代价函数的形式：

$$
f_{\mathrm{opt}}(\mu(\boldsymbol{\varPsi})) = \min_{\Delta f} (\mu(\boldsymbol{\varPsi}))
$$

$$
= \min_{d(q), U(q)} \left(\max_{1 \leqslant k_1, k_2 \leqslant K; 1 \leqslant l_1, l_2 \leqslant L; k_1 \times L + l_1 \neq k_2 \times L + l_2} \frac{1}{Q} \left| \sum_{q=1}^{Q} e^{-j\frac{2\pi}{K}(k_1+k_2)d(q) - j\frac{2\pi}{L}(l_1+l_2)\left(1+\frac{d(q)\Delta f}{f_0}\right)\left(q+\frac{1}{U(q)}\right)} \right| \right)
$$

$$
(2\text{-}20)
$$

由式（2-20）可以看出，要实现相对更优的稀疏恢复精度，需通过对载频捷变序列和重频抖动进行组合优化设计来实现对目标函数的优化设计。为解决该类组合优化问题，通常可采用诸如模拟退火算法、粒子群优化算法、遗传算法等多种求解算法[21-22]。模拟退火算法从物理学中固体降温时的粒子状态中受到启发，给予退火过程一个初始温度，同时在迭代的过程通过与温度相关的概率值决定是否接受新解。由于可以按一定概率接受令目标函数变坏的差解，因此模拟退火算法较好地解决了最优化问题中目标函数陷入局部最优解的问题。由于载频调频序列-重频抖动序列的联合搜索空间太大，导致最优化过程漫长，因此选用"两段式"优化方案。第一阶段，先对载频捷变序列进行优化得到优化后的载频捷变序列。第二阶段，在优化后的载频捷变序列的基础上，对目标函数进一步进行优化，得到优化的重频抖动序列。同时，为解决模拟退火算法固有的收敛慢、效率低的问题，对每个阶段的优化过程采取先"粗搜索"再"精搜索"的搜索方案，粗搜索的整体过程如下所示[6]。

步骤一：设置退火算法初始温度 T_{e}、退火算法降温系数 β、不同温度的个数 N_{t}、在每个温度下的迭代次数 N_{x}；用 n_{t} 表示退火算法已经使用过的温度个数，n

表示在当前退火温度下已经进行过的迭代次数。

步骤二：生成初始脉间捷变频字典矩阵，设置初始频率搜索步长为 Δf_s。根据设置的载频跳变搜索步长 Δf_s 和初始矩阵计算出初始矩阵最大列相关系数 f_0，设计初始载频跳变码字 $\boldsymbol{d}=[d_1, d_2, \cdots, d_q, \cdots, d_Q]$，其中 Q 为载频个数。

步骤三：在载频更新规则下每个载频点按照概率 η 变化为 $\boldsymbol{d}^*=[d_1^*, d_2^*, \cdots, d_q^*, \cdots, d_Q^*]$，其中 d_q^* 的计算表达式为

$$d_q^* = \begin{cases} d_q - \Delta f_s, & \eta = \dfrac{1}{2} \\ d_q + \Delta f_s, & \eta = \dfrac{1}{2} \end{cases} \qquad (2\text{-}21)$$

步骤四：按设定的载频更新规则对载频序列进行更新，得到更新后的载频序列 $\boldsymbol{d}^*$，计算在此载频序列下的字典矩阵最大列相关系数 $f(\boldsymbol{d}^*)$。

步骤五：计算字典矩阵最大列相关系数的更新差值 $\Delta E = f(\boldsymbol{d}) - f(\boldsymbol{d}^*)$，根据该更新值来计算概率值，根据得到的概率值 p 决定是否采纳所更新的新载频跳变序列，其中 p 的概率分布为

$$p = \begin{cases} 1, & \Delta E < 0 \\ \exp(-\Delta E / T_e), & \Delta E > 0 \end{cases} \qquad (2\text{-}22)$$

步骤六：当不满足循环终止条件 $q > Q$ 时，算法跳转到步骤三并执行至步骤五，满足迭代终止条件后进入步骤七。

步骤七：循环表示位 n 执行自加操作。

步骤八：当不满足循环终止条件 $n > N_x$ 时，算法跳转到步骤三并执行至步骤七，满足迭代终止条件后进入步骤九。

步骤九：对当前温度 T_e 乘以降温系数 β 进行降温，同时循环标志位 n_t 执行自加操作。

步骤十：当不满足循环终止条件 $n_t > N_t$ 时，算法跳转到步骤三并执行至步骤九，满足迭代终止条件后进入步骤十一。

步骤十一：更新初始频率搜索步长 Δf_s，算法跳转到步骤三并执行至步骤十，得到最优解作为优化后脉间频率捷变雷达的载频序列。

以上步骤只给出了基于模拟退火算法的载频跳变序列的优化设计流程，步骤十一进行了从"粗搜索"到"精搜索"的搜索步长调整，搜索步长的设置既要保证全局搜索范围，避免陷入局部最优解，又要保证恰当的载频分辨率，以便于工程实践。在上述步骤中搜索步长的设置要保持粗搜索步长 Δf_{s1} 与细搜索步长 Δf_{s2}

满足 $\Delta f_{s1} = \sigma \Delta f_{s2}$ 的关系，σ 为正整数。首先使用 Δf_{s1} 进行搜索，对最优解范围进行粗估计，然后使用 Δf_{s2}（最小跳频间隔）再次进行搜索，进而求得最优解。算法总迭代次数为 $2QN_xN_t$，N_x 为全局搜索次数，N_t 为同温迭代次数。基于迭代搜索方式的模拟退火算法得到的解具有非唯一性，不同优化载频可以获得相同的目标函数值。执行相同的迭代算法，可以获得不同的优化结果，通常高温可以保证新解被接受，跳出局部最优区域，低温可以保证求得局部最优。所以，为保证全局最优，应使用足够高的初始温度 T，图 2.24 给出了字典矩阵列相关系数随着载频序列迭代优化和重频序列迭代优化的下降曲线。

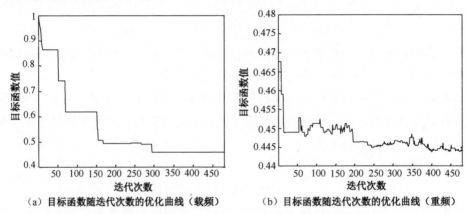

（a）目标函数随迭代次数的优化曲线（载频）　　（b）目标函数随迭代次数的优化曲线（重频）

图 2.24　目标函数的优化曲线

2.3　脉间频率捷变抗密集假目标干扰

密集假目标欺骗式干扰的基本原理是，干扰机在一定时间内对雷达信号进行采样和存储转发，形成多个不同距离的假目标。在雷达接收端，这些假目标可能散布于整个距离维上，而且假目标能量远大于目标回波。一旦假目标进入接收机波门内，将影响目标的检测。该干扰方式同时避免了全脉冲采样后直接转发导致的假目标稀疏问题和间歇采样转发时采样时长对假目标密集度的限制，理论上可实现任意密集度的假目标干扰，其产生原理如图 2.25 所示。假设干扰机对截获的第 q 个雷达发射信号进行延迟叠加转发，则产生的密集转发干扰信号可表示为

$$s_j(t,q) = \sum_{m=1}^{M} A_{j,m} s\left(t - \Delta\tau_m^q\right) = \sum_{m=1}^{M} A_{j,m} a\left(t - \Delta\tau_m^q\right) e^{j2\pi f_q\left(t+(q-1)T_r - \Delta\tau_m^q\right)} \quad (2\text{-}23)$$

式中，M 表示干扰转发次数；$A_{j,m}$ 表示第 m 次转发干扰的幅值；$\Delta\tau_m^q$ 表示第 m 次转发干扰相对于第 q 个脉冲回波的时延。

如果干扰机的工作带宽为 $\left[f_{j1}, f_{j2}\right]$，则脉间频率捷变雷达接收到的第 q 个脉

冲回波信号可表示为

$$r(t,q) = s_r(t,q) + \delta s_j(t,q) + \beta(t), \quad \delta = \begin{cases} 0, & f_q \notin [f_{j1}, f_{j2}] \\ 1, & f_q \in [f_{j1}, f_{j2}] \end{cases} \quad （2\text{-}24）$$

经过下混频和匹配滤波处理之后的输出为

$$r_{pc}(t,q) = \sum_{k=1}^{K} A_k' \text{sinc}\left(\pi B(t - \tau_k^q)\right) e^{-j2\pi f_q \tau_k^q} +$$

$$\delta \sum_{m=1}^{M} A_{j,m}' \text{sinc}\left(\pi B(t - \Delta\tau_m^q)\right) e^{-j2\pi f_q \Delta\tau_m^q} + \beta'(t) \quad （2\text{-}25）$$

式中，$A_{j,m}'$ 表示第 m 个假目标匹配滤波后的幅值；$\beta'(t)$ 表示匹配滤波处理后的噪声。

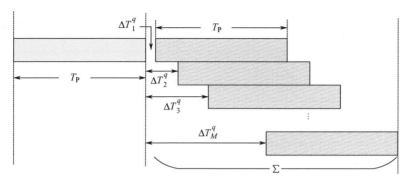

图 2.25　密集转发干扰原理图

2.3.1　脉间频率捷变联合 Hough 变换抗密集假目标干扰

Hough 变换作为一种参数空间变换算法，自从 1962 年被 Paul Hough 提出后，便成为直线和其他参数化形状检测的重要工具。Hough 变换具有较强的稳定性和鲁棒性，可在一定程度上避免噪声的影响，而且便于实现并行计算[23]。Hough 变换的实质是将图像空间内具有一定关系的像元进行聚类，寻找能把这些像元用某一解析形式联系起来的参数空间累积对应点。在参数空间不超过二维的情况下，这种变换有着理想的效果。本节将 Hough 变换应用到雷达信号的密集假目标干扰抑制问题上，利用 Hough 变换将雷达回波信号变换到参数空间，在参数空间上对数据进行处理，实现对密集假目标干扰的抑制[24]。

2.3.1.1　基本原理

Hough 变换方程可以表示为

$$\rho = \sqrt{x^2 + y^2} \sin(\theta + \varphi) \quad （2\text{-}26）$$

式中，$x = \hat{t}$；$y = t_m / T_r$；$\varphi = \tan^{-1}(y/x)$；ρ、θ 分别表示 Hough 参数空间中的距离和角度参数。简单概括就是：雷达数据空间中的一个点对应 Hough 参数空间中的一条正弦曲线，而同一条直线将在 Hough 参数空间中积累于一个点。

图 2.26 给出了基于 Hough 变换的抗干扰方法流程图，其共分为如下四个步骤。

步骤一：在数据空间上设置第一门限，提取目标和干扰、抑制噪声。

步骤二：将所有通过第一门限的回波数据经 Hough 参数空间积累映射到参数空间。

步骤三：在参数空间上进行峰值提取，并通过逆 Hough 变换映射回数据空间，形成时间–距离维的目标运动轨迹。

步骤四：对目标进行二维稀疏重构，并进行最小波形熵的计算，实现目标的检测。

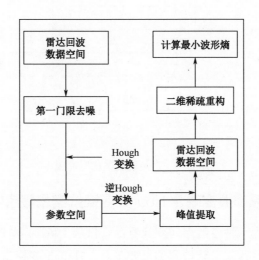

图 2.26　基于 Hough 变换的抗干扰方法流程图

设置第一门限的目的是去除噪声，可根据单脉冲虚警概率确定。假设虚警概率为 P_{fa}，噪声服从瑞利分布，则噪声功率 $p(x)$ 服从指数分布，根据雷达原理有

$$P_{fa} = \int_{\eta}^{\infty} p(x)\mathrm{d}x = \mathrm{e}^{-\eta} \tag{2-27}$$

第一门限值 η 为

$$\eta = -\ln(P_{fa}) \tag{2-28}$$

脉冲压缩回波数据经过第一门限的选择，可去除大部分噪声，然后做 Hough 变换，并在参数空间进行积累。标准 Hough 参数空间积累方法是将回波功率累加

后映射到参数空间，在信噪比较高的情况下，这样做能有效减少参数空间中局部峰值对目标检测的影响，利于峰值的提取处理。但是，如果存在多个目标回波能量，就会造成微弱目标被强目标的旁瓣所掩盖[25]。当干扰能量远远大于目标能量时，为检测出微弱的目标，需要在进行 Hough 变换之前，对数据进行幅值二值化处理：将过第一门限的点幅值设为 1，低于第一门限的点幅值设为 0。这样预处理之后，再进行 Hough 变换，则得到的参数空间幅值大小仅与检测数据空间中的直线长度相关，而与能量大小无关。

将脉冲压缩回波数据经过第一门限的选择后进行幅值二值化处理，可得

$$z(\hat{t}, t_m) = \begin{cases} \dfrac{s_{\text{rep}}(\hat{t}, t_m)}{\left| s_{\text{rep}}(\hat{t}, t_m) \right|} & , \left| s_{\text{rep}}(\hat{t}, t_m) \right| > \eta \\ 0 & , \left| s_{\text{rep}}(\hat{t}, t_m) \right| < \eta \end{cases} \tag{2-29}$$

式中，$s_{\text{rep}}(\hat{t}, t_m)$ 表示脉冲压缩后的数据空间。

通过 Hough 变换，将数据空间映射到参数空间，可以得到积累矩阵：

$$\boldsymbol{R}(\rho, \theta) = \text{HT}[z(\hat{t}, t_m)] \tag{2-30}$$

式中，HT[·] 表示 Hough 变换。

在一个 CPI 内，目标运动轨迹可以近似看成一条直线。因此，将雷达回波数据从数据空间转换到参数空间之后，目标能量将在同一积累单元内得到积累，形成期望峰值；同时干扰和噪声也可能在部分积累单元中得到积累，形成伪峰。为得到所有备选的积累单元，通常设定第二门限进行峰值提取。但是，由于伪峰积累的影响，备选积累单元数目通常大于实际目标数目。因此，针对这些直线的估计参数，需要用一种快速、准确的方法提取目标运动轨迹。为精确检测期望直线，同时有效地避免伪峰现象，采用局部算子法进行峰值提取。期望峰值是由一系列正弦曲线叠加而成的，在参数空间中，其沿正弦曲线的切线方向分布的积累值变化缓慢，沿法线方向分布的积累值变化剧烈；而伪峰是随机产生的，没有这种分布特征，利用两者之间差别可以提取期望峰值，抑制伪峰。

对任意积累单元 $\boldsymbol{R}(\rho_i, \theta_j)$，其值为 L，则代表有 L 条正弦曲线经过该单元，其中第 l 条正弦曲线在该处的导数为

$$\frac{\mathrm{d}\rho}{\mathrm{d}\theta} = \sqrt{x_l^2 + y_l^2}\cos(\theta_j + \varphi_l), \quad l = 1, 2, \cdots, L \tag{2-31}$$

在参数空间中，该正弦曲线的斜率为

$$t_l = \frac{\mathrm{d}r}{\mathrm{d}\theta}\mathrm{d}\theta = \sqrt{x_l^2 + y_l^2}\cos(\theta_j + \varphi_l)\mathrm{d}\theta, \quad l = 1, 2, \cdots, L \tag{2-32}$$

对应的法线斜率为

$$n_l = -1/\left(\sqrt{x_l^2 + y_l^2} \cos(\theta_j + \varphi_l)\mathrm{d}\theta\right), \quad l = 1, 2, \cdots, L \tag{2-33}$$

对应的角度为

$$\psi_l = \arctan\left(-1/\left(\sqrt{x_l^2 + y_l^2} \cos(\theta_j + \varphi_l)\mathrm{d}\theta\right)\right), \quad l = 1, 2, \cdots, L \tag{2-34}$$

在该单元，各正弦曲线的法线角度的均值为

$$\psi = \frac{1}{L}\sum_{l=1}^{L}\psi_l \tag{2-35}$$

将参数空间视为二维图像，采用 8 邻域加权窗对其进行加权滤波，如图 2.27 所示。每个积累单元的值为该单元的积累值和其邻域中其他单元的差值的加权求和。权值是它们对应矢量方向与式（2-35）描述的平均法线方向的夹角 β 的余弦，即相当于将这些差别投影到平均法线方向上。

R_1	R_2	R_3
R_4	R_5	R_6
R_7	R_8	R_9

图 2.27　8 邻域加权窗

$$R_5 = \sum_{\substack{g=1 \\ g \neq 5}}^{9} (R_5 - R_g)\cos\beta_g \tag{2-36}$$

式中，β 被定义在 $[0, \pi/2]$ 区间内。例如，R_2 相对于 R_5 的方位角度为 $\pi/2$，如果平均法线角度为 $\psi = \pi/3$，则它们之间的夹角 $\beta = \pi/6$。式（2-36）相当于一个局部算子，利用各夹角的余弦值作为加权系数，沿法线方向的变化得到进一步加强，对沿切线方向的变化基本不做改变。于是期望峰值得到加强，相对应的伪峰得到抑制。

对参数空间进行局部算子滤波后，通过设置阈值进行峰值提取，再通过逆 Hough 变换，将参数空间映射到数据空间，就可以得到目标的运动轨迹。在数据空间中，将不在目标运动轨迹上的单元幅值置零，保留目标的数据信息。

2.3.1.2　仿真实验

为了验证所提出方法的有效性，可使用目标检测概率来衡量干扰抑制性能。这里采用一组典型的雷达参数进行仿真，雷达工作及目标参数如表 2.2 所示。此处暂不考虑稀疏重构的网格失配问题。以下仿真均考虑干扰机产生 10 个干扰信号，各个干扰之间的时延间隔为 200 ns，干扰频段 $f_j \in [10\mathrm{GHz}, 10.5\mathrm{GHz}]$。

表 2.2　雷达工作及目标参数

参　数	数　值	参　数	数　值
脉冲宽度/μs	4	脉冲重复频率/kHz	2.5
信号带宽/MHz	24	采样频率/MHz	48
脉冲数/个	64	初始载频/GHz	10
跳频总数/个	100	步进带宽/MHz	20
目标距离/m	4000	目标速度/(m/s)	2000

将干信比（Jamming to Signal Ratio，JSR）分别设置为 10dB 和 20dB。给出在不使用抗干扰算法和使用所提出的抗干扰算法情形下，检测概率随信噪比（Signal-to-Noise Ratio，SNR）从-30dB 到-10dB 增长时相应的变化。图 2.28 给出了未受干扰与进行干扰抑制前后检测概率随信噪比变化的关系。

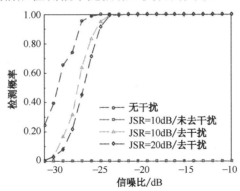

图 2.28　未受干扰与进行干扰抑制前后检测概率随信噪比变化的关系

由图 2.28 可知，在没有干扰的条件下，随着信噪比的增加，噪声对二维稀疏重构的影响逐渐减小，可以更好地重构目标场景、检测目标。在 JSR=10dB 且未使用抗干扰措施的条件下，目标的检测概率恒为零，说明干扰严重地影响了目标场景的稀疏重构，使得雷达不能有效地检测目标。在使用所提出的干扰抑制算法对同样的仿真雷达回波进行目标检测后，可以看到，在 JSR=10dB 和 JSR=20dB 的条件下，随着信噪比的增加，目标检测概率在不断增加。当信噪比大于-20dB 时，目标检测概率接近于 1，说明干扰被抑制得更加彻底。

当干扰功率不断增强时，干扰的旁瓣会影响目标运动轨迹的检测与目标的二维高分辨稀疏重构。本仿真给出了在信噪比为-23dB 的情况下，目标检测概率随干信比从 0dB 到 50dB 增长时相应的变化。图 2.29 给出了检测概率随干信比变化的关系。

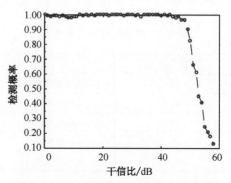

图 2.29　检测概率随干信比变化的关系

从图 2.29 中可以看出，在干扰功率不大时，干扰信号的旁瓣功率不能完全遮盖目标信号，通过 Hough 变换能够检测到目标运动轨迹，并去除干扰。雷达对目标的检测概率能达到 90%以上。当干扰功率增大到一定阈值时，干扰的旁瓣功率会完全遮盖目标信号，干扰抑制算法将失效，检测性能将明显恶化。

通过实测的外场对抗实验数据处理结果，进一步验证所提算法的有效性。该实验中我方雷达分别使用 PD 模式和脉间频率捷变模式，探测海上船舶目标，同时船舶上载有对方干扰机对我方雷达实施干扰。

PD 模式工作在 Ka 波段，信号脉冲宽度为 2μs，脉冲重复周期为 240μs，信号带宽为 25MHz，采样频率为 60MHz。图 2.30（a）为 PD 雷达回波脉冲压缩图，图 2.30（b）为其俯视图，从图中可以看到雷达的大部分回波都受到了干扰，最大干信比为 31dB。图 2.30（c）为 PD 雷达 MTD 方法的目标检测结果，明显可见在强干扰环境下，PD 雷达无法正确检测目标。

脉间频率捷变模式工作在 Ka 波段，信号脉冲宽度为 2μs，脉冲重复周期为 240μs，信号带宽为 25MHz，采样频率为 60MHz，跳频总数为 256 个，128 个脉冲为一组。图 2.31（a）为脉间频率捷变雷达回波脉冲压缩图，图 2.31（b）为其俯视图，从中可以看到采用频率捷变体制后，干扰数量明显减少，受到的干扰信号强度也要明显小于 PD 雷达。图 2.31（c）为脉间频率捷变雷达脉冲压缩后数据经过二维高分辨稀疏重构得到的速度-距离二维图，可以看到干扰信号破坏了回波的部分相位信息，重构效果差。计算每个距离单元的最小波形熵，如图 2.31（d）所示。可以看到，检测结果中不仅存在真实目标，还存在许多虚假目标。

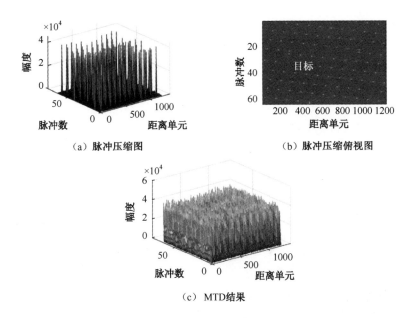

（a）脉冲压缩图

（b）脉冲压缩俯视图

（c）MTD 结果

图 2.30 PD 雷达处理结果

为了避免对虚假目标的错误检测，使用所提算法进行处理。先通过 Hough 变换将脉冲压缩后数据变换到参数空间，并通过峰值提取完成目标运动轨迹的提取与干扰的抑制，然后再通过逆 Hough 变换映射回数据空间并进行二维高分辨稀疏重构，得到速度–距离重构图，分别如图 2.31（d）、图 2.31（e）所示。可以看到，干扰得到了抑制，目标得到有效积累。计算出一个分辨单元的最小波形熵，如图 2.31（g）所示。可以看到，检测结果中只存在真实目标，验证了所提方法的有效性和可靠性。

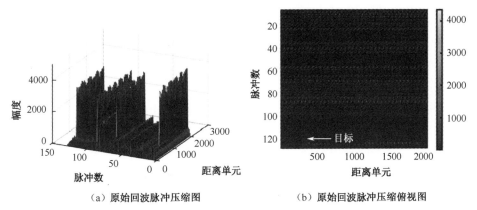

（a）原始回波脉冲压缩图

（b）原始回波脉冲压缩俯视图

图 2.31 干扰抑制前后脉间频率捷变处理结果对比图

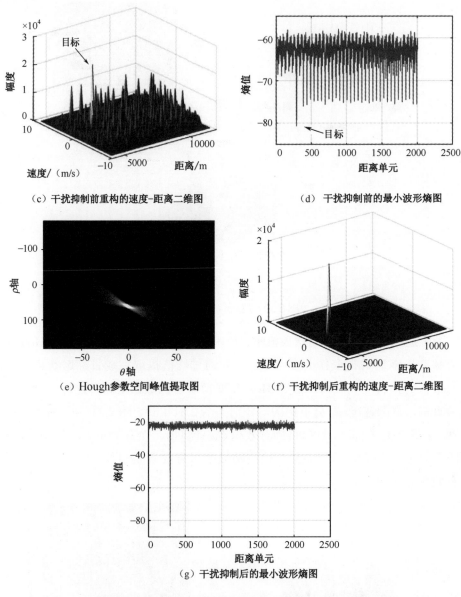

（c）干扰抑制前重构的速度–距离二维图　　　（d）干扰抑制前的最小波形熵图

（e）Hough参数空间峰值提取图　　　（f）干扰抑制后重构的速度–距离二维图

（g）干扰抑制后的最小波形熵图

图 2.31　干扰抑制前后捷变频处理结果对比图（续）

2.3.2　脉间频率捷变联合波形熵的密集假目标干扰抑制算法

　　在脉间频率捷变雷达体制下，对在一个相参处理间隔内近似做匀速运动的目标，它的运动轨迹在快时间–慢时间二维空间中可以看作一条与慢时间维平行的连续直线，而密集假目标干扰的运动轨迹为二维空间中散乱分布的点。根据目标和干扰运动轨迹的这种差异性，利用波形熵可鉴别目标和假目标干扰[26]。经过干扰抑制后的回波数据中仍存在较强的干扰旁瓣，若不进行有效抑制，会导致脉间相参处理后旁瓣抬升，影响目标检测，因而采用局部离群因子检测方法剔除存在较强干扰旁瓣的数据。最后采用基于 CS 的脉间相参积累算法进行二维高分辨稀疏重构。

2.3.2.1　基本原理

基于波形熵的脉间频率捷变雷达抗干扰算法流程如图 2.32 所示。

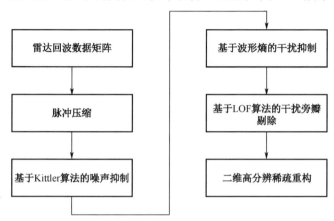

图 2.32　基于波形熵的脉间频率捷变雷达抗干扰算法流程图

Kittler 最小误差法是一种基于贝叶斯最小分类错误思想的阈值分割算法。本节利用 Kittler 算法计算真假目标和噪声的最佳分类阈值，进而对脉冲压缩后回波数据矩阵进行 0-1 二值化处理，达到保留目标和干扰、抑制噪声的目的。Kittler 算法具体流程如下。

设脉冲压缩后回波数据矩阵为 A，矩阵大小为 $X \times Y$，矩阵的行下标对应慢时间维，矩阵的列下标对应快时间维，$A(x, y)$ 表示脉冲压缩后回波数据矩阵 A 中第 x 行第 y 列元素的大小，数据矩阵 A 中元素的最小值和最大值分别为 $A_{\min}$ 和 $A_{\max}$，即

$$A_{\min} = \underset{\substack{1 \leqslant x \leqslant X \\ 1 \leqslant y \leqslant Y}}{\arg\min}\left(A(x, y)\right)$$
$$A_{\max} = \underset{\substack{1 \leqslant x \leqslant X \\ 1 \leqslant y \leqslant Y}}{\arg\max}\left(A(x, y)\right)$$
（2-37）

步骤一：将区间 $[A_{\min},\ A_{\max}]$ 均匀划分为 B 个子区间，统计数据矩阵 A 中元素位于第 $b(b = 1, 2, \cdots, B)$ 个子区间的个数，记为 n_b，并将位于第 b 个子区间内的所有元素量化为 f_b：

$$f_b = \mathrm{card}\left(\left\{A(x, y) \middle| A(x, y) \in \begin{bmatrix} L_b & R_b \end{bmatrix}, 1 \leqslant x \leqslant X, 1 \leqslant y \leqslant Y\right\}\right) \qquad （2-38）$$

式中，L_b 和 R_b 分别表示第 b 个子区间的左、右端点。

步骤二：计算第 b 个子区间量化值 f_b 的出现概率 p_b：

$$p(b) = \frac{n_b}{X \times Y}, \qquad b = 1, 2, \cdots, B \tag{2-39}$$

步骤三：若分类阈值为 $g\left(g \in \{f_1, f_2, \cdots, f_B\}\right)$，则阈值 g 将 B 个子区间量化值分成两个集合 C 和 D，分别表示为

$$\begin{aligned} C &= \{f_b | f_b \leqslant g, 1 \leqslant b \leqslant B\} \\ D &= \{f_b | f_b > g, 1 \leqslant b \leqslant B\} \end{aligned} \tag{2-40}$$

进而得到集合 C 和 D 各自的先验概率 $p_C(g)$ 和 $p_D(g)$，分别表示为

$$p_C(g) = \sum_{f_b \in C} p(f_b) \ , \ p_D(g) = \sum_{f_b \in D} p(f_b) \tag{2-41}$$

步骤四：分别计算集合 C、D 的均值 $\mu_C(g)$、$\mu_D(g)$ 与方差 $\sigma_C^2(g)$、$\sigma_D^2(g)$，并表示为

$$\mu_C(g) = \frac{1}{p_C(g)} \sum_{f_b \in C} f_b p(f_b) \tag{2-42}$$

$$\mu_D(g) = \frac{1}{p_D(g)} \sum_{f_b \in D} f_b p(f_b) \tag{2-43}$$

$$\sigma_C^2(g) = \frac{1}{p_C(g)} \sum_{f_b \in C} \left\{ \left[f_b - \mu_C(g) \right]^2 p(f_b) \right\} \tag{2-44}$$

$$\sigma_D^2(g) = \frac{1}{p_D(g)} \sum_{f_b \in D} \left\{ \left[f_b - \mu_D(g) \right]^2 p(f_b) \right\} \tag{2-45}$$

步骤五：计算当前分类阈值 g 对应的误差目标函数：

$$J(g) = p_C(g) \ln \frac{\sigma_C^2(g)}{p_C^2(g)} + p_D(g) \ln \frac{\sigma_D^2(g)}{p_D^2(g)} \tag{2-46}$$

步骤六：将每一个子区间量化值 $f_b (1 \leqslant b \leqslant B)$ 作为分类阈值 g，重复步骤三～步骤五，求得使误差分类函数 $J(g)$ 最小的子区间量化值，并将其作为最佳分类阈值：

$$g_{\text{opt}} = \underset{g \in \{f_1, f_2, \cdots, f_B\}}{\arg \min} J(g) \tag{2-47}$$

步骤七：利用步骤六中求得的最佳分类阈值 g_{opt} 对脉冲压缩后回波数据矩阵 A 进行 0-1 二值化处理：

$$A'(x, y) = \begin{cases} 0, A(x, y) \leqslant g_{\text{opt}}, \\ 1, A(x, y) > g_{\text{opt}}, \end{cases} \quad 0 \leqslant x \leqslant X, \ 0 \leqslant y \leqslant Y \tag{2-48}$$

式中，$A'(x, y)$ 表示二值化处理后数据矩阵 A' 中第 x 行第 y 列的元素。经过 Kittler 算法二值化处理后，绝大部分噪声被抑制，而目标和密集假目标干扰被保留。

作为统计学中的概念，熵用于衡量随机变量的不确定性，而波形熵衡量了信号波形能量沿参数轴的发散程度。对一个信号波形，若采样点的幅度沿参数轴大小相等，即波形能量均匀分布，则波形熵最大；相反，若只有部分采样点的幅度较大，即波形能量集中，则波形熵较小。从式（2-48）可知，脉冲压缩回波数据矩阵经 Kittler 算法 0-1 二值化处理后，目标运动轨迹为沿慢时间维的连续直线，波形能量均匀分布，即波形熵最大；而假目标运动轨迹为沿慢时间维离散的点，波形能量集中，即波形熵较小。因此，利用这种差异性，通过计算二值化处理后数据矩阵 A' 所有列的波形熵，可识别真实目标和假目标干扰，进而实现密集假目标干扰的抑制。

记 a'_y 表示二值化处理后数据矩阵 A' 的第 y 列，则数据矩阵 A' 可重新表示为

$$A' = \begin{bmatrix} a'_1 & a'_2 & \cdots & a'_y & \cdots & a'_Y \end{bmatrix} \tag{2-49}$$

式中，$a'_y = \begin{bmatrix} A'(1,y) & A'(2,y) & \cdots & A'(X,y) \end{bmatrix}^{\mathrm{T}}$。$a'_y$ 的波形熵表示为

$$E\left(a'_y\right) = -\sum_{x=1}^{X} p_{x,y} \lg\left(p_{x,y}\right) \tag{2-50}$$

式中，$p_{x,y} = A'(x,y)/\left\| a'_y \right\|$，$\left\| a'_y \right\| = \sum_{x=1}^{X} \left| A'(x,y) \right|$。对观测场景中只有单个目标的情况，可通过求解 $E\left(a'_y\right)$ 的最大值来确定目标所在的距离单元，且只保留目标的回波数据。若观测场景中存在多个目标，则可以求解 $E\left(a'_y\right)$ 的所有局部最大值。此外，可能存在二值化处理后数据矩阵 A' 的第 y 列全为零的情况，则式（2-50）定义的波形熵将不存在，但从上述分析可知，此时对应的距离单元只有噪声，没有目标和干扰，因而可以令其波形熵为零。

经过基于波形熵的干扰抑制处理后，密集假目标干扰被有效抑制，只保留了目标所在距离单元的回波数据。保留的回波数据中不仅包含目标回波信息，同时部分脉冲回波数据中叠加了密集假目标干扰的旁瓣。当干信比较低时，干扰旁瓣能量较小，对二维高分辨稀疏重构的性能影响较小。若在强对抗场景下，干信比较高，较强的干扰旁瓣会导致脉间积累后旁瓣电平抬高，降低基于稀疏重构的脉间相参处理算法性能，严重时将不能正确检测目标。

对此，采用局部离群因子（Local Outlier Factor，LOF）检测算法剔除干扰抑制后回波数据中的干扰旁瓣。LOF 检测算法是数据挖掘中基于密度的离群点检测算法[27]。经过干扰抑制后的回波数据中，对只含有目标信息的数据，其幅度分布在一个范围内，而叠加干扰旁瓣数据的幅度较大，并没有落在上述范围内，被视为离群点。因此，可以采用 LOF 检测算法剔除这些离群点。算法具体流程如下。

令 $S = \begin{bmatrix} s_1 & s_2 & \cdots & s_M \end{bmatrix}^{\mathrm{T}}$ 表示目标所在距离单元的回波数据，其中存在较强的

干扰旁瓣。

步骤一：对向量 $\boldsymbol{S}$ 中的元素 s_i，计算向量 $\boldsymbol{S}$ 中与 s_i 最近的第 k 个距离，称为 s_i 的第 k 距离，记为 $d_k(s_i)$，这里的距离指的是欧氏距离。

步骤二：将向量 $\boldsymbol{S}$ 中所有与元素 s_i 的距离不大于 s_i 的第 k 距离的元素构成的集合称为 s_i 的第 k 距离邻域，记为 $N_k(s_i)$，表示如下：

$$N_k(s_i) = \left\{ s_j \left| \begin{array}{l} \|s_i - s_j\| \leqslant d_k(s_i), \\ 1 \leqslant j \leqslant M, j \neq i \end{array} \right. \right\} \tag{2-51}$$

步骤三：计算元素 s_i 的局部可达密度 $\rho_k(s_i)$，表示如下：

$$\rho_k(s_i) = \cfrac{1}{\left(\displaystyle\sum_{s_j \in N_k(s_i)} d_k(s_i, s_j) \right) \Big/ k} \tag{2-52}$$

式中，$d_k(s_i, s_j) = \max\left(|s_i - s_j|, d_k(s_i)\right)$。

步骤四：计算元素 s_i 的局部离群因子 $\mathrm{LOF}_k(s_i)$，表示如下：

$$\mathrm{LOF}_k(s_i) = \cfrac{\left(\displaystyle\sum_{s_j \in N_k(s_i)} \rho_k(s_j) \right) \Big/ \rho_k(s_i)}{k} \tag{2-53}$$

局部离群因子表示元素 s_i 的局部可达密度与其第 k 距离邻域内元素的局部可达密度的对比。若局部离群因子远远大于 1，表示元素 s_i 与其局部元素的密度差异较大，则可认为元素 s_i 为离群点，予以剔除；若局部离群因子接近 1，表示元素 s_i 与其局部元素的密度差异较小，则可认为元素 s_i 为正常点，予以保留。

2.3.2.2 仿真实验

下面构建典型密集假目标干扰场景，通过数字仿真实验验证基于波形熵的脉间频率捷变雷达抗干扰算法的有效性。仿真实验中目标和雷达工作参数如表 2.3 所示。设置脉冲压缩后回波信噪比为 5dB。假设密集假目标干扰的个数为 20，假目标之间的时延间隔分布在[150ns，200ns]区间内，对应的距离范围[22.5m，30m]，干信比为 45dB。

表 2.3   目标和雷达工作参数

参　数	数　值	参　数	数　值
目标距离/m	4000	目标速度/(m/s)	100
信号脉宽/μs	4	信号带宽/MHz	24
脉冲重复频率/kHz	25	脉冲数/个	64
起始载频/GHz	14	跳频间隔/MHz	12
跳频总数/个	128	采样率/MHz	48

　　基于波形熵的脉间频率捷变雷达抗密集假目标干扰仿真实验结果如图 2.33 所示。图 2.33（a）为密集假目标干扰场景下脉间频率捷变雷达回波信号的脉冲压缩结果，即通过脉冲间载频捷变能在频域上主动规避干扰信号。但是载频捷变的随机性和盲目性会导致部分脉冲回波信号中存在较强的干扰信号。图 2.33（b）为基于 Kittler 算法的噪声抑制结果，经过二值化处理后绝大部分的噪声被有效抑制，而目标和密集假目标干扰被尽可能保留。同时，目标的运动轨迹为一条与慢时间维平行的直线，而假目标干扰是一些明亮的点。图 2.33（c）为波形熵结果，波形熵峰值的横坐标对应目标所在的距离单元，进而只保留目标所在距离单元的数据。图 2.33（d）为干扰抑制结果，与回波脉冲压缩结果相比，密集假目标干扰被有效抑制。但部分脉冲仍有较强的干扰旁瓣，若直接进行二维高分辨稀疏重构，会导致重构结果旁瓣电平抬高，如图 2.33（e）所示。图 2.33（f）为基于 LOF 算法的干扰旁瓣剔除结果，与图 2.33（d）干扰抑制结果相比，有效剔除了较强的干扰旁瓣。图 2.33（g）为干扰旁瓣剔除后二维高分辨稀疏重构结果，由于剔除了较强的干扰旁瓣，脉间相参处理后的旁瓣被有效抑制。该仿真实验结果表明，所提算法能有效对抗密集假目标干扰。

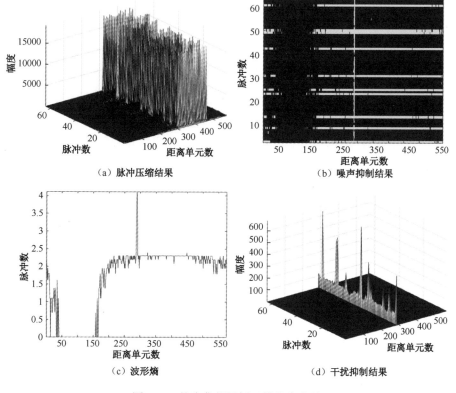

图 2.33　抗密集假目标干扰仿真实验

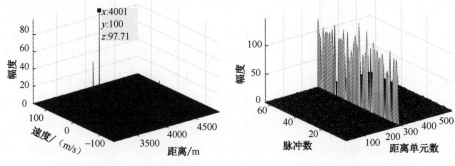

（e）未剔除干扰旁瓣时二维稀疏重构结果　　　　　　（f）干扰旁瓣剔除结果

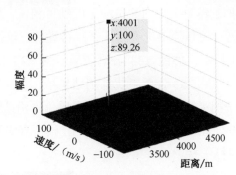

（g）干扰旁瓣剔除后二维高分辨稀疏重构结果

图 2.33　抗密集假目标干扰仿真实验（续）

　　下面分析干信比对所提抗干扰算法性能的影响，同时参考文献[28]中提出的基于形态学滤波的密集假目标干扰抑制算法。由于两种抗干扰算法采用了不同的阈值分割方法进行二值化处理，因此可以对比分析干信比对两种阈值分割算法性能的影响。为定量评估阈值分割算法性能，定义目标信息保留百分比。这是由于相比未被抑制的极小部分噪声对目标和干扰鉴别的影响，最大限度地保留目标信息更有利于后续识别目标和干扰。其中，目标信息保留百分比这一指标的计算方法为二值化处理后目标所在距离单元被置 1 的脉冲数除以一个 CPI 内的脉冲数。性能分析中的雷达、目标及干扰参数与上述仿真实验中设置的参数相同，其中干信比的变化范围为[20dB，80dB]。两种算法分别进行 500 次蒙特卡罗实验，目标信息保留百分比如图 2.34 所示。可以看出，本节所用 Kittler 算法的目标信息保留百分比随干信比增加有微小波动，当干信比大于 58dB 时急剧下降至 15.6%。而文献[28]中 Otsu 算法的目标信息保留百分比基本不受干信比变化的影响。

　　接下来，在相同参数条件下分析两种抗干扰算法的目标检测性能。图 2.35 为两种抗干扰算法目标检测概率随干信比变化曲线，其中实线和三角标记线分别代表基于波形熵和基于形态学滤波的密集假目标干扰抑制算法。可以看出，对文献[28]中基于形态学滤波的抗干扰算法，当干信比小于 34dB 时，检测概率高于 90%，即能够有效抑制干扰并检测目标；随着干信比进一步增加，检测概率逐渐降低；当干信比大于 50dB 时，检测概率基本为零。而对本节所提的基于波形熵的抗干扰算法，当干信比大于 50dB 且小于 60dB 时，检测概率仍然高于 90%，即能够有效对抗干扰，这是由于采用 LOF 算法对目标回波中叠加有较强干扰旁瓣的数据进行剔除，有力提升了算法的抗干扰性能；当干信比增大至 60dB 时，检测概率急剧下降，接近于零，此时所提算法失效，这是由于二值化处理过程中大部分目标信息丢失，进而不能有效识别目标和干扰。

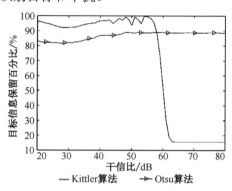

图 2.34　两种抗干扰算法目标信息保留百分比随干信比变化曲线

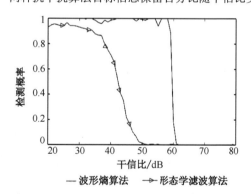

图 2.35　两种抗干扰算法检测概率随干信比变化曲线

接下来，通过处理外场对抗试验数据，进一步验证所提算法的有效性。外场对抗试验中雷达采用脉间频率捷变工作体制探测海上舰船目标，同时舰船上的干扰机对雷达实施干扰。雷达工作参数如表 2.4 所示。

表 2.4　外场对抗试验中的脉间频率捷变雷达工作参数

参　数	数　值
脉冲宽度/μs	4
脉冲重复周期/μs	250
信号带宽/MHz	20
采样率/MHz	60
脉冲数/个	128
跳频总数/个	256
载频跳变范围/GHz	33.2～34.2

　　图 2.36 为外场实测数据抗干扰结果。图 2.36（a）为回波信号的脉冲压缩结果，部分脉冲沿距离维存在密集假目标干扰。图 2.36（b）为噪声抑制结果，利用 Kittler 算法计算噪声和真假目标的最佳分割阈值，对脉冲压缩后回波数据进行二值化处理，在抑制噪声的同时保留真实目标和假目标干扰。此外，二值化后目标运动轨迹为与慢时间维平行的直线，而在快时间–慢时间二维平面上干扰呈现为散乱分布的点，根据二值化后目标和干扰的这一特性，利用波形熵可以鉴别目标和密集假目标干扰，波形熵结果如图 2.36（c）所示。图 2.36（d）为干扰抑制结果，与图 2.36（a）所示脉冲压缩结果相比，有效抑制了密集假目标干扰。然而，目标回波信号中仍有一个脉冲存在较强的干扰旁瓣，这会导致脉间相参处理结果中旁瓣抬高，因而需要剔除较强的干扰旁瓣。图 2.36（e）为采用 LOF 检测算法剔除强干扰旁瓣的结果。对剔除强干扰旁瓣后的回波数据采用压缩感知算法进行稀疏重构，处理结果如图 2.36（f）所示。外场实测数据处理结果表明了基于波形熵的密集假目标干扰抑制算法的有效性。

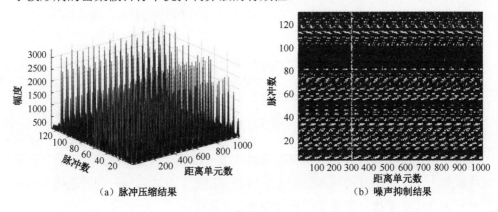

（a）脉冲压缩结果　　　　　　　　　　（b）噪声抑制结果

图 2.36　外场实测数据抗干扰结果

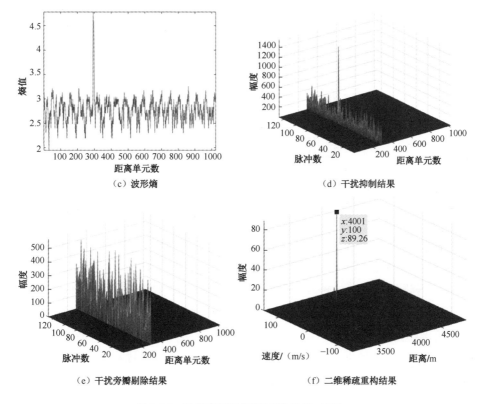

（c）波形熵　　　　　　　　　　（d）干扰抑制结果

（e）干扰旁瓣剔除结果　　　　　　（f）二维稀疏重构结果

图 2.36　外场实测数据抗干扰结果（续）

2.3.3　基于支持向量机的脉间频率捷变雷达密集转发干扰智能抑制方法

支持向量机（Support Vector Machines，SVM）是由 Vapnik 和 Cortes 等于 1995年提出的一种基于监督学习的二元广义线性分类器，其可以通过核函数进行高维映射实现非线性分类，求解出训练样本的最大边距超平面作为决策边界，完成对训练样本的识别与分类[29]。

由于 SVM 对小样本、非线性及高维类具有良好的分类效果，目前广泛应用于雷达辐射源分类、识别领域[30-31]。本节将这种分类思想迁移到对干扰信号和目标回波的识别与分类问题上，利用密集转发干扰和目标回波匹配滤波之后在距离-多普勒平面上的特征差异性设计两个典型特征参数，通过 SVM 模型对样本数据集进行自动特征提取、类别预测，实现密集转发干扰智能化抑制[32]。

2.3.3.1　基本原理

图 2.37 给出了基于 SVM 的脉间频率捷变雷达密集转发干扰智能抑制算法流程。

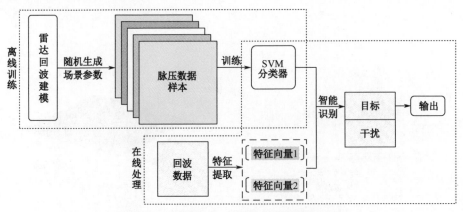

图 2.37 密集转发干扰智能抑制算法流程

在脉间频率捷变雷达体制下，运动目标经过脉冲压缩之后，能量积累在相同距离单元内，呈现一条平行于慢时间维的直线；而密集转发干扰是对所截获的雷达发射信号进行延时叠加转发，因此在脉冲压缩后能量离散分布于快时间–慢时间二维平面中。换言之，密集转发干扰和目标回波在距离向和方位向的稀疏度各不相同：如图 2.38（a）所示，干扰信号沿距离向密集分布，沿方位向稀疏分布；目标信号沿距离向是稀疏的，但沿方位向是连续的。当采样率较低或目标运动速度非常大时，会发生距离徙动，在快时间–慢时间平面上表现为目标直线倾斜，如图 2.38（b）所示。一般情况下，目标距离徙动较小，本节所提算法依然能够实现目标识别和干扰抑制，但当目标距离徙动较大时，需要先通过相应算法进行校正，再进行抗干扰处理。本节所提算法和仿真实验均假设目标距离徙动较小或已将目标进行距离徙动校正。

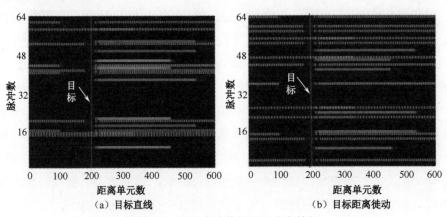

图 2.38 匹配滤波数据空间分布特征

假设匹配滤波后的数据矩阵表示为 $\boldsymbol{D}_{Q\times L}$，其中 Q 为脉冲数，L 为距离单元数，

第 q 个脉冲、第 l 个距离单元对应的幅值表示为 $A_{q,l}$，则本节所设计的两个特征参数如下。

特征参数 1：取数据矩阵 $\boldsymbol{D}_{Q \times L}$ 中的每一个距离单元对应的列向量 $\boldsymbol{d}_q$，沿方位向计算当前单元 $A_{q,l}$ 纵向邻域内幅值差异度，即

$$\Delta A_{q,l}^1 = \sum_{p=q-\omega}^{q+\omega} \frac{\left| A_{q,l} - A_{p,l} \right|}{\max\left(A_{q,l}, A_{p,l} \right)} \tag{2-54}$$

式中，$[q-\omega, q+\omega]$ 表示邻域长度。当 $q \leqslant \omega$ 时，纵向邻域取 $[1, q+\omega]$；当 $q \geqslant Q-\omega$ 时，纵向邻域取 $[q-\omega, Q]$。

计算 $\boldsymbol{d}_l$ 中每个单元对应的幅值差异度 $\Delta A_{q,l}^1$，并沿方位向求和，即特征参数 1 为

$$H_l^1 = \sum_{q=1}^{Q} \Delta A_{q,l}^1, \, l = 1, 2, \cdots, L \tag{2-55}$$

若匹配滤波后，目标位于第 l_1 个距离单元，任一假目标位于第 l_2 个距离单元，根据式（2-54）分别计算出 $\boldsymbol{d}_{l_1}$ 和 $\boldsymbol{d}_{l_2}$ 对应的 Q 个幅值差异度 $\Delta A_{q,l_1}^1$ 和 $\Delta A_{q,l_2}^1$。受干扰带宽限制，脉间频率捷变雷达只有部分脉冲被截获并形成密集转发干扰，因此目标和干扰沿距离向的稀疏度不同，则计算出的 $\Delta A_{q,l_1}^1 < \Delta A_{q,l_2}^1$，进一步地，求和后应有 $H_{l_1}^1 < H_{l_2}^1$。

特征参数 2：取数据矩阵 $\boldsymbol{D}_{Q \times L}$ 中的每一个脉冲对应的行向量 $\boldsymbol{d}_q$，沿距离向以步长 $\Delta \omega$ 在邻域 $[l-\omega, l+\omega]$ 内统计幅度差异值，且 $\omega = I\Delta\omega, I \in \mathbb{Z}$，即

$$\Delta A_{q,l}^2 = \sum_{i=-I}^{I} \frac{\left| A_{q,l} - A_{q,l+i\Delta\omega} \right|}{\max\left(A_{q,l}, A_{q,l+i\Delta\omega} \right)} \tag{2-56}$$

其中，当 $l \leqslant \omega$ 时，为便于计算，横向邻域取原来的一半，即 $[l, l+\omega]$；当 $l \geqslant L-\omega$ 时，横向邻域取 $[l-\omega, l]$。

沿方位向对每一个距离单元中所有对应的幅值差异度 $\Delta A_{q,l}^2$ 求和，得到特征参数 2 为

$$H_l^2 = \sum_{q=1}^{Q} \Delta A_{q,l}^2, \, l = 1, 2, \cdots, L \tag{2-57}$$

由于密集转发干扰在匹配滤波之后沿距离维形成多个邻近的假目标群，横向邻域内幅值差异度较小，而目标信号横向邻域内仅存在大量噪声信号，幅值差异度较大，因此求和计算出的 $H_{l_1}^2 > H_{l_2}^2$。图 2.39 为上述特征参数计算示意。

本节将人工智能算法应用于雷达抗干扰领域，通过对密集转发干扰样本数据进行离线训练，构建最优 SVM 分类模型，实现对回波数据智能化准确识别、分类，进而实现干扰智能抑制，具有实时性和鲁棒性良好等优势。具体步骤如下。

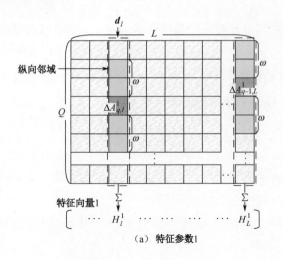

（a）特征参数1

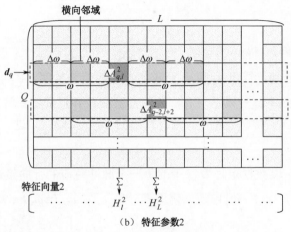

（b）特征参数2

图 2.39　特征参数计算示意

步骤一：按照脉间频率捷变雷达信号模型构建匹配滤波数据样本集 $R = \{r_{pc}^1, r_{pc}^2, \cdots, r_{pc}^N\}$，$r_{pc}^n \in \mathbb{R}^{Q \times L}$，其中，$N$ 为 CPI 数。

步骤二：根据上述内容提取 N 个匹配滤波数据样本的特征参数 H_l^1 和 H_l^2，以建立训练数据集 $X = \{(x_1, y_1), (x_2, y_2), \cdots, (x_z, y_z)\}$，其中，$Z = N \times L$ 为训练样本数，$x_z = \begin{bmatrix} H_z^1 & H_z^2 \end{bmatrix} \in \mathbb{R}^2$ 为特征向量，$y_z \in \{+1, -1\}$ 为类标记，当 $y_z = +1$ 时表示目标，当 $y_z = -1$ 时表示干扰。

步骤三：选取合适的核函数 F 和惩罚参数 $C > 0$，SVM 模型求解最大分割超平面 $w^{\mathrm{T}} \cdot X + b = 0$ 的问题可以表示为以下约束最优化问题：

$$\min_{w,b} \frac{1}{2} \|w\|^2 \tag{2-58}$$
$$\text{s. t. } y_z (w \cdot x_z + b) \geqslant 1, \ z = 1, 2, \cdots, Z$$

式中，$\boldsymbol{w}$ 为法向量，决定超平面方向；b 为位移项，决定超平面与原点之间的距离。利用卡罗需-库恩-塔克（Karush-Kuhn-Tucker，KKT）条件和拉格朗日乘子法可以将原问题式（2-58）转化为求解以下对偶问题[33]：

$$\min_{\alpha} \frac{1}{2}\sum_{z=1}^{Z}\sum_{z'=1}^{Z}\alpha_z\alpha_{z'}y_zy_{z'}F(\boldsymbol{x}_z,\boldsymbol{x}_{z'})-\sum_{z=1}^{Z}\alpha_z \tag{2-59}$$

$$\text{s.t.} \sum_{z=1}^{Z}\alpha_zy_z=0,\ 0\leqslant\alpha_z\leqslant C,\ z=1,2,\cdots,Z$$

且 KKT 条件为

$$\begin{cases} \alpha_z\geqslant 0 \\ y_z(\boldsymbol{w}_z\cdot\boldsymbol{x}_z+b)-1\geqslant 0 \\ \alpha_z\big(y_z(\boldsymbol{w}_z\cdot\boldsymbol{x}_z+b)-1\big)=0 \end{cases} \tag{2-60}$$

式中，α_z 表示拉格朗日乘子；F 表示高斯核函数，其不需要先验信息；参数 σ 控制核函数 $F(\boldsymbol{x}_z,\boldsymbol{x}_{z'})$ 的性能，也称径向基核函数（Radial Basis Function，RBF），具体表达式为

$$F(\boldsymbol{x}_z,\boldsymbol{x}_{z'})=\mathrm{e}^{-\|x_z-x_{z'}\|/2\sigma^2} \tag{2-61}$$

式（2-59）是一个有约束的凸优化问题，求解上述问题得到最优解 $\boldsymbol{\alpha}^*=\begin{bmatrix}\alpha_1^* & \alpha_2^* & \cdots & \alpha_Z^*\end{bmatrix}^{\mathrm{T}}$。

步骤四：根据所求得的最优解 $\boldsymbol{\alpha}^*$ 计算出最优法向量 $\boldsymbol{w}^*$ 和最优位移项 b^*：

$$\begin{cases} \boldsymbol{w}^*=\sum_{z=1}^{Z}\alpha_z^*y_z\boldsymbol{x}_z \\ b^*=y_{z'}-\sum_{z=1}^{Z}\alpha_z^*y_zF(\boldsymbol{x}_z,\boldsymbol{x}_{z'}) \end{cases} \tag{2-62}$$

步骤五：由步骤四进一步求解得出 SVM 模型的最大分割超平面 $(\boldsymbol{w}^*)^{\mathrm{T}}\cdot\boldsymbol{X}+b^*=0$，即训练样本数据中的目标和干扰信号的分类决策函数

$$f(\boldsymbol{x}_z)=\mathrm{sign}\Big((\boldsymbol{w}^*)^{\mathrm{T}}\cdot\boldsymbol{x}_z+b^*\Big)=\mathrm{sign}\Big(\sum_{z=1}^{Z}\alpha_z^*y_zF(\boldsymbol{x}_z,\boldsymbol{x}_{z'})+b^*\Big) \tag{2-63}$$

式中，$\mathrm{sign}(x)$ 为符号函数，$\mathrm{sign}(x)=\begin{cases}1, & x\geqslant 0 \\ -1, & x<0\end{cases}$。

步骤六：对一个 CPI 内的密集转发干扰实时回波数据 $(\boldsymbol{r}_{\mathrm{pc}})_{Q\times L}$ 进行智能识别与分类，其对应的特征向量为 $\boldsymbol{x}_l=\begin{bmatrix}H_l^1 & H_l^2\end{bmatrix}$，则决策函数 $f(\boldsymbol{x}_l)=1$ 的类别为目标，决策函数 $f(\boldsymbol{x}_l)=-1$ 的类别为干扰信号，保留目标信号并抑制判决为干扰类的回波数据：

$$r'_{pc} = \begin{cases} 0, & f(\boldsymbol{x}_l) = -1 \\ r_{pc}, & f(\boldsymbol{x}_l) = 1 \end{cases} \qquad (2\text{-}64)$$

式中，r'_{pc} 表示干扰抑制后的匹配滤波结果。

经过上述 SVM 智能识别与分类后，非目标距离单元内的干扰信号被抑制掉，但当干扰机转发次数较多或转发时延较长时，将有部分点干扰落在目标所在距离单元。这些干扰的幅度远大于目标幅度，会在相参积累之后形成较高旁瓣，严重影响目标检测。为了解决这一问题，下面介绍一种采用平滑滤波来抑制点干扰的方法。

平滑滤波是一种用于消除图像中的噪声或失真的图像处理方法[34-36]。经过干扰抑制后的回波数据中，目标信号的幅度在一定范围内变化，而干扰信号幅度明显大于该范围，相当于图像中的"噪点"，因此可以通过平滑滤波将其剔除。假设平滑窗口为 N_w，对干扰抑制后的目标所在距离单元列向量 $\boldsymbol{d}_{tar}$ 进行滤波，如图2.40所示。

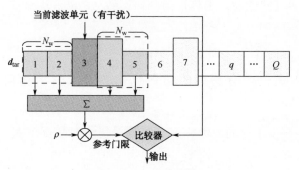

图 2.40　平滑滤波

平滑滤波表达式为

$$\begin{cases} \boldsymbol{d}_{tar}(q) = \begin{cases} \boldsymbol{d}_{tar}(q), \boldsymbol{d}_{tar}(q) \leqslant \dfrac{\rho}{N_w} \displaystyle\sum_{q'=q+1}^{q+N_w} \boldsymbol{d}_{tar}(q') \\ 0, \qquad \boldsymbol{d}_{tar}(q) > \dfrac{\rho}{N_w} \displaystyle\sum_{q'=q+1}^{q+N_w} \boldsymbol{d}_{tar}(q') \end{cases}, q \in [1, N_w) \\[6pt] \boldsymbol{d}_{tar}(q) = \begin{cases} \boldsymbol{d}_{tar}(q), \boldsymbol{d}_{tar}(q) \leqslant \dfrac{\rho}{2N_w} \displaystyle\sum_{q'=q-N_w}^{q+N_w} \boldsymbol{d}_{tar}(q') \\ 0, \qquad \boldsymbol{d}_{tar}(q) > \dfrac{\rho}{2N_w} \displaystyle\sum_{q'=q-N_w}^{q+N_w} \boldsymbol{d}_{tar}(q') \end{cases}, q \in (N_w, Q-N_w] \\[6pt] \boldsymbol{d}_{tar}(q) = \begin{cases} \boldsymbol{d}_{tar}(q), \boldsymbol{d}_{tar}(q) \leqslant \dfrac{\rho}{N_w} \displaystyle\sum_{q'=q-N_w}^{q-1} \boldsymbol{d}_{tar}(q') \\ 0, \qquad \boldsymbol{d}_{tar}(q) > \dfrac{\rho}{N_w} \displaystyle\sum_{q'=q-N_w}^{q-1} \boldsymbol{d}_{tar}(q') \end{cases}, q \in (Q-N_w, Q] \end{cases} \qquad (2\text{-}65)$$

式中，$d_{tar}(q)$ 表示当前平滑滤波单元，且 $q' \neq q$ ；ρ 表示加权因子。经过平滑滤波后，可以认为回波数据中仅包含目标信号和噪声。

2.3.3.2 仿真实验

为了验证所提基于 SVM 的脉间频率捷变雷达密集转发干扰智能抑制方法的有效性，本节设置 2 组实验：①仿真分析所提算法对密集转发干扰的抑制效果；②实测数据验证所提算法的干扰抑制效果，并对所提算法性能进行评估与分析。

首先生成用于 SVM 模型训练的随机样本数据集。假设场景中存在单个点目标，初始径向距离 $r \in [3000,4000]$ m，径向速度 $v = 50$ m/s，回波信噪比设置为 0dB。干扰机对雷达发射脉冲进行全采样，转发次数 $M = 80$ ，干扰转发时延 $\Delta \tau_m$ 分布在 $[100,300]$ ns 区间内，JSR 设置为 20dB。其他雷达参数如表 2.5 所示。

表 2.5　雷达参数

参　数	数　值	参　数	数　值
脉冲数 Q/个	64	脉冲重复周期 T_r/μs	40
信号脉宽 T_p/μs	4	信号带宽 B/MHz	20
初始载频 f_c/GHz	14	跳频间隔 Δf/MHz	9
采样率 f_s/MHz	40		

基于上述参数，仿真生成 $N = 500$ 个 CPI 目标距离不同、密集转发干扰分布不同的回波脉冲压缩数据矩阵，计算出目标所在距离单元及其左右各 20 个随机距离单元对应的特征向量作为训练样本集，即样本总数 $Z = 20500$ 个。核函数使用高斯核，训练得到的最优 SVM 分类模型如图 2.41 所示。

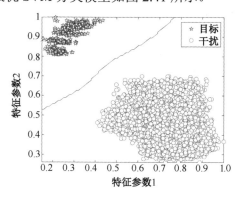

图 2.41　最优 SVM 分类模型

设置场景中存在两个点目标，初始径向距离 $r_1 = 4000$ m ，$r_2 = 4100$ m ，径向

速度 $v_1 = 50\text{m/s}$， $v_2 = 70\text{m/s}$，平滑滤波窗口 $N_\text{w} = 10$，滤波次数 filtertime $= 5$，其他仿真参数同上。基于 SVM 的脉间频率捷变雷达抗密集转发干扰仿真实验结果如图 2.42 所示。由图 2.42（a）和图 2.42（b）所示为回波信号脉冲压缩结果及其俯视图可知，干扰机叠加转发雷达发射信号，形成大量时延不同的密集假目标，虽然利用脉间载频捷变能够在频域上主动规避干扰信号，但仍有部分脉冲回波信号中存在较强的干扰。图 2.42（c）为信号分类结果，已经训练好的 SVM 模型能够将干扰信号和目标信号较为精准地分离，实现了智能化干扰识别和分类。图 2.42（d）为本节所提算法干扰抑制后脉冲压缩结果。与回波脉冲相比，本节所提算法有效抑制了密集转发干扰，但是仍有部分干扰落在目标所在距离单元形成点干扰。由图 2.42（e）所示采用平滑滤波处理之后的脉冲压缩结果可知，干扰信号被完全剔除，且目标信息较为完整地保留下来，相参积累结果如图 2.42（f）所示，目标距离测量值为 4000m 和 4100m，速度量测值为 50.2232m/s 和 71.1496m/s，误差均在合理范围内。

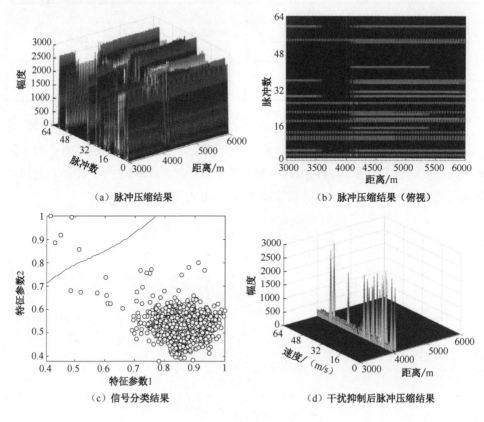

（a）脉冲压缩结果

（b）脉冲压缩结果（俯视）

（c）信号分类结果

（d）干扰抑制后脉冲压缩结果

图 2.42　抗干扰仿真结果

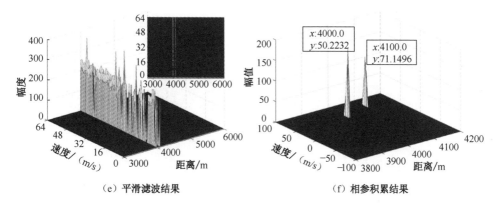

（e）平滑滤波结果　　　　　　　　　　（f）相参积累结果

图 2.42　抗干扰仿真结果（续）

在外场试验场景中，雷达采用脉间频率捷变体制探测海上舰船目标，干扰机位于目标舰船上，对雷达实施密集转发干扰，部分外场试验参数如表 2.6 所示。

表 2.6　部分外场试验参数

参　　数	数　　值	参　　数	数　　值
脉冲数 Q/个	128	脉冲重复周期 T_r/μs	250
信号脉宽 T_p/μs	4	信号带宽 B/MHz	20
跳频总数 Q'	256	载频跳变范围/GHz	33.2～34.2
采样率 f_s/MHz	60		

图 2.43 所示为外场对抗试验实测数据处理结果。图 2.43（a）和图 2.43（b）所示分别为实测回波数据的脉冲压缩结果及其俯视图，部分脉冲沿距离维存在幅度不同、转发时延不等的密集转发干扰。根据目标和干扰在距离-多普勒二维平面上的分布特性，计算特征参数并采用训练好的 SVM 模型对目标和干扰进行分类，分类结果如图 2.43（c）所示。图 2.43（d）所示为干扰抑制结果，与图 2.43（b）相比，密集转发干扰被有效抑制，目标信号被完整保留，验证了基于 SVM 的密集转发干扰抑制算法的有效性，同时验证了 SVM 模型具有良好的泛化能力，对训练样本之外的数据同样具有良好的干扰抑制效果。图 2.43（e）所示为平滑滤波结果，落在目标距离单元内的干扰信号被滤除，经过二维高分辨重构后的结果如图 2.43（f）所示。

为了更好地评估所提算法的干扰抑制效果，定义分类准确率为：在当前蒙特卡罗实验中，SVM 模型正确分类目标数据（目标数据被划分为+1 类）时，被分为+1 类的干扰数据占总数据数的比例；这一前提是 SVM 模型将目标样本正确划分到+1 类，反之，则认为此次分类结果错误，即准确率为 0；总共统计 500 次蒙特卡罗实验结果。

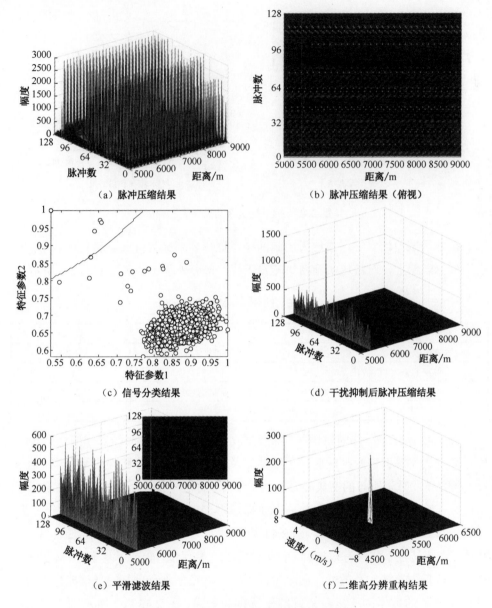

（a）脉冲压缩结果　　　　　　　　（b）脉冲压缩结果（俯视）

（c）信号分类结果　　　　　　　　（d）干扰抑制后脉冲压缩结果

（e）平滑滤波结果　　　　　　　　（f）二维高分辨重构结果

图 2.43　外场对抗试验实测数据处理结果

　　分类准确率决定了所提算法的干扰抑制效果，分类准确率越高，非目标距离单元的干扰信号抑制得越干净。图 2.44 所示为不同信噪比条件下，信号分类准确率随 JSR 变化曲线。可以看出，当 JSR≤40dB 时，所提算法对目标和干扰信号的分类准确率均能达到 95%以上；随着 JSR 不断增大，在低信噪比情况下，算法性能有所下降；但是总体来看，所提算法在不同条件下均能保持较高的分类准确率。

　　JSR 从 30～50dB 变化，分别选用总样本数的 2%、4%、6%、8%和 10%作为训练样本建立 SVM 分类模型,对随机生成的测试样本进行智能化识别与分类,500 次蒙特卡罗实验结果如图 2.45 所示。可以看到,SVM 分类器在小样本情况下也能够较为精准地分离目标和干扰,当 JSR=60dB,训练样本数仅为总样本数的 2%(样本大小为 10^2)时,所提方法的分类准确率依然能够达到 60% 以上,在 JSR≤40dB 时,小样本训练得到的 SVM 模型对信号的分类准确率保持在 95% 以上。换言之,本节构建的干扰抑制算法模型具有良好的泛化能力,适用性强。

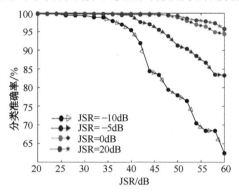

图 2.44　信号分类准确率随 JSR 变化曲线

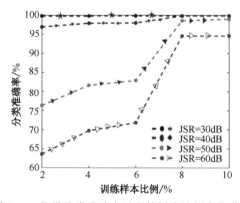

图 2.45　信号分类准确率随训练样本比例变化曲线

定义目标信息保留度为干扰抑制后,目标所在距离单元内非零脉冲数占总脉冲数的比值,抑制干扰的同时最大限度地保留目标信息有利于后续的相参积累和目标检测处理。另外,本节所提算法在干扰抑制前不经过二值化处理,因此目标信息损失程度较低,且不受干信比影响,算法中平滑滤波效果与窗口 N_w 的大小和滤波次数有关,当 N_w 过小时,点干扰无法被完全抑制,且容易造成目标信息丢失;当干扰较强时,落在目标距离单元的干扰或干扰旁瓣幅度不同,单次滤波能够滤除部分干扰,但干扰旁瓣会保留下来。因此,合理设置 N_w 和滤波次数能够在确保干扰及干扰旁瓣被完全抑制的同时,尽可能保留完整的目标信息。

本节采用 SVM 算法对回波数据进行智能化分类，干扰抑制效果仅与已训练模型有关，模型分类精度较高时，在不同 JSR 情况下均能正确检测出真实目标，所提抗干扰算法具有良好的泛化能力。以 JSR 为变量，虚警率 P_{fa} 为参变量，仿真得到不同虚警率下的检测概率随 JSR 变化曲线如图 2.46 所示。由图 2.46 可知，当虚警率一定时，检测概率随着 JSR 增大而减小；但是，由于干扰旁瓣和目标幅度相近，落在目标单元内的干扰旁瓣难以滤除，导致检测概率在 JSR=40dB 附近形成凹口；当虚警率 $P_{fa} \geqslant 10^{-8}$ 时，随着 JSR 增大，本节所提算法均能保持良好且较稳定的干扰抑制性能，目标检测概率均在 80% 以上。

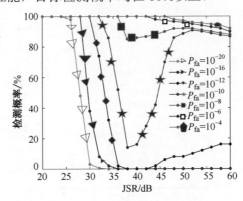

图 2.46　不同虚警率下的检测概率随 JSR 变化曲线

本节将机器学习领域的 SVM 算法应用到雷达抗干扰处理中，通过已训练模型智能化分离干扰和目标，有效抑制了密集转发干扰。根据仿真实验和实测数据处理结果，本节所提算法具有以下优势：①不依赖干扰和目标的多域特征差异，适用范围更广；②在训练样本较少时，SVM 分类器依然保持良好的分类精度，能够满足雷达系统检测目标的实时性，具有良好的泛化能力；③采用图像处理中的平滑滤波进一步滤除目标距离单元内的部分干扰，极大地提升了雷达对真实目标的检测概率；④算法逻辑和模型较简单，具有一定的工程实际意义。

2.4　小结

本章围绕脉间频率捷变雷达体制展开介绍，根据载频变化规律和频带占用情况的不同，将其分为步进频率雷达、随机步进频雷达及稀疏捷变频雷达；针对脉间频率捷变回波信号慢时间域的相参积累难题，本章介绍了一种基于压缩感知的相参处理方法及捷变频波形的优化设计方法，并根据 RIP 特性和 MIP 特性对其性能展开研究；针对密集假目标欺骗式干扰，2.3 节分别介绍了三种不同的干扰抑制方法。

本章参考文献

[1]　HUANG T Y, LIU Y M, LI G, et al. Randomized stepped frequency ISAR imaging [C]. 2012 IEEE Radar Conference, 2012: 553-557.

[2]　MCDONAL M, DAMINI A. Martime radar detection performance of fast and slow scan radars using frequency agility[C]. 2008 IEEE Radar Conference, Rome, 2008: 1-6.

[3]　黄天耀. 基于稀疏反演的相参捷变频雷达信号处理[D]. 北京：清华大学，2014.

[4]　LUMINATI J E, HALE T B, TEMPLE M A, et al. Doppler aliasing reduction in SAR imagery using stepped-frequency waveforms [J]. IEEE Transactions on Aerospace and Electronic Systems, 2007,43(1): 163-175.

[5]　HUGHES E. Piecewise cumulative Weibull modelling of radar cross section[C]. International Conference on Radar Systems, Belfast, 2017: 1-6.

[6]　吴耀君. 脉间频率捷变雷达抗干扰研究[D]. 西安：西安电子科技大学，2018.

[7]　陈超，郑远，胡仕友，等. 频率捷变反舰导弹导引头相参积累技术研究[J]. 宇航学报，2011, 32(8): 1819-1825.

[8]　WANG D, LIN C, BAO Q, et al. Long-time coherent integration method for high-speed target detection using frequency agile radar[J]. Electronics Letters, 2016, 52(11): 960-962.

[9]　LI H, WANG C, WANG K, et al. High resolution range profile of compressive sensing radar with low computational complexity[J]. Iet Radar Sonar and Navigation, 2015, 9(8): 984-990.

[10]　李晶，张顺生，常俊飞. 基于压缩感知的双基 SAR 二维高分辨成像算法[J]. 信号处理，2012, 28(5): 737-743.

[11]　LIU Z, WEI X, LI X. Aliasing-Free Moving Target Detection in Random Pulse Repetition Interval Radar Based on Compressed Sensing[J]. IEEE Sensors Journal, 2013, 13(7): 2523-2534.

[12]　ANITORI L, MALEKI A, OTTEN M, et al. Design and Analysis of Compressed Sensing Radar Detectors[J]. IEEE Transactions on Signal Processing, 2013, 61(4): 813-827.

[13]　TROPP J A, GILBERT A C. Signal Recovery From Random Measurements Via Orthogonal Matching Pursuit[J]. IEEE Transactions on Information Theory, 2007,

53(12): 4655-4666.

[14] CANDES E J, TAO T. Near-Optimal Signal Recovery From Random Projections: Universal Encoding Strategies?[J]. IEEE Transactions on Information Theory, 2004, 52(12): 5406-5425.

[15] MALLAT S, ZHANG Z. Matching pursuit with time-frequency dictionaries. IEEE Trans. on Signal Processing, 1993, 41(12): 3397-3415.

[16] DONOHO D L, HUO X. Uncertainty principles and ideal atomic decomposition[J]. IEEE Transactions on Information Theory, 2001, 47(7): 2845-2862.

[17] TROPP J A. Greed is Good: Algorithmic Results for Sparse Approximation[J]. IEEE Transactions on Information Theory, 2004, 50(10): 2231-2242.

[18] CANDES E J, TAO T. Decoding by linear programming[J]. IEEE Transactions on Information Theory, 2005, 51(12): 4203-4215.

[19] APPLEBAUM L, HOWARD S D, SEARLE S, et al. Chirp sensing codes: Deterministic compressed sensing measurements for fast recovery[J]. Applied & Computational Harmonic Analysis, 2009, 26(2): 283-290.

[20] DAVENPORT M A, WAKIN M B. Analysis of Orthogonal Matching Pursuit Using the Restricted Isometry Property[J]. IEEE Transactions on Information Theory, 2010, 56(9):4395-4401.

[21] 韩国玺，何俊，茆学权，等. 基于改进遗传算法的雷达干扰资源优化分配[J]. 火力与指挥控制，2013, 38(3): 99-102.

[22] 刘衍民. 粒子群算法的研究及应用[D]. 济南：山东师范大学，2011.

[23] HOUG P V C. Method and Means for Recognizing Complex Patterns: U.S. Patent 3,069,654[P]. 1962-12-18.

[24] 全英汇，陈侠达，阮锋，等. 一种捷变频联合 Hough 变换的抗密集假目标干扰算法[J]. 电子与信息学报，2019, 41(11): 2639-2645.

[25] STEIN J J, BLACKMAN S S. Generalized Correlation of Multi-Target Track Data[J]. IEEE Transactions on Aerospace & Electronic Systems, 1975(6): 1207-1217.

[26] 方文，全英汇，沙明辉，等. 捷变频联合波形熵的密集假目标干扰抑制算法[J]. 系统工程与电子技术，2021, 43(6): 1506-1514.

[27] MARKUS M B, HANS P K, RAYMOND T N, et al. LOF: Identifying Density-Based Local Outliers[C]. 2000 ACM SIGMOD International conference on Management of data, New York: Association for Computing Machinery, 2000: 93-104.

[28]　董淑仙，全英汇，陈侠达，等. 基于捷变频联合数学形态学的干扰抑制算法[J]. 系统工程与电子技术，2020, 42(7): 1491-1498.

[29]　何明浩，韩俊，等. 现代雷达辐射源信号分选与识别[M]. 北京：科学出版社，2016.

[30]　滑文强，王爽，侯彪. 基于半监督学习的 SVM-Wishart 极化 SAR 图像分类方法[J]. 雷达学报，2015, 4(1): 93-98.

[31]　王福友，罗钉，刘宏伟. 低分辨机载雷达空地运动目标的分类识别算法[J]. 雷达学报，2014, 3(5): 497-504.

[32]　杜思予，刘智星，吴耀君等. 基于 SVM 的捷变频雷达密集转发干扰智能抑制方法[J]. 雷达学报，2023, 12(1): 173-185.

[33]　周志华. 机器学习[M]. 北京：清华大学出版社，2015.

[34]　SZELISKI R. Computer Vision: Algorithms and Applications (Texts in Computer Science)[M]. Cham, Switzerland: Springer Nature, 2022.

[35]　GONZALEZ R C, WOODS R E. Digital image processing[J]. IEEE Transactions on Acoustics Speech and Signal Processing, 1980, 28(4):484-486.

[36]　GONZALEZ R C, WOODS R E. Digital image processing[M]. Englewood Cliffs, NJ: Prentice-Hall, 2002.

第 3 章
脉内频率编码雷达

近几年来，脉间频率捷变技术作为一种有效的抗干扰技术，使雷达具备了干扰主动对抗能力，因此受到研究人员的广泛关注。但基于数字射频存储器（Digital Radio Frequency Memory，DRFM）的干扰机能够在极短的时间内完成对雷达发射信号的不失真采样和转发过程，形成多个逼真的假目标，其典型的干扰类型是间歇采样转发干扰。由于传统的脉间频率捷变技术不具备脉冲内波形捷变特性，无法对间歇采样转发干扰实现有效对抗。为对抗此类干扰，本章引入了脉内频率捷变雷达，即脉内频率编码雷达，对其模型、抗干扰机理与抗干扰算法等进行了介绍。

3.1　脉内频率编码

脉内频率编码信号是将雷达发射的单个脉冲信号，划分成若干个子脉冲，并对子脉冲进行频率调制的一种大时宽带宽信号，可以实现子脉冲之间的相互掩护。脉内频率编码波形具有近似图钉型的模糊函数，具有较高的分辨率及良好的低截获性能。本节将对脉内频率编码信号进行数学建模，并且从公式定义角度推导其模糊函数的数学表达式。

3.1.1　信号波形

脉内频率编码信号有很多种编码方式，典型的编码方式有随机编码、Costas 编码等。建立脉内频率编码信号的数学表达式：

$$s(t) = \sum_{m=0}^{M-1} \mathrm{rect}\left(\frac{t - mT_{\mathrm{sub}}}{T_{\mathrm{sub}}}\right) u_m\left(t - mT_{\mathrm{sub}}\right) \exp\left(\mathrm{j}2\pi a_m \Delta f t\right) \quad （3-1）$$

式中，$\mathrm{rect}(\cdot)$ 表示矩形脉冲信号；m 的范围是 $0 \sim M-1$，其中 M 表示子脉冲数；T_{sub} 表示子脉冲脉宽；Δf 表示频点间隔；a_m 表示第 m 个子脉冲的频率码字，当 M 为偶数时，$a_m \in \{\pm 1/2, \pm 3/2, \cdots, \pm(M-1)/2\}$，当 M 为奇数时，$a_m \in \{0, \pm 1, \pm 2, \cdots, \pm(M-1)/2\}$；$u_m(t)$ 表示第 m 个子脉冲脉内调制波形，常用的脉内调制方式有相位编码和线性调频。

若信号脉内调制采用线性调频形式，则该信号称为线性调频−频率编码信号，这里用 $s_{\mathrm{LFM}}(t)$ 表示，其表达式为

$$s_{\mathrm{LFM}}(t) = \sum_{m=0}^{M-1} \mathrm{rect}\left(\frac{t - mT_{\mathrm{sub}}}{T_{\mathrm{sub}}}\right) \exp\left[\mathrm{j}\pi\gamma\left(t - mT_{\mathrm{sub}}\right)^2\right] \exp\left(\mathrm{j}2\pi a_m \Delta f t\right) \quad （3-2）$$

式中，γ 表示调频斜率，$\gamma = B_{\mathrm{sub}}/T_{\mathrm{sub}}$，其中 B_{sub} 表示子脉冲带宽。

为了提高脉内频率编码信号的抗干扰性能，通常要求 $\Delta f \geqslant B_{\mathrm{sub}}$。线性调频−频率编码信号示意如图 3.1 所示。

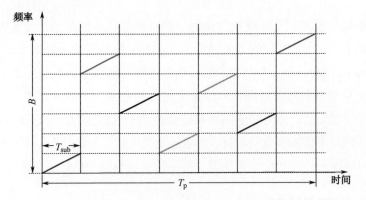

图 3.1　线性调频-频率编码信号示意

注：T_{p} 为信号脉宽，$T_{\mathrm{p}} = MT_{\mathrm{sub}}$。

3.1.2　模糊函数

模糊函数是分析雷达信号和波形设计的有效工具，由雷达发射波形决定，常用匹配滤波器输出的模平方来表示。它用来描述当与雷达散射截面（Radar Cross Section，RCS）相等的参考目标相比时，由目标的距离及多普勒引起的干扰。

首先引入线性调频（Linear Frequency Modulated，LFM）信号的模糊函数推导，模糊函数的定义式为

$$\left|\chi(\tau;f_{\mathrm{d}})\right|^2 = \left|\int_{-\infty}^{\infty} s(t)s^*(t-\tau)\mathrm{e}^{\mathrm{j}2\pi f_{\mathrm{d}}t}\mathrm{d}t\right|^2 \tag{3-3}$$

LFM 的复包络信号定义为

$$s_{\mathrm{LFM}}(t) = \frac{1}{\sqrt{T_{\mathrm{sub}}}}\mathrm{rect}\left(\frac{t}{T_{\mathrm{sub}}}\right)\exp\left(\mathrm{j}\pi\gamma t^2\right) \tag{3-4}$$

式中，γ 表示调频斜率。

LFM 信号模糊函数的详细推导过程如下：

当 $\tau > 0$ 时，有 $\tau - \dfrac{T_{\mathrm{sub}}}{2} < t < \dfrac{T_{\mathrm{sub}}}{2}$，则

$$\chi_{\mathrm{LFM}}(\tau;f_{\mathrm{d}}) = \frac{1}{T_{\mathrm{sub}}}\int_{\tau-\frac{T_{\mathrm{sub}}}{2}}^{\frac{T_{\mathrm{sub}}}{2}} \mathrm{e}^{-\mathrm{j}\pi\gamma\tau^2}\mathrm{e}^{\mathrm{j}2\pi(\gamma\tau+f_{\mathrm{d}})t}\mathrm{d}t$$

$$= \frac{\mathrm{e}^{-\mathrm{j}\pi\gamma\tau^2}}{T_{\mathrm{sub}}}\cdot\frac{1}{\mathrm{j}2\pi(\gamma\tau+f_{\mathrm{d}})}\left(\mathrm{e}^{\mathrm{j}\pi(\gamma\tau+f_{\mathrm{d}})T_{\mathrm{sub}}} - \mathrm{e}^{\mathrm{j}\pi(\gamma\tau+f_{\mathrm{d}})(2\tau-T_{\mathrm{sub}})}\right)$$

$$= \frac{e^{-j\pi\gamma\tau^2}}{T_{\text{sub}}} \cdot \frac{1}{j2\pi(\gamma\tau+f_{\text{d}})} e^{j\pi(\gamma\tau+f_{\text{d}})\tau} \left(e^{j\pi(\gamma\tau+f_{\text{d}})(T_{\text{sub}}-\tau)} - e^{-j\pi(\gamma\tau+f_{\text{d}})(T_{\text{sub}}-\tau)} \right)$$

$$= e^{j\pi f_{\text{d}}\tau} \left(1 - \frac{\tau}{T_{\text{sub}}} \right) \frac{\sin\left[\pi T_{\text{sub}}(\gamma\tau+f_{\text{d}})\left(1 - \frac{\tau}{T_{\text{sub}}} \right) \right]}{\pi T_{\text{sub}}(\gamma\tau+f_{\text{d}})\left(1 - \frac{\tau}{T_{\text{sub}}} \right)} \tag{3-5}$$

当 $\tau < 0$ 时，有 $-\dfrac{T_{\text{sub}}}{2} < t < \tau + \dfrac{T_{\text{sub}}}{2}$，则

$$\chi_{\text{LFM}}(\tau; f_{\text{d}}) = \frac{1}{T_{\text{sub}}} \int_{-\frac{T_{\text{sub}}}{2}}^{\tau+\frac{T_{\text{sub}}}{2}} e^{-j\pi\mu\tau^2} e^{j2\pi(\mu\tau+f_{\text{d}})t} dt$$

$$= \frac{e^{-j\pi\gamma\tau^2}}{T_{\text{sub}}} \cdot \frac{1}{j2\pi(\gamma\tau+f_{\text{d}})} \left(e^{j\pi(\gamma\tau+f_{\text{d}})(2\tau+T_{\text{sub}})} - e^{-j\pi(\gamma\tau+f_{\text{d}})T_{\text{sub}}} \right)$$

$$= \frac{e^{-j\pi\gamma\tau^2}}{T_{\text{sub}}} \cdot \frac{1}{j2\pi(\gamma\tau+f_{\text{d}})} e^{j\pi(\gamma\tau+f_{\text{d}})\tau} \left(e^{j\pi(\gamma\tau+f_{\text{d}})(\tau+T_{\text{sub}})} - e^{-j\pi(\gamma\tau+f_{\text{d}})(\tau+T_{\text{sub}})} \right) \tag{3-6}$$

$$= e^{j\pi f_{\text{d}}\tau} \left(1 + \frac{\tau}{T_{\text{sub}}} \right) \frac{\sin\left[\pi T_{\text{sub}}(\gamma\tau+f_{\text{d}})\left(1 + \frac{\tau}{T_{\text{sub}}} \right) \right]}{\pi T_{\text{sub}}(\gamma\tau+f_{\text{d}})\left(1 + \frac{\tau}{T_{\text{sub}}} \right)}$$

整理可得 LFM 信号的模糊函数为

$$\chi_{\text{LFM}}(\tau; f_{\text{d}}) = e^{j\pi f_{\text{d}}\tau} \left(1 - \frac{|\tau|}{T_{\text{sub}}} \right) \frac{\sin\left[\pi T_{\text{sub}}(\gamma\tau+f_{\text{d}})\left(1 - \frac{|\tau|}{T_{\text{sub}}} \right) \right]}{\pi T_{\text{sub}}(\gamma\tau+f_{\text{d}})\left(1 - \frac{|\tau|}{T_{\text{sub}}} \right)}, \quad |\tau| \leqslant T_{\text{sub}}/2 \tag{3-7}$$

接下来，推导线性调频-频率编码信号 $s_{\text{LFM}}(t)$ 模糊函数的数学公式。

假设编码序列为 $F = (a_0, a_1, \cdots, a_{M-1})$，则 $s_{\text{LFM}}(t)$ 的模糊函数表达式为

$$\chi_{\text{S-LFM}}(\tau; f_{\text{d}}) = \sum_{i=0}^{M-1} \sum_{j=0}^{M-1} \int_{-\infty}^{\infty} s_{\text{LFM}}(t - iT_{\text{sub}}) e^{j2\pi a_i \Delta ft} s_{\text{LFM}}^*(t - \tau - jT_{\text{sub}}) e^{-j2\pi a_j \Delta f(t-\tau)} e^{j2\pi f_{\text{d}}t} dt$$

$$\tag{3-8}$$

做变量代换 $t_1 = t - iT_{\text{sub}}$ 得

$$\chi_{\text{S-LFM}}(\tau; f_{\text{d}}) = \sum_{i=0}^{M-1} \sum_{j=0}^{M-1} \int_{-\infty}^{\infty} s_{\text{LFM}}(t_1) e^{j2\pi a_i \Delta f(t_1 + iT_{\text{sub}})} s_{\text{LFM}}^* \left[t_1 - \left(\tau - (i-j)T_{\text{sub}} \right) \right] e^{-j2\pi a_j \Delta f(t_1 + iT_{\text{sub}} - \tau)} e^{j2\pi f_{\text{d}}(t_1 + iT_{\text{sub}})} dt_1$$

$$= \sum_{i=0}^{M-1} \sum_{j=0}^{M-1} e^{j2\pi a_j \Delta f\tau} \int_{-\infty}^{\infty} s_{\text{LFM}}(t_1) s_{\text{LFM}}^* \left[t_1 - \left(\tau - (i-j)T_{\text{sub}} \right) \right] e^{j2\pi(a_i - a_j)\Delta f(t_1 + iT_{\text{sub}})} e^{j2\pi f_{\text{d}}(t_1 + iT_{\text{sub}})} dt_1$$

$$= \sum_{i=0}^{M-1}\sum_{j=0}^{M-1} e^{j2\pi a_j \Delta f \tau} \int_{-\infty}^{\infty} s_{\mathrm{LFM}}(t) s_{\mathrm{LFM}}^{*}\big[t_1 - \big(\tau - (i-j)T_{\mathrm{sub}}\big)\big] e^{j2\pi\left[(a_i - a_j)\Delta f + f_{\mathrm{d}}\right](t + i T_{\mathrm{sub}})} \mathrm{d}t$$

$$= \sum_{i=0}^{M-1}\sum_{j=0}^{M-1} e^{j2\pi a_j \Delta f \tau} e^{j2\pi\left[(a_i - a_j)\Delta f + f_{\mathrm{d}}\right]i T_{\mathrm{sub}}} \int_{-\infty}^{\infty} s_{\mathrm{LFM}}(t) s_{\mathrm{LFM}}^{*}\big[t_1 - \big(\tau - (i-j)T_{\mathrm{sub}}\big)\big] e^{j2\pi\left[(a_i - a_j)\Delta f + f_{\mathrm{d}}\right]t} \mathrm{d}t$$

$$= \sum_{i=0}^{M-1}\sum_{j=0}^{M-1} e^{j2\pi a_j \Delta f \tau} e^{j2\pi\left[(a_i - a_j)\Delta f + f_{\mathrm{d}}\right]i T_{\mathrm{sub}}} \chi_{\mathrm{LFM}}\big(\tau - (i-j)T_{\mathrm{sub}}, (a_i - a_j)\Delta f + f_{\mathrm{d}}\big)$$

$$(3\text{-}9)$$

其中

$$\chi_{\mathrm{LFM}}\big(\tau - (i-j)T_{\mathrm{sub}}, (a_i - a_j)\Delta f + f_{\mathrm{d}}\big)$$

$$= e^{j\pi\left((a_i - a_j)\Delta f + f_{\mathrm{d}}\right)\left(\tau - (i-j)T_{\mathrm{sub}}\right)} \left(1 - \frac{\left|\tau - (i-j)T_{\mathrm{sub}}\right|}{T_{\mathrm{sub}}}\right) \cdot \qquad (3\text{-}10)$$

$$\frac{\sin\left[\pi T_{\mathrm{sub}}\left(\gamma\big(\tau - (i-j)T_{\mathrm{sub}}\big) + (a_i - a_j)\Delta f + f_{\mathrm{d}}\right)\left(1 - \dfrac{\left|\tau - (i-j)T_{\mathrm{sub}}\right|}{T_{\mathrm{sub}}}\right)\right]}{\left[\pi T_{\mathrm{sub}}\left(\gamma\big(\tau - (i-j)T_{\mathrm{sub}}\big) + (a_i - a_j)\Delta f + f_{\mathrm{d}}\right)\left(1 - \dfrac{\left|\tau - (i-j)T_{\mathrm{sub}}\right|}{T_{\mathrm{sub}}}\right)\right]}$$

脉内频率编码波形具有图钉型模糊函数，由式（3-9）可以看出，线性调频-频率编码信号的模糊函数由线性调频模糊函数经过加权移位而成。线性调频-频率编码波形的模糊函数图如图 3.2 所示。由图可以看出，该波形的模糊函数图除主峰外，栅瓣的位置与波形编码序列相关。

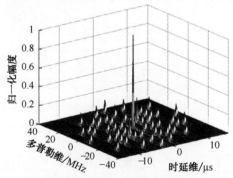

图 3.2　线性调频-频率编码波形模糊函数图

3.2　时域抗间歇采样转发干扰技术

针对间歇采样转发干扰（Interrupted-Sampling Repeater Jamming，ISRJ）时域不连续的特点，通过脉内频率编码实现子脉冲间的相互掩护，同时联合第 2 章的脉间频率捷变波形，实现不同脉冲间的相互掩护。分段脉冲压缩后，利用最大类间方差法（Otsu）自适应计算阈值，实现干扰抑制。

3.2.1　间歇采样转发干扰

间歇采样转发干扰根据转发样式不同可以分为直接转发干扰、重复转发干扰和循环转发干扰。不同转发方式具有不同的干扰效果，同时不同转发方式对应着干扰机不同的工作模式。下面主要对间歇采样直接转发干扰和间歇采样重复转发干扰两种样式进行分析。

间歇采样转发干扰可实现对雷达信号的快速采样及转发。假设第 n 个发射脉冲信号 $s_{\mathrm{T}}\left(\hat{t}, t_n\right)$ 被干扰机截获，直接转发采样信号为 $p\left(\hat{t}, t_n\right)$，那么间歇采样直接转发干扰可以表示为

$$
\begin{aligned}
j_{\mathrm{s}}\left(\hat{t}, t_n\right) &= p\left(\hat{t}, t_n\right) s_{\mathrm{T}}\left(\hat{t}, t_n\right) \\
&= A_{\mathrm{j}} \sum_{s=0}^{S-1} \operatorname{rect}\left(\frac{\hat{t}-T_{\mathrm{sub}} / 2-T_{\mathrm{j}}-s T_{\mathrm{s}}-\tau_{\mathrm{j}}}{T_{\mathrm{j}}}\right) s_{\mathrm{T}}\left(\hat{t}, t_n\right)
\end{aligned}
\tag{3-11}
$$

式中，A_{j} 表示干扰幅值；T_{j} 表示干扰采样宽度；T_{s} 表示间歇采样转发干扰重复周期；$S=\left[T_{\mathrm{p}} / T_{\mathrm{s}}\right]$ 表示间歇采样直接转发干扰的采样次数，其中[·]表示取整运算；τ_{j} 表示干扰的时延。

假设第 n 个发射脉冲信号 $s_{\mathrm{T}}\left(\hat{t}, t_n\right)$ 进入干扰设备，重复转发采样信号为 $p^{\prime}\left(\hat{t}, t_n\right)$，则重复转发干扰可表示为

$$
\begin{aligned}
j_{\mathrm{c}}\left(\hat{t}, t_n\right) &= A_{\mathrm{j}} p^{\prime}\left(\hat{t}, t_n\right) s_{\mathrm{T}}\left(\hat{t}, t_n\right) \\
&= A_{\mathrm{j}} \sum_{s=0}^{S-1} \sum_{g=0}^{G-1} \operatorname{rect}\left(\frac{\hat{t}-T_{\mathrm{sub}} / 2-T_{\mathrm{j}}-g T_{\mathrm{j}}-s T_{\mathrm{s}}-\tau_{\mathrm{j}}}{T_{\mathrm{j}}}\right) s_{\mathrm{T}}\left(\hat{t}, t_n\right)
\end{aligned}
\tag{3-12}
$$

式中，G 表示干扰重复转发次数，$G=\left[T_{\mathrm{s}} / T_{\mathrm{j}}\right]-1$。设置干扰重复转发次数 $G=1$ 时，式（3-11）与式（3-12）相同，此时，间歇采样重复转发干扰就是间歇采样直接转发干扰。

根据式（3-11）和式（3-12）推得雷达接收到的第 n 个回波信号为

$$
s\left(\hat{t}, t_n\right) = s_{\mathrm{r}}\left(\hat{t}, t_n\right) + j\left(\hat{t}, t_n\right) + n_1\left(\hat{t}, t_n\right)
\tag{3-13}
$$

式中，$j\left(\hat{t}, t_n\right) = j_{\mathrm{s}}\left(\hat{t}, t_n\right)$ 或 $j\left(\hat{t}, t_n\right) = j_{\mathrm{c}}\left(\hat{t}, t_n\right)$ 为间歇采样转发干扰；$n_1\left(\hat{t}, t_n\right)$ 表示回波中的噪声。

3.2.2　灵巧噪声干扰

为了使干扰具备压制效果，干扰机会对采样信号调制噪声，本节采用的调制方式为噪声调频干扰，其由噪声对射频信号进行频率调制产生，可表示为

$$J_{\text{FM}}(\hat{t}) = \exp\left(\text{j}2\pi K_{\text{FM}}\int_0^{\hat{t}} u(t')\text{d}t' + f_0\right) \tag{3-14}$$

式中，调频噪声信号 $u(t')$ 是一个零均值的广义平稳随机过程；K_{FM} 表示噪声的调频系数。

假设干扰机侦收到第 n 个雷达发射脉冲信号 $s_{\text{T}}(\hat{t}, t_n)$，间歇采样信号为 $p_1(\hat{t}, t_n)$，则基于噪声调制的间歇采样直接转发干扰（Interrupted Sampling Repeater Jamming-Direct Forwarding，ISRJ-DF）表示为

$$\begin{aligned}
J_1(\hat{t}, t_n) &= A_{\text{j}}J_{\text{FM}}(\hat{t})p_1(\hat{t}, t_n)s_{\text{T}}(\hat{t}, t_n) \\
&= A_{\text{j}}\exp\left(\text{j}2\pi K_{\text{FM}}\int_0^{\hat{t}} u(t')\text{d}t' + f_0\right)\sum_{p=0}^{P-1}\text{rect}\left(\frac{\hat{t} - T_{\text{j}} - pT_{\text{s}} - \tau_{\text{j}}}{T_{\text{j}}}\right)s_{\text{T}}(\hat{t}, t_n)
\end{aligned} \tag{3-15}$$

式中，A_{j} 表示干扰信号幅度；T_{j} 表示干扰机采样时长；T_{s} 表示采样重复周期，等于干扰机采样时长和转发时长之和；P 表示采样次数，$P = \lceil T_{\text{p}}/T_{\text{s}}\rceil$；$\tau_{\text{j}}$ 表示干扰时延。

同理，假设干扰机重复采样信号为 $p_2(\hat{t}, t_n)$，基于噪声调制的间歇采样重复转发干扰（Interrupted Sampling Repeater Jamming- Repeat Forwarding，ISRJ-RF）可以表示为

$$\begin{aligned}
J_2(\hat{t}, t_n) &= A_{\text{j}}J_{\text{FM}}(\hat{t})p_2(\hat{t}, t_n)s_{\text{T}}(\hat{t}, t_n) \\
&= A_{\text{j}}\exp\left(\text{j}2\pi K_{\text{FM}}\int_0^{\hat{t}} u(t')\text{d}t' + f_0\right)\cdot \\
&\quad \sum_{p=0}^{P-1}\sum_{q=0}^{Q-1}\text{rect}\left(\frac{\hat{t} - T_{\text{sub}}/2 - T_{\text{j}} - qT_{\text{j}} - pT_{\text{s}} - \tau_{\text{j}}}{T_{\text{j}}}\right)s_{\text{T}}(\hat{t}, t_n)
\end{aligned} \tag{3-16}$$

式中，Q 表示间歇采样重复转发的次数，$Q = \lceil T_{\text{s}}/T_{\text{j}}\rceil - 1$。

因此，雷达接收机接收到的第 n 个回波信号可以表示为

$$s(\hat{t}, t_n) = s_{\text{r}}(\hat{t}, t_n) + j(\hat{t}, t_n) + n(\hat{t}, t_n) \tag{3-17}$$

式中，$j(\hat{t}, t_n)$ 表示间歇采样转发干扰；$n(\hat{t}, t_n)$ 表示掺杂在雷达回波中的高斯白噪声。

3.2.3　时域间歇采样转发干扰对抗

雷达接收机接收到回波信号后，首先利用窄带滤波器对回波信号进行滤波，得到不同频率编码所对应的子脉冲；其次将子脉冲进行脉冲压缩，并利用最大类间方差法（Otsu）自适应计算阈值，判断子脉冲是否被干扰并对干扰进行抑制[1]。

3.2.3.1　分段脉冲压缩

由于雷达发射信号子脉冲间的频率编码调制形式不同，同时间歇采样转发干

扰在时域上具有不连续性，脉冲压缩前，可以通过设置窄带带通滤波器对回波信号在频域进行滤波，进而得到不同频率编码对应的子脉冲回波信号。具体过程为：在回波信号下变频后，对回波信号进行快速傅里叶变换，得到信号的频域。设置带通滤波器的带宽为 B_{BPF}，那么第 n 个回波信号第 k 个子载波对应的带通滤波器带宽 $B_{\text{BPF}}(n,k)$ 满足 $a_{n,k}\Delta f - B_{\text{sub}}/2 \leqslant B_{\text{BPF}}(n,k) \leqslant a_{n,k}\Delta f + B_{\text{sub}}/2$。用带通滤波器 $B_{\text{BPF}}(n,k)$ 对第 n 个回波信号 $s(\hat{t},t_n)$ 进行频域滤波并进行逆快速傅里叶变换（Inverse Fast Fourier Transform，IFFT），得到对应于第 n 个雷达发射信号第 k 个子脉冲的时域回波信号

$$s_{\text{R\_sub}}(\hat{t},n,k) = s_r(\hat{t},n,k) + j(\hat{t},n,k) + n_2(\hat{t},n,k) \tag{3-18}$$

式中，$s_r(\hat{t},n,k)$ 表示第 n 个雷达发射信号第 k 个子脉冲的目标回波信号；$j(\hat{t},n,k)$ 表示对应第 n 个雷达发射信号第 k 个子脉冲的间歇采样转发干扰；$n_2(\hat{t},n,k)$ 表示第 n 个回波中频域范围在 $\left[a_{n,k}\Delta f - B_{\text{sub}}/2, a_{n,k}\Delta f + B_{\text{sub}}/2\right]$ 的噪声。

得到不同子载波对应的回波信号 $s_{\text{R\_sub}}(\hat{t},n,k)$ 后，分别对不同子载波进行脉冲压缩。具体表示为

$$y(\hat{t},t_n,k) = s_{\text{R\_sub}}(\hat{t},n,k) \otimes s_{\text{T\_sub}}^*(-\hat{t},n,k) \tag{3-19}$$

3.2.3.2　基于 Otsu 算法的干扰判决与抑制

由于间歇采样转发干扰具有时域不连续特性，因此部分子脉冲中含有间歇采样转发干扰，部分子脉冲中没有干扰，只有目标信号和噪声。方差可以反映信号的幅度起伏特性[2]。一般情况下，为了达到欺骗和压制效果，干扰能量远大于目标能量，脉冲压缩后被干扰子脉冲的幅度起伏和未被干扰子脉冲的幅度起伏特性存在差异，且被干扰子脉冲的幅度起伏程度要大于未被干扰子脉冲的幅度起伏程度，所以被干扰子脉冲的方差大于未被干扰子脉冲的方差[3]。基于此，本节依据方差特征，对被干扰的子脉冲进行识别。

Otsu 是一种典型的图像分割算法，该算法通过自动计算最佳阈值实现图像分割，且图像分割后的两类之间的方差最大，具有最大的分离性[4]。因此，首先计算所有子脉冲匹配滤波后的方差，再用 Otsu 算法计算方差的最佳阈值，利用阈值对子脉冲中是否含有干扰进行判决，完成目标提取和干扰抑制。具体过程如下。

步骤一：记第 n 个回波信号的第 k 个子脉冲经脉冲压缩后时域绝对值的方差为 $\text{var}(n,k)$，其中 $n=1,2,\cdots,N$，$k=1,2,\cdots,K$。记 $\text{var}(n,k)$ 的最小值为 $\text{var}_{\min}(n,k)$，最大值为 $\text{var}_{\max}(n,k)$，将 $\text{var}_{\min}(n,k)$ 与 $\text{var}_{\max}(n,k)$ 之间的区间平均分为 I 个子区间，并把幅值位于第 $i(i=1,2,\cdots,I)$ 个区间的 $\text{var}(n,k)$ 量化为 g_i，其中 g_i 为第 i 个区

间数值范围的中心值，记第 i 个区间中 $\mathrm{var}(n,k)$ 的个数为 f_i。

步骤二：计算量化值 g_i 发生的概率，表示为

$$p(g_i)=\frac{f_i}{N\times K},\quad i=1,2,\cdots,I \tag{3-20}$$

步骤三：假设阈值为第 η 个区间的量化值 g_η，该阈值将步骤一中量化后的 g_i 划分为两个集合，分别为 $A=\{g_i\,|\,g_i\leqslant g_\eta\}$ 和 $B=\{g_i\,|\,g_i>g_\eta\}$。

利用式（3-20）分别求出上述两个集合的出现概率，具体表示为

$$w_0=\sum_{g_i=g_1}^{g_\eta}p(g_i) \tag{3-21}$$

$$w_1=\sum_{g_i=g_{\eta+1}}^{g_I}p(g_i) \tag{3-22}$$

式中，w_0 表示集合 A 出现的概率；w_1 表示集合 B 出现的概率，且 $w_0+w_1=1$。

步骤四：计算集合 A 的平均幅值 λ_0、集合 B 的平均幅值 λ_1 及总的平均幅值 λ，具体表示为

$$\lambda_0=\sum_{g_i=g_1}^{g_\eta}g_i\frac{p(g_i)}{w_0} \tag{3-23}$$

$$\lambda_1=\sum_{g_i=g_{\eta+1}}^{g_I}g_i\frac{p(g_i)}{w_1} \tag{3-24}$$

$$\lambda=\sum_{g_i=g_1}^{g_I}g_ip(g_i) \tag{3-25}$$

步骤五：定义集合 A 与集合 B 之间的方差为 $\sigma^2(g_\eta)=w_0(\lambda-\lambda_0)^2+w_1(\lambda-\lambda_1)^2$。令 g_η 的取值为 $g_1,g_2,\cdots,g_I$，使得 $\sigma^2(g_\eta)$ 取最大值的 g_η^* 即为最优阈值，即

$$g_\eta^*=\mathop{\arg\max}_{g_1\leqslant g_\eta\leqslant g_I}\left\{\sigma^2(g_\eta)\right\} \tag{3-26}$$

步骤六：通过上述步骤得到最佳阈值 g_η^* 后，对脉冲压缩后所有子脉冲是否含有干扰进行判决，方差小于阈值的子脉冲判断为不含有干扰，方差大于阈值的子脉冲判断为含有干扰，并将被干扰的子脉冲幅值置零。得到干扰抑制后的子脉冲为

$$y'(\hat{t},t_n,k)=\begin{cases}0, & \mathrm{var}(n,k)\geqslant g_\eta^*\\ y(\hat{t},t_n,k), & \mathrm{var}(n,k)<g_\eta^*\end{cases} \tag{3-27}$$

干扰抑制后，对一个脉冲重复周期内所有的子脉冲进行脉内积累，得到

$$y''\left(\hat{t},t_n\right) = \sum_{k=1}^{K} y'\left(\hat{t},t_n,k\right)$$

$$= \sum_{k=1}^{K} A_{n,k} \mathrm{e}^{-\mathrm{j}2\pi f_n \frac{2\tau_n}{c}} + n_3\left(\hat{t},t_n\right) \tag{3-28}$$

$$= \sum_{k=1}^{K} A_{n,k} \mathrm{e}^{-\mathrm{j}4\pi f_0 \frac{R_0}{c}} \mathrm{e}^{-\mathrm{j}4\pi a(n)\Delta F \frac{R_0}{c}} \mathrm{e}^{\mathrm{j}4\pi (f_0 + a(n)\Delta F) \frac{v(n-1)T_r}{c}} + n_3\left(\hat{t},t_n\right)$$

式中，$A_{n,k}$ 表示目标信号的幅值；$n_3\left(\hat{t},t_n\right)$ 表示噪声；R_0 表示目标初始距离；v 表示速度。

3.2.4　仿真实验

为了更好地验证所提算法的干扰抑制性能，仿真实验将联合第 2 章的脉间频率捷变波形，使用脉间频率捷变-脉内频率编码波形进行仿真测试，设置两组实验，分别对应间歇采样直接转发干扰和间歇采样重复转发干扰两种干扰类型。由于脉间捷变会导致载频跳变，雷达 RCS 会发生变化，本实验假设目标幅度起伏模型为 Swerling Ⅰ 模型。仿真实验参数如表 3.1 所示。

表 3.1　仿真实验参数

参　数	数　值	参　数	数　值
脉冲数 N /个	64	编码种类 K /个	10
跳频点数 M /个	100	载频 f_0 / GHz	14
脉内跳频间隔 Δf / MHz	7	脉间跳频间隔 ΔF / MHz	80
子脉冲脉宽 T_{pp} / μs	4	子脉冲带宽 B_{sub} / MHz	5
目标距离 R_0 /km	10	目标速度 v /(m/s)	20
脉冲重复周期 PRT/ μs	100		

1. 仿真实验一

假设干扰机前置目标 600m，工作频段为 12～16GHz，对雷达发射脉冲同步采样，即干扰机从雷达信号发射波形起始位置开始采样。设间歇采样直接转发干扰参数为脉冲采样宽度 $T_j = 4\mu s$，采样周期 $T_s = 8\mu s$，即奇数序号子脉冲被干扰机间歇采样并转发形成干扰，偶数序号子脉冲没有被干扰，可用于目标检测。

为了分析不同信噪比条件下，使用 Otsu 算法和方差特征对间歇采样直接转发干扰识别的有效性，分别设置干信比 JSR=10dB、JSR=20dB、JSR=30dB 和单子脉冲匹配滤波后信噪比 SNR=−20～20dB，仿真分析所提算法对干扰的识别准确率。100 次蒙特卡罗实验在不同信噪比条件下所提算法对间歇采样直接转发干扰识别准确率仿真结果如图 3.3 所示。

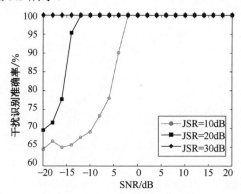

图 3.3　不同信噪比条件下所提算法对间歇采样直接转发干扰识别准确率仿真结果

由图 3.3 可以看出，随着脉冲压缩后信噪比的提高，所提算法对间歇采样直接转发干扰的识别准确率呈上升趋势。在信噪比较低且干信比也较低时，会有部分被干扰的子脉冲方差小于 Otsu 算法计算得到的阈值，不能对所有被干扰的子脉冲准确识别，其原因是在信噪比和干信比均比较低时，不仅目标信号被淹没在噪声中，干扰信号也会被淹没在噪声中，此时，计算得到的方差特征主要是基于噪声能量的方差，所提算法不能较好地对目标和干扰进行区分。在信噪比较低但干信比较高时，可以对被干扰的子脉冲进行准确识别。这是由于信噪比较低，目标信号淹没在噪声中，而干信比较高，干扰能量大于噪声，此时，未被干扰子脉冲幅度起伏较小，而被干扰子脉冲幅度起伏较大，因此所提算法能基于方差特征识别目标和干扰。当信噪比较高时，所提算法对干扰的识别率可以达到 100%。这是因为此时噪声能量较小，计算得到的方差特征是基于目标和干扰回波的方差。由于目标和干扰能量不同，二者的幅度起伏程度不同，使脉冲压缩后被干扰的子载波和未被干扰的子载波方差不同，根据这一区别可以使用 Otsu 算法对干扰进行有效识别。另外，在信噪比相同的条件下干信比越高，所提算法对干扰的识别率越高。这是因为干信比越高，目标和干扰能量差别越大，未被干扰子脉冲的方差和被干扰子脉冲的方差差别就越大，因而越有利于 Otsu 算法对目标和干扰进行有效区分。

设置单子脉冲匹配滤波后信噪比为 SNR=5dB，干信比 JSR 从 15～50dB 递增，分别计算不同干信比条件下，脉冲压缩后所有子脉冲中未被干扰子脉冲方差的最小值、未被干扰子脉冲方差的最大值、被干扰子脉冲方差的最小值、被干扰子脉冲方差的最大值及利用 Otsu 算法计算得到的阈值，进行 100 次蒙特卡罗实验，得到图 3.4 所示的间歇采样直接转发干扰不同干信比条件下子脉冲方差与阈值关系曲线图。可以看出，随着干信比的增加，被干扰的子脉冲的方差近似线性增加，利用 Otsu 算法自适应计算得到的阈值也近似线性上升，且在不同干信比条件下，阈值均小于被干扰子脉冲方差的最小值，因此，Otsu 算法可以有效判断出被干扰的子脉冲，利用式（3-27）可以将干扰抑制掉。

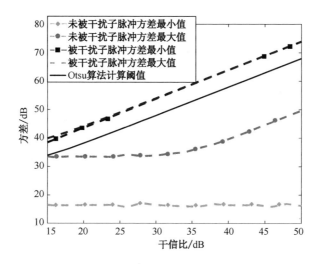

图 3.4 间歇采样直接转发干扰不同干信比条件下子脉冲方差与阈值关系曲线图

设置单子脉冲匹配滤波后信噪比 SNR=5dB，干信比 JSR=20dB，使用 3.2.3.2 节所提算法对含有间歇采样直接转发干扰的信号进行干扰抑制与目标检测，得到图 3.5～图 3.7 所示的仿真结果。从图 3.5（a）脉冲回波信号仿真图中可以看出，信号被间歇采样转发 5 次，且信号被淹没在噪声与干扰中。图 3.5（b）及图 3.6（a）分别为被干扰子脉冲的脉冲压缩结果和未被干扰子脉冲的脉冲压缩结果，由于干扰与发射信号相参，脉冲压缩后获得积累增益，在目标附近形成欺骗假目标，影响雷达对目标的正确判断。凭借脉内频率编码可以实现子脉冲之间相互掩护的优势，图 3.6（b）为部分子脉冲的方差与 Otsu 计算阈值关系图，由于干扰的能量大于目标回波的能量，因此方差较大的为被干扰子脉冲的方差，方差较小的为未被干扰子脉冲的方差。可以看出，利用 Otsu 算法计算的阈值可以有效判断出被干扰的子脉冲。图 3.7（a）为间歇采样直接转发干扰抑制后脉内积累结果。可以看出，干扰已经被有效抑制掉，只剩下目标信息。最后，使用二维稀疏重构算法对所有脉冲相参合成，实现对目标的检测。

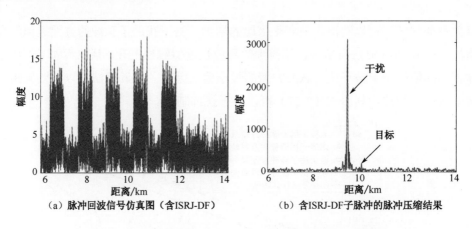

（a）脉冲回波信号仿真图（含ISRJ-DF）

（b）含ISRJ-DF子脉冲的脉冲压缩结果

图 3.5　含干扰的脉冲回波及含干扰子脉冲的脉冲压缩结果

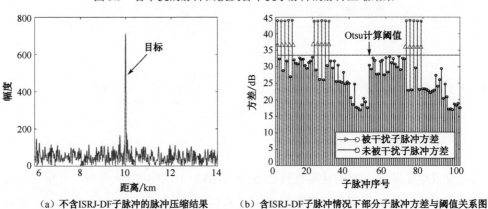

（a）不含ISRJ-DF子脉冲的脉冲压缩结果

（b）含ISRJ-DF子脉冲情况下部分子脉冲方差与阈值关系图

图 3.6　不含干扰的脉冲压缩结果、子脉冲方差与阈值的关系

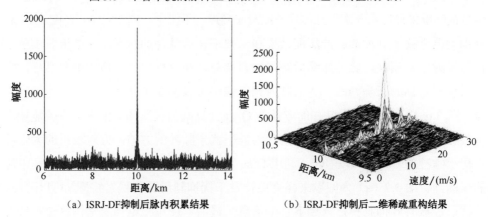

（a）ISRJ-DF抑制后脉内积累结果

（b）ISRJ-DF抑制后二维稀疏重构结果

图 3.7　脉内积累结果及二维稀疏重构结果

2. 仿真实验二

设置间歇采样重复转发干扰参数为脉冲采样宽度 $T_j = 4\mu s$，采样周期 $T_s = 12\mu s$，

干扰机对采样信号调制后重复转发两次，其余仿真条件与仿真实验一相同。

下面对不同信噪比条件下，使用 Otsu 算法和方差特征对间歇采样重复转发干扰识别的有效性进行分析。分别设置干信比 JSR=10dB、JSR=20dB、JSR=30dB 和单子脉冲匹配滤波后信噪比 SNR=−20~20dB，进行 100 次蒙特卡罗实验，得到图 3.8 所示的仿真结果。

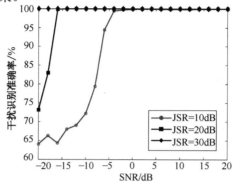

图 3.8　不同信噪比条件下所提算法对间歇采样重复转发干扰识别准确率仿真结果

与图 3.3 相似，随着脉冲压缩后信噪比的提高，所提算法对间歇采样重复转发干扰的识别准确率都呈上升趋势。当信噪比较低、干信比较高或者信噪比较高时，所提算法可以对干扰进行有效识别。此外，在信噪比相同的条件下干信比越高，所提算法对干扰的识别率也越高。因此，可以看出所提算法也可以对间歇采样重复转发干扰进行有效识别。

设置干信比 JSR 从 15~50dB 递增，绘制干扰机间歇采样重复转发干扰情况下脉冲压缩后所有子脉冲中未被干扰子脉冲方差的最小值、未被干扰子脉冲方差的最大值、被干扰子脉冲方差的最小值、被干扰子脉冲方差的最大值及 Otsu 算法计算阈值关系曲线，得到图 3.9 所示的仿真结果。与图 3.4 类似，在不同干信比条件下，Otsu 算法计算分辨目标与干扰的阈值均小于被干扰子载波方差的最小值。因此，Otsu 算法可以对子脉冲是否被干扰进行有效判断。

设置单子脉冲经过脉冲压缩后信噪比 SNR=5dB，干信比 JSR=20dB，建立前文所述的雷达发射信号和间歇采样重复转发干扰模型，并按照前文所述算法流程进行干扰识别、抑制和目标检测，得到如下仿真结果：图 3.10（a）为含有间歇采样重复转发干扰时的回波信号。可以看出，由于信号被间歇采样并重复转发两次，干扰时宽是图 3.5（a）中干扰时宽的 2 倍，且在脉冲压缩后形成两个不同时延的假目标干扰［见图 3.10（b）］。图 3.11（b）为间歇采样重复转发干扰情况下部分子脉冲方差与 Otsu 算法计算阈值的关系图。可以看出，用 Otsu 算法计算阈值可以有效对子脉冲是否被干扰进行判断。图 3.12 为干扰抑制后的脉内积累和脉间相参积累结果图。可以看出，干扰已经被有效抑制，可以实现对目标的检测。

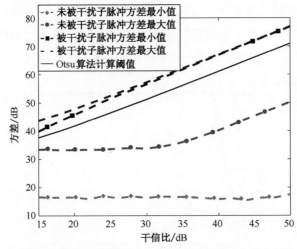

图 3.9　间歇采样重复转发干扰不同干信比条件下子脉冲方差与阈值关系曲线图

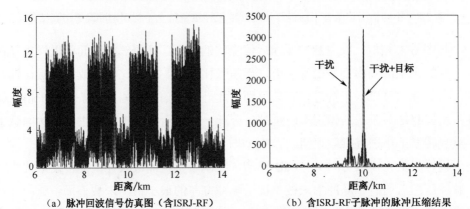

（a）脉冲回波信号仿真图（含ISRJ-RF）　　（b）含ISRJ-RF子脉冲的脉冲压缩结果

图 3.10　含干扰的脉冲回波信号及含干扰子脉冲的脉冲压缩结果

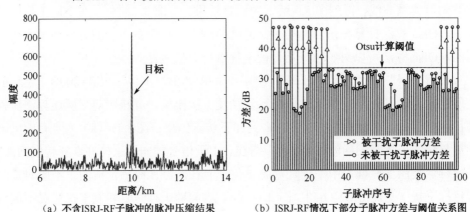

（a）不含ISRJ-RF子脉冲的脉冲压缩结果　　（b）ISRJ-RF情况下部分子脉冲方差与阈值关系图

图 3.11　无干扰子脉冲的脉冲压缩结果及子脉冲方差-阈值关系

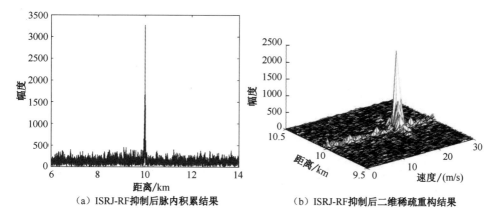

(a) ISRJ-RF抑制后脉内积累结果

(b) ISRJ-RF抑制后二维稀疏重构结果

图 3.12　干扰抑制后的脉内积累结果及二维稀疏重构结果

3.3　时频域抗间歇采样技术

时频变换通过对信号进行分段傅里叶变换得到信号的频谱随时间变化的关系，揭示信号的时频特征。在信号处理领域中，时频变换被广泛应用于信号分析、信号识别等方面。

3.3.1　短时傅里叶变换

时频变换[5]能够同时得到信号时域、频域特征及其联合分布信息，因此受到国内外学者广泛关注。短时傅里叶变换（Short Time Fourier Transform，STFT）作为一种常用的时频分析方法，具有线性叠加性质、计算量相对较小、不受交叉项干扰的优点，其定义式可以表示为[6]

$$\text{STFT}(t,f) = \int_{-\infty}^{\infty} s(t')\omega(t'-t)e^{-j2\pi ft'}dt' \tag{3-29}$$

式中，$\omega(t)$ 表示频率平滑窗函数。

3.3.2　基于 Otsu 算法的干扰识别

本节利用 Otsu 算法计算最佳阈值作为干扰判定门限，在时间维投影矩阵中提取不连续的目标信号段。首先将每个回波脉冲信号进行 STFT 得到时-频二维平面，并将沿频率维求和得到的时间维投影排列成大小为 $N \times K$ 的二维平面，其中 N 为回波脉冲数，K 表示时间维采样点数；第 n 个回波脉冲的时间维投影向量 $T_p(t)$ 第 t_k 个采样时刻的幅值记为 $V(n,t_k)$。利用 Otsu 算法求解得到阈值 $V_{g_i}^*$，具体过程参考 3.2.3 节。利用 $V_{g_i}^*$ 对 N 个脉冲的时间维投影矩阵进行二值化处理，提取未被干扰信号段，即

$$V'(n,t_k)=\begin{cases}0, & V(n,t_k)\geqslant V_{g_i}^*\\1, & V(n,t_k)<V_{g_i}^*\end{cases} \tag{3-30}$$

然后，将 0-1 矩阵 $V'(n,t_k)$ 与原时间维投影矩阵点乘，提取未被干扰的不连续信号段。

3.3.3 时频域间歇采样转发干扰对抗

假设雷达接收到的第 n 个脉冲回波信号 $s(\hat{t},n)=s_R(\hat{t},n)+s_J(\hat{t},n)+n(\hat{t})$，包含目标回波 $s_R(\hat{t},n)$、间歇采样转发干扰信号 $s_J(\hat{t},n)$ 和噪声分量 $n(\hat{t})$，则根据线性叠加原理，经过 STFT 后得到的结果为

$$
\begin{aligned}
\mathrm{STFT}_s(t,f) &=\int_{-\infty}^{\infty}s(\hat{t},n)\omega(\hat{t}-t)\mathrm{e}^{-\mathrm{j}2\pi f\hat{t}}\mathrm{d}\hat{t}\\
&=\int_{-\infty}^{\infty}s_R(\hat{t},n)\omega(\hat{t}-t)\mathrm{e}^{-\mathrm{j}2\pi f\hat{t}}\mathrm{d}\hat{t}+\\
&\quad\int_{-\infty}^{\infty}s_J(\hat{t},n)\omega(\hat{t}-t)\mathrm{e}^{-\mathrm{j}2\pi f\hat{t}}\mathrm{d}\hat{t}+\\
&\quad\int_{-\infty}^{\infty}n(\hat{t})\omega(\hat{t}-t)\mathrm{e}^{-\mathrm{j}2\pi f\hat{t}}\mathrm{d}\hat{t}\\
&=\mathrm{STFT}_r(t,f)+\mathrm{STFT}_j(t,f)+\mathrm{STFT}_n(t,f)
\end{aligned} \tag{3-31}
$$

LFM 调制信号在时频域呈现出一条倾斜的带状分布，含有间歇采样直接转发干扰、间歇采样重复转发干扰的雷达回波如图 3.13 所示。可以看到，尽管脉内频率编码体制增强了干扰与目标信号在时频域的可分性，干扰信号在频率维呈 sinc 分布，依然存在较高的旁瓣，如果直接在时频域将干扰信号剔除会保留大量高于或等于目标幅度的干扰旁瓣，则影响后续目标检测处理。

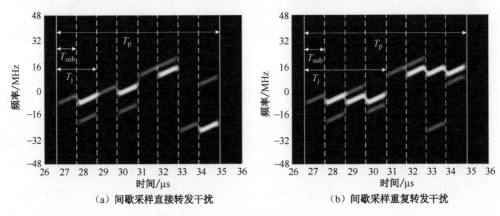

（a）间歇采样直接转发干扰　　　　（b）间歇采样重复转发干扰

图 3.13　带干扰雷达回波时频分布

基于此，本节从滤波角度出发，通过时频矩阵在时域维的投影信息提取未被干扰的信号，由此设计出一种带通滤波器，在脉冲压缩结果中将目标信号从假目

标群中分离出来,实现干扰抑制[7]。假设场景中存在单个点目标,具体干扰抑制步骤如下。

步骤一:将接收到的第 n 个雷达回波脉冲信号 $s(\hat{t}, n)$ 经混频处理下变频到基带,并进行 STFT 到时-频二维平面。

步骤二:在得到雷达基带回波信号的 STFT 时频矩阵之后,计算出 STFT 时频矩阵各元素的模值 $|\text{STFT}_s(t, f)|$。

步骤三:沿频率维求和,得到时频矩阵在时间维的投影向量 $\boldsymbol{T}_P(t)$,具体表达式为

$$
\begin{aligned}
\boldsymbol{T}_P(t) &= \int_f \left| \text{STFT}_s(t, f) \right| df \\
&= \int_f \left| \text{STFT}_r(t, f) + \text{STFT}_j(t, f) + \text{STFT}_n(t, f) \right| df
\end{aligned}
\tag{3-32}
$$

步骤四:将时间维投影向量 $\boldsymbol{T}_P(t)$ 以子脉冲宽度 T_{sub} 为基准等间隔划分为 L 段,由于干扰幅度通常远大于目标和噪声幅度,可以根据幅度特征,利用 Otsu 算法计算出最佳阈值作为门限,对投影向量 $\boldsymbol{T}_P(t)$ 进行二值化处理,完成对未被干扰信号子段的分选;基于 Otsu 算法计算最佳阈值的过程在后文给出。

步骤五:将在步骤四中提取的未被干扰信号段经逆短时傅里叶变换(Inverse Short Time Fourier Transform,ISTFT)到时域,记为 $s_{\text{temp}}(\hat{t}) = \sum_{l=1}^{L} \text{rect}\left((\hat{t} - \hat{t}_l) / T_{\text{sub}} \right) s(\hat{t}, n)$;其中,$\hat{t}_l$ 表示对应于时间维投影向量 $\boldsymbol{T}_P(t)$ 第 l 段的起始时刻。

步骤六:将步骤五所得未被干扰信号段与 $s_{\text{temp}}(\hat{t})$ 发射信号进行卷积运算,由此构造出归一化带通滤波器,表示为

$$
H(\hat{t}) = \frac{s_{\text{temp}}(\hat{t}) \otimes s_T^*(-\hat{t})}{\max\limits_t \left(s_{\text{temp}}(\hat{t}) \otimes s_T^*(-\hat{t}) \right)}
\tag{3-33}
$$

式中,$s_T^*(-\hat{t})$ 为 $s_T(\hat{t})$ 的共轭加反转,$s_T(\hat{t})$ 表示未被干扰信号段;$s_{\text{temp}}(\hat{t})$ 表示相应的发射信号;$\max\limits_t \left(s_{\text{temp}}(\hat{t}) \otimes s_T^*(-\hat{t}) \right)$ 表示未被干扰信号段脉冲压缩结果沿时间维的最大值。

步骤七:对基带回波信号进行脉冲压缩处理,由于本节采用的信号模型为脉内频率编码-LFM 波形,无法直接用一个完整的 LFM 信号生成匹配滤波器完成脉冲压缩,因此,采用分段脉冲压缩方法对不同子脉冲回波 $s_{\text{sub}}(\hat{t}, n, m)$ 分别进行匹配滤波处理[5],具体表达式为

$$
y_{\text{sub}}(\hat{t}, n, m) = s_{\text{sub}}(\hat{t}, n, m) \otimes s_{T,\text{sub}}^*(-\hat{t}, n, m)
\tag{3-34}
$$

式中,$s_{T,\text{sub}}^*(-\hat{t}, n, m)$ 表示对应于每个子脉冲的匹配滤波函数。然后,将一个脉冲

内所有子脉冲的分段脉冲压缩结果积累起来，得到该脉冲最终匹配滤波结果：

$$y\left(\hat{t},n\right)=\sum_{m=1}^{M}y_{\mathrm{sub}}\left(\hat{t},n,m\right)$$

$$=\mathrm{e}^{-\mathrm{j}2\pi f_{n}\tau_{n}}\sum_{m=1}^{M}A_{n,m}\mathrm{e}^{-\mathrm{j}2\pi f_{m}\tau_{n}}+y_{\mathrm{J}}\left(\hat{t},n\right)$$

$$=\mathrm{e}^{-\mathrm{j}4\pi f_{0}\frac{R}{c}}\mathrm{e}^{-\mathrm{j}4\pi c_{n}\Delta f\frac{R}{c}}\mathrm{e}^{-\mathrm{j}4\pi(f_{0}+c_{n}\Delta f)\frac{v(n-1)T_{r}}{c}} \cdot \qquad (3\text{-}35)$$

$$\sum_{m=1}^{M}A_{n,m}\left(\mathrm{e}^{-\mathrm{j}4\pi\left(f_{n}+\left(c_{m}-\frac{M+1}{2}\right)B_{\mathrm{sub}}\right)\frac{R}{c}}\mathrm{e}^{\mathrm{j}4\pi\left(f_{n}+\left(c_{m}-\frac{M+1}{2}\right)B_{\mathrm{sub}}\right)\frac{v(n-1)T_{r}}{c}}\right)+y_{\mathrm{J}}\left(\hat{t},n\right)$$

式中，$A_{n,m}$ 表示目标幅值；$y_{\mathrm{J}}\left(\hat{t},n\right)$ 表示干扰信号脉冲压缩结果；τ_{n} 表示目标信号时延，$\tau=2\left(R-v(n-1)T_{r}\right)/c$；$c$ 为光速。

步骤八：利用步骤六中所设计的带通滤波器对步骤七中所得回波信号脉冲压缩结果进行滤波处理，完成干扰抑制和目标提取，即

$$\tilde{y}\left(\hat{t},n\right)=y\left(\hat{t},n\right)\left|H\left(\hat{t}\right)\right| \qquad (3\text{-}36)$$

3.3.4　仿真实验

本节通过数字仿真实验验证基于 Otsu 的时频域抗间歇采样转发干扰算法的有效性。具体实验设计如下。

（1）干扰机采用间歇采样直接转发式干扰策略，在同步采样情况下，分析所提算法抗干扰效果。

（2）干扰机采用间歇采样重复转发式干扰策略，在同步采样情况下，分析所提算法抗干扰效果。

具体的雷达及目标参数如表 3.2 所示。

表 3.2　雷达及目标参数

参　数	数　值	参　数	数　值
脉冲数/个	64	子脉冲/个	8
带宽/MHz	48	子带宽/MHz	6
脉宽/μs	8	子脉宽/μs	1
载频/GHz	14	采样率/MHz	96
目标距离/m	4000	重频/MHz	25

1. 仿真实验一

设置干扰机前置目标 300m，采用间歇采样直接转发式干扰策略，对雷达发射脉冲信号进行同步采样，即采样时延 $\tau_{\mathrm{d}}=0$，采样时长 $\tau_{\mathrm{j}}=1\mu s$，采样周期 $T_{\mathrm{j}}=2\mu s$，

干信比 JSR=25dB。

脉冲回波经过 STFT 后的时频分布如图 3.14（a）所示。可以看出，干扰机对当前脉冲进行了 4 次采样，每次采样后转发 1 次，且干扰幅度远高于目标幅度，同时，脉内频率编码使目标与干扰在时频域可分性增强，但频率维存在较高的干扰旁瓣，直接在时频域滤除干扰会保留干扰旁瓣，当目标与干扰重叠时会损失目标信号；图 3.14（b）为脉冲压缩结果，目标附近存在多个假目标；根据 3.3.3 节所述步骤构造滤波器，经过滤波后的结果如图 3.14（c）所示。可以看到，干扰被抑制掉，而淹没在干扰信号中的目标信号被保留下来。

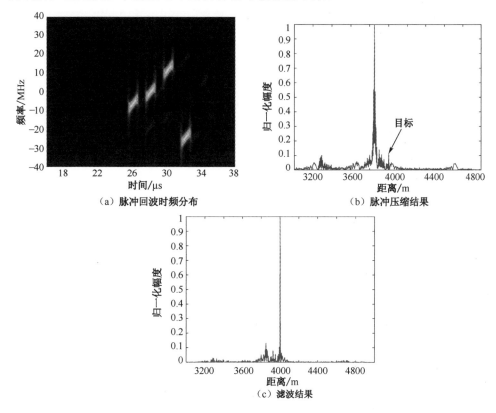

（a）脉冲回波时频分布　　　　　　　（b）脉冲压缩结果

（c）滤波结果

图 3.14　同步采样直接转发干扰回波处理结果

2. 仿真实验二

设置干扰机对雷达信号同步采样，采样时长 $\tau_j = 1\mu s$，采样周期 $T_j = 4\mu s$，重复转发 3 次，其他仿真条件与仿真实验一相同。

图 3.15（a）为经过 STFT 后，带间歇采样重复干扰的脉冲回波时频分布图。可以看到，干扰机对当前脉冲进行 2 次采样，每次采样后重复转发 3 次，目标"暗

带"被干扰和干扰旁瓣淹没；图 3.15（b）为脉冲压缩结果，图 3.15（c）为经滤波之后得到的干扰抑制结果，只剩下目标信息，证明所提方法能够有效抑制间歇采样重复转发干扰。

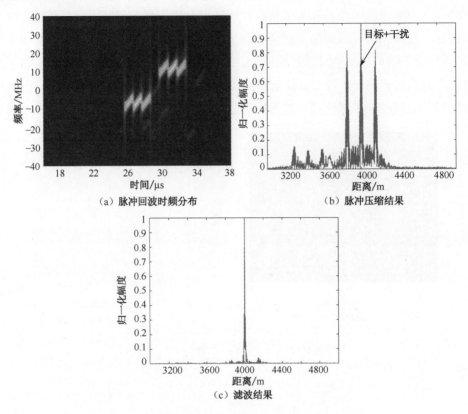

（a）脉冲回波时频分布　　　　　　　　（b）脉冲压缩结果

（c）滤波结果

图 3.15　同步采样重复转发干扰回波处理结果

3.4　分数阶域抗间歇采样技术

分数阶傅里叶变换（Fractional Fourier Transform，FrFT）是一种广义的傅里叶变换方法[9]，对回波信号进行分数阶傅里叶变换处理，可以得到信号的频谱随时间变化的关系。

3.4.1　分数阶傅里叶变换

分数阶傅里叶变换的数学表达式可以表示为

$$\mathrm{FrFT}_p(u) = \int_{-\infty}^{\infty} x(t) K_p(t,u)\mathrm{d}t \tag{3-37}$$

式中，p 为 FrFT 阶数；$K_p(t,u)$ 为 FrFT 的变换核函数，表示为

$$K_p(t,u)=\begin{cases}\sqrt{1-j\cot\varphi}\,e^{j\pi\left[(t^2+u^2)\cot\varphi-2tu\csc\varphi\right]}, & \varphi\neq n\pi\\ \delta(t-u) & ,\ \varphi=2n\pi\\ \delta(t+u) & ,\ \varphi=(2n+1)\pi\end{cases} \tag{3-38}$$

式中，φ 表示旋转角度，$\varphi=p\pi/2$。

3.4.2　分数阶域间歇采样转发干扰对抗

如图 3.16 所示，由于 FrFT 可以直观地理解为时频面以角度 φ 围绕原点逆时针旋转，随着旋转角 φ 的变化，LFM 信号分数阶域的频谱具有不同的聚集特性，且当旋转角度为 φ_{opt} 时，LFM 信号在该最佳分数阶域出现谱峰。

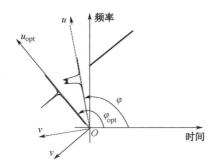

图 3.16　LFM 信号分数阶傅里叶域频谱特征

因此，综合考虑雷达发射信号子脉冲频率编码特点、间歇采样转发式干扰非连续特性及 LFM 信号分数阶傅里叶域频谱聚集特征，对接收到的雷达回波中被干扰信号覆盖的数据段进行提取，并以子脉冲宽度为单元对其进行切片，在分散干扰能量的同时，使每个切片中尽可能只保留一个完整的子脉冲，最大化提升干扰信号和目标信号在分数阶域的区分度，以便后续干扰抑制处理。切片式分数阶傅里叶域干扰抑制流程图如图 3.17 所示，具体算法步骤如下[10]。

步骤一：对雷达接收到的第 n 个脉冲回波 $s(t,n)$ 进行下变频处理，得到基带回波信号，在时域上提取被干扰覆盖的信号段 $s_j(t)$。

步骤二：以子脉冲脉宽 T_{sub} 为单元，对提取的干扰信号段 $s_j(t)$ 进行切片，得到 $G=\lfloor T_G/T_{\text{sub}}\rfloor$ 个被干扰信号子段，其中 T_G 为被干扰信号段的总时宽，第 g 个切片时域表示为

$$s_{\mathrm j}\left(t,g\right)=x'\left(t,g\right)+j'\left(t,g\right)+n\left(t\right)$$

$$=a_x^g\left(t-\tau\right)\mathrm{e}^{-\mathrm{j}2\pi f_n\tau}\mathrm{e}^{\mathrm{j}2\pi f_g\left(t-\tau\right)}+\sum_{l=1}^{L}a_{\mathrm j}^{g,l}\left(t-\tau\right)\mathrm{e}^{-\mathrm{j}2\pi f_n\tau}\mathrm{e}^{\mathrm{j}2\pi f_{g,l}\left(t-\tau\right)}+n\left(t\right)\qquad(3\text{-}39)$$

式中，$x'\left(t,g\right)$ 表示目标回波分量；$j'\left(t,g\right)$ 表示干扰分量；$n\left(t\right)$ 表示随机噪声分量；$a_x^g\left(t-\tau\right)$ 和 $a_{\mathrm j}^{g,l}\left(t-\tau\right)$ 分别表示第 g 个切片中目标回波信号和第 g 个切片中第 l 个干扰信号的包络；$a\left(t-\tau\right)=A\mathrm{rect}\left(\left(t-\left(g-1\right)T_s-\tau\right)\big/T_s\right)\mathrm{e}^{\mathrm{j}\pi\gamma\left(t-\tau\right)^2}$，其中 A 为幅度。G 个子段构成的切片矩阵为

$$\boldsymbol{S}=\left[\boldsymbol{S}\left(u,1\right)\cdots\boldsymbol{S}\left(u,g\right)\cdots\boldsymbol{S}\left(u,G\right)\right]^{\mathrm T}\qquad(3\text{-}40)$$

步骤三：对切片所得的 G 个被干扰信号子段并行做 FrFT，将时域数据变换到分数阶傅里叶域，其中第 g 个切片在分数阶域的表达式为[9]

$$S_{\mathrm j}\left(u,g\right)=\mathrm{FrFT}_{p_{\mathrm{opt}}}\left(s_{\mathrm j}\left(t,g\right)\right)$$

$$=X_{p_{\mathrm{opt}}}\left(u,g\right)+J_{p_{\mathrm{opt}}}\left(u,g\right)+N_{p_{\mathrm{opt}}}\left(u\right)$$

$$=A_{\varphi}A_x^g\left[\mathrm{e}^{-\mathrm{j}2\pi f_n\tau}F\left(g\right)\mathrm{sinc}\left(\pi T_s\left(u-f_g\sin\varphi_{\mathrm{opt}}-\tau\cos\varphi_{\mathrm{opt}}\right)\csc\varphi_{\mathrm{opt}}\right)\right]+$$

$$A_{\varphi}A_{\mathrm j}^{g,l}\left[\sum_{l=1}^{L}\mathrm{e}^{-\mathrm{j}2\pi f_n\tau}F\left(g,l\right)\mathrm{sinc}\left(\pi T_s\left(u-f_{g,l}\sin\varphi_{\mathrm{opt}}-\tau\cos\varphi_{\mathrm{opt}}\right)\csc\varphi_{\mathrm{opt}}\right)\right]+\qquad(3\text{-}41)$$

$$N_{p_{\mathrm{opt}}}\left(u\right)$$

且

$$F\left(g\right)=\mathrm{e}^{-\mathrm{j}\pi\sin\varphi_{\mathrm{opt}}\cos\varphi_{\mathrm{opt}}\left(f_g^2-\tau^2\right)}\mathrm{e}^{\mathrm{j}2\pi u\left(f_g\cos\varphi_{\mathrm{opt}}-\tau\sin\varphi_{\mathrm{opt}}\right)}\left(\mathrm{e}^{\mathrm{j}\pi\left(u-f_g\sin\varphi_{\mathrm{opt}}-\tau\cos\varphi_{\mathrm{opt}}\right)^2\cot\varphi_{\mathrm{opt}}}T_s\right)$$

$$F\left(g,l\right)=\mathrm{e}^{-\mathrm{j}\pi\sin\varphi_{\mathrm{opt}}\cos\varphi_{\mathrm{opt}}\left(f_{g,l}^2-\tau^2\right)}\mathrm{e}^{\mathrm{j}2\pi u\left(f_{g,l}\cos\varphi_{\mathrm{opt}}-\tau\sin\varphi_{\mathrm{opt}}\right)}\left(\mathrm{e}^{\mathrm{j}\pi\left(u-f_{g,l}\sin\varphi_{\mathrm{opt}}-\tau\cos\varphi_{\mathrm{opt}}\right)^2\cot\varphi_{\mathrm{opt}}}T_s\right)\qquad(3\text{-}42)$$

由式（3-41）可以看出，LFM 信号在最佳分数阶傅里叶域的频谱服从 sinc 函数分布。其中，$X_{p_{\mathrm{opt}}}\left(u,g\right)$、$J_{p_{\mathrm{opt}}}\left(u,g\right)$ 和 $N_{p_{\mathrm{opt}}}\left(u\right)$ 分别对应第 g 个切片中目标回波分量、干扰分量和噪声分量的 FrFT 域变换形式；$A_{\varphi}=\sqrt{\left(1+\mathrm{j}\tan\varphi_{\mathrm{opt}}\right)\big/\left(1+\gamma\tan\varphi_{\mathrm{opt}}\right)}$，$A_x^g$ 和 $A_{\mathrm j}^{g,l}$ 分别表示第 g 个切片的目标幅值和第 g 个切片中第 l 个干扰的幅值；p_{opt} 为 FrFT 最佳变换阶数，最佳旋转角度 $\varphi_{\mathrm{opt}}=p_{\mathrm{opt}}\pi/2$，$f_g=b\left(g\right)\Delta f_s$ 表示第 g 个切片中子脉冲的中心载频，$f_{g,l}=b\left(g,l\right)\Delta f_s$ 表示第 g 个切片中第 l 个干扰信号的中心载频。

步骤四：第 g 个子段 FrFT 中，sinc 函数峰值点分别表示目标信号和干扰信号，对应 u 域位置分别为 $f_g\sin\varphi_{\mathrm{opt}}+\tau\cos\varphi_{\mathrm{opt}}$ 和 $f_{g,l}\sin\varphi_{\mathrm{opt}}+\tau\cos\varphi_{\mathrm{opt}}$，构造窄带滤波器组，对 G 个被干扰信号子段在分数阶域进行滤波，保留目标回波形成的峰值，同时抑制干扰信号。

步骤五：将步骤四中滤波后的结果经 IFrFT 变换到时域，得到干扰抑制后的

脉冲信号 $\tilde{s}(t,n)$。

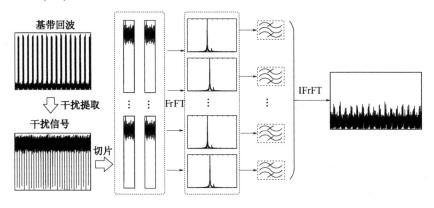

图 3.17　切片式分数阶傅里叶域干扰抑制流程

由于本节采用的雷达发射信号脉冲形式为频率编码 LFM 信号，无法直接用一个匹配滤波器进行脉冲压缩。因此，考虑根据子脉冲宽度将匹配滤波器分为 M 段对应的子匹配滤波器组。

干扰抑制后的脉冲信号为 $\tilde{s}(t,n)$，对应于每个子脉冲的匹配滤波函数为 $x_{\mathrm{s}}^{*}(-t,n,m)$，分别对各子脉冲做分段脉冲压缩处理，具体表示为

$$
\begin{aligned}
y_{\mathrm{s}}(t,n,m) &= \tilde{s}(t,n) \otimes x_{\mathrm{s}}^{*}(-t,n,m) \\
&= \tilde{s}(t,n) \otimes \left(\mathrm{rect}\left(\frac{-t-(m-1)T_{\mathrm{s}}}{T_{\mathrm{s}}} \right) \mathrm{e}^{-\mathrm{j}2\pi b(m)\Delta f_{\mathrm{s}}t} \mathrm{e}^{-\mathrm{j}\pi\gamma(-t/2)^2} \right)
\end{aligned}
\tag{3-43}
$$

然后在一个脉冲重复周期内对所有子脉冲进行脉内积累，得到分段脉冲压缩的输出结果：

$$
\begin{aligned}
y(t,n) &= \sum_{m=1}^{M} y_{\mathrm{s}}(t,n,m) \\
&= \mathrm{e}^{-\mathrm{j}2\pi f_n \tau_n} \sum_{m=1}^{M} A_{n,m} \mathrm{e}^{-\mathrm{j}2\pi b(m)\Delta f_{\mathrm{s}} \tau_n} \\
&= \mathrm{e}^{-\mathrm{j}4\pi f_0 \frac{R}{c}} \mathrm{e}^{-\mathrm{j}4\pi a(n)\Delta f \frac{R}{c}} \mathrm{e}^{-\mathrm{j}4\pi \left(f_0 + a(n)\Delta f \right) \frac{v(n-1)T_r}{c}} \cdot \\
&\quad \sum_{m=1}^{M} A_{n,m} \left(\mathrm{e}^{-\mathrm{j}4\pi b(m)\Delta f_{\mathrm{s}} \frac{R}{c}} + \mathrm{e}^{-\mathrm{j}4\pi b(m)\Delta f \frac{v(n-1)T_r}{c}} \right)
\end{aligned}
\tag{3-44}
$$

文献[1,3,11]均在分段脉冲压缩过程中，根据脉冲压缩后的能量，分离干扰信号和目标信号，将被干扰的子段剔除，保留未被干扰的子段实现干扰抑制。这种方式虽然能够将干扰信号滤除，但在回波处理时会失去此部分的信号增益，导致信噪比降低，在干扰采样较多，即被干扰子脉冲较多时，增益损失增加，脉冲压

缩效果不理想，影响后续相参检测处理。针对这一问题，本节基于分段脉冲压缩处理，采用脉内频率编码的子脉冲，利用间歇采样转发干扰收发分时的特点，在不损失回波信号处理增益的前提下，在分数阶域通过窄带滤波实现干扰抑制，并将滤除干扰后的子脉冲在脉内进行积累，最终得到脉冲压缩处理结果。

3.4.3　仿真实验

为验证所提算法的抗干扰性能，设计仿真实验，对间歇采样直接转发干扰、间歇采样重复转发干扰进行仿真分析。雷达工作在 S 波段，脉内波形调制为线性调频，具体波形参数如表 3.3 所示。

表 3.3　雷达波形参数设置

参　数	符　号	数　值	参　数	符　号	数　值
脉冲数/个	N	64	子脉冲数/个	M	4
跳频数/个	N	64	子脉冲带宽/MHz	B_s	5
脉内跳频间隔/MHz	Δf_s	5	子脉冲脉宽/μs	T_s	1
脉冲重复周期/μs	T_r	40	采样率/MHz	f_s	80

1. 仿真实验一

针对间歇采样直接转发干扰，假设场景中目标径向距离 R=4100m，径向速度 v=32m/s，干扰机与目标在同一距离，干扰采样宽度 $T_j = 1\mu s$，采样周期 $T_q = 4\mu s$，目标信噪比为 0dB，信干比为-20dB。仿真结果如图 3.18 所示。

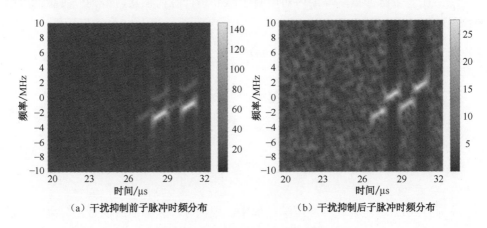

(a) 干扰抑制前子脉冲时频分布　　　　(b) 干扰抑制后子脉冲时频分布

图 3.18　间歇采样直接转发干扰抑制结果

从图 3.18（a）中可以看出，子脉冲 2 和子脉冲 4 存在干扰。采用前文所提方法在分数阶傅里叶域通过窄带滤波分离目标和干扰信号，尽可能只保留目标信号，如图 3.18（b）所示，所提方法可以有效地抑制间歇采样直接转发干扰。

2. 仿真实验二

针对间歇采样重复转发干扰，设置干扰采样宽度 $T_j = 1\mu s$，采样周期 $T_q = 4\mu s$，重复转发 3 次，其他参数设置同本小节仿真实验一。仿真结果如图 3.19 所示。

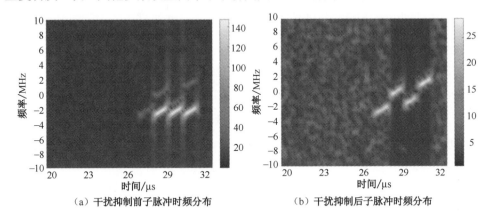

（a）干扰抑制前子脉冲时频分布　　　（b）干扰抑制后子脉冲时频分布

图 3.19　间歇采样重复转发干扰抑制结果

如图 3.19 所示，从图 3.19（a）和图 3.19（b）中可以看出，子脉冲 2、子脉冲 3、子脉冲 4 均存在与子脉冲 1 相同的干扰，采用前文所述方法，子脉冲 2、子脉冲 3、子脉冲 4 的干扰被抑制，本节所提方法可以有效地抑制间歇采样重复转发干扰。

3.5　基于 MDCFT 的间歇采样转发干扰抑制技术

本节在脉内频率编码波形的基础上，介绍一种基于修正离散 Chirp-Fourier 变换（Modified Discrete Chirp-Fourier Transform，MDCFT）的脉内频率编码波形抗间歇采样转发干扰算法[12]。该算法首先通过频域滤波，对脉内各个子脉冲进行分离。然后，按照特征提取分类鉴别的思路，将子脉冲分为被干扰子脉冲和未被干扰子脉冲两类。接下来，对于被干扰子脉冲，利用 Chirp-Fourier 变换（Chirp-Fourier Transform，CFT）对线性调频信号的能量聚集特性，在 CFT 域抑制子脉冲内干扰信号。最后，针对脉内频率编码信号频谱不连续导致脉冲压缩结果中出现栅瓣的问题，采用子脉冲脉内频域合成方法，实现栅瓣抑制。仿真实验证明，本节所提算法不仅可以有效对抗间歇采样转发干扰，而且可以有效抑制脉冲压缩结果中的栅瓣。

3.5.1　Chirp-Fourier 变换

作为一种非平稳信号分析与处理工具，Chirp-Fourier 变换可以同时匹配多个频率和调频率不同的线性调频信号，实现对线性调频信号的检测与参数估计。对于一个信号 $x(t)$，其 CFT 定义为

$$X_c(\alpha,\beta) = \int_{-\infty}^{\infty} x(t)\exp\left[-j2\pi\left(\alpha t + \frac{\beta}{2}t^2\right)\right]dt \tag{3-45}$$

式中，α 和 β 分别表示频率和调频率。

由式（3-45）可知，与基函数为单频信号的傅里叶变换不同，CFT 的基函数为不同频率和调频率的线性调频信号，因此 CFT 对线性调频信号具有良好的能量聚集特性。CFT 的离散形式称为离散 Chirp-Fourier 变换（Discrete Chirp-Fourier Transform，DCFT）。

考虑一个长度为 N 的信号 $x(n)$，它的 N 点 DCFT 定义为

$$X_c(k,l) = \frac{1}{\sqrt{N}}\sum_{n=0}^{N-1} x(n)\exp\left[-j\frac{2\pi}{N}\left(kn + ln^2\right)\right],\quad 0\leqslant k,l\leqslant N-1 \tag{3-46}$$

式中，k 和 l 分别表示数字频率和数字调频率。

对于离散 Chirp-Fourier 逆变换（Inverse Discrete Chirp-Fourier Transform，IDCFT），其定义为

$$x(n) = \frac{1}{\sqrt{N}}\exp\left(j\frac{2\pi}{N}ln^2\right)\sum_{k=0}^{N-1} X_c(k,l)\exp\left(j\frac{2\pi}{N}kn\right),\quad 0\leqslant n\leqslant N-1 \tag{3-47}$$

式中，l 的取值为任意整数。

由式（3-46）和式（3-47）可知，当 $l=0$ 时，DCFT 就变成了离散傅里叶变换（Discrete Fourier Transform，DFT），IDCFT 就变成了离散傅里叶逆变换。DCFT 和DFT 之间的特殊关系表明，可以采用快速傅里叶变换实现 DCFT 的快速数值计算，具体表示为

$$X_c(k,l) = \mathrm{DFT}\left[x(n)\exp\left(-j\frac{2\pi}{N}ln^2\right)\right] \tag{3-48}$$

$$x(n) = \exp\left(j\frac{2\pi}{N}ln^2\right)\mathrm{IDFT}\left[X_c(k,l)\right] \tag{3-49}$$

DCFT 对线性调频信号的能量聚集特性有信号长度的约束，离散线性调频信号的长度为质数，且信号参数取值为整数时，信号 DCFT 模值的最高旁瓣是最小的，即 DCFT 对线性调频信号的匹配性能是最佳的。但是，实际情况通常并不能满足上述两个约束条件。此时，DCFT 模值的旁瓣将会大大提高。MDCFT 对信号的长度及参数没有限制，但是对线性调频信号的聚集特性与 DCFT 相比会有所下降。

MDCFT 的具体定义为

$$X_{mc}(k,l) = \frac{1}{\sqrt{N}} \sum_{n=0}^{N-1} x(n) \exp\left[-j\frac{2\pi}{N}\left(kn + \frac{l}{N}n^2\right)\right], \quad 0 \leqslant k,l \leqslant N-1 \quad (3-50)$$

相应的逆变换为

$$x(n) = \frac{1}{\sqrt{N}} \exp\left(j\frac{2\pi}{N^2}ln^2\right) \sum_{k=0}^{N-1} X_c(k,l) \exp\left(j\frac{2\pi}{N}kn\right), \quad 0 \leqslant n \leqslant N-1 \quad (3-51)$$

3.5.2 基于 MDCFT 的间歇采样转发干扰抑制算法

首先构建间歇采样转发干扰场景下的回波信号模型。假设雷达观测场景中存在一个运动目标，在 $t=0$ 时刻，目标相对于雷达的径向距离为 r，径向速度为 v，不考虑目标加速度。若雷达发射线性调频-频率编码波形，则接收机下混频后目标回波信号可以表示为

$$s_{tar}(t) = \sum_{m=0}^{M-1} \sigma \mathrm{rect}\left(\frac{t-mT_{sub}-\tau}{T_{sub}}\right) \exp\left[j\pi\gamma\left(t-mT_{sub}-\tau\right)^2\right] \cdot \\ \exp\left[j2\pi a_m \Delta f\left(t-mT_{sub}-\tau\right)\right] \exp(-j2\pi f_0\tau) \quad (3-52)$$

式中，σ 表示目标后向散射系数；f_0 表示雷达工作载频；τ 表示目标回波时延，$\tau = 2(r-vnT_r)/c$，其中 T_r 表示脉冲重复周期，$c = 3 \times 10^8$ m/s 表示光速。

间歇采样转发干扰中的重复转发和循环转发都可以看作多个不同时延直接转发的时域之和。为了便于后续分析，此处考虑间歇采样直接转发干扰。若以自卫式干扰为背景，雷达接收到的间歇采样直接干扰可以表示为

$$J_D(t) = A_J \sum_{q=-\infty}^{\infty} \mathrm{rect}\left(\frac{t-T_j-qT_s}{T}\right) \sum_{m=0}^{M-1} \mathrm{rect}\left(\frac{t-mT_{sub}-\tau-T_j}{T_{sub}}\right) \cdot \\ \exp\left[j\pi\gamma\left(t-mT_{sub}-\tau-T_j\right)^2\right] \exp\left[j2\pi a_m \Delta f\left(t-mT_{sub}-\tau-T_j\right)\right] \quad (3-53)$$

式中，A_J 表示干扰信号幅度；T_j 表示采样时长；T_s 表示采样周期，$T_s = 2T_j$。从式（3-53）可以看出，由于干扰的间歇采样特性，干扰机只能侦收雷达脉冲的一部分。因此，存在部分脉冲信号没有被干扰机采样的情况。假设干扰机为同步采样，即采样时长与子脉冲脉宽相等，干扰信号可以简化为

$$J_D(t) = A_J \sum_m \mathrm{rect}\left(\frac{t-mT_{sub}-\tau-T_j}{T_{sub}}\right) \exp\left[j\pi\gamma\left(t-mT_{sub}-\tau-T_j\right)^2\right] \cdot \\ \exp\left[j2\pi a_m \Delta f\left(t-mT_{sub}-\tau-T_j\right)\right] \quad (3-54)$$

式中，m 的取值范围为 $0,2,4,\cdots$。

雷达接收到的回波信号可以表示为

$$s_r(t) = s_{tar}(t) + J_D(t) + n(t) \qquad (3\text{-}55)$$

式中，$n(t)$ 表示高斯白噪声。

结合式（3-52）和式（3-54）可以看出，对于间歇采样直接转发干扰，且在干扰机同步采样的情况下，只有编号为偶数的子脉冲被干扰机侦收转发，而编号为奇数的子脉冲并没有被干扰机采样。根据不同子脉冲占用的频带不同，可以通过频域滤波的方式，将被干扰子脉冲和未被干扰子脉冲分离。在此基础上，对于被干扰子脉冲，利用修正离散 Chirp-Fourier 变换对线性调频信号的能量聚集特性，可以在 CFT 域抑制子脉冲内存在的干扰信号。最后，对干扰抑制后的子脉冲和未被干扰子脉冲进行脉内相参合成，得到子脉冲合成后的脉冲压缩结果。这就是基于 MDCFT 的脉内频率编码波形抗间歇采样转发干扰算法的基本思想。所提算法的具体步骤如下。

步骤一：根据线性调频-频率编码信号参数，设计带通滤波器组，然后将回波信号通过滤波器组，得到分离后的各个子脉冲信号。

步骤二：将各个子脉冲信号变换至频域和 CFT 域，提取信号特征参数，并采用基于快速搜索和发现密度峰值的聚类算法对子脉冲进行分类鉴别，得到被干扰子脉冲和未被干扰子脉冲。

步骤三：对于被干扰子脉冲，在 CFT 域抑制脉冲内的干扰信号，然后进行逆变换，得到干扰抑制后的子脉冲时域信号。

步骤四：对未被干扰子脉冲和干扰抑制后的子脉冲分别进行脉冲压缩处理，然后在频域进行脉内合成，得到子脉冲合成后的脉冲压缩结果。

图 3.20 所示为基于 MDCFT 的脉内频率编码波形抗干扰算法流程。需要注意的是，上述假设干扰机为同步采样，只是为了便于后续公式推导与分析，对于干扰机非同步采样，所提算法仍能有效对抗。

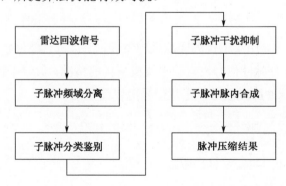

图 3.20　基于 MDCFT 的频率编码波形抗干扰算法流程

3.5.2.1 子脉冲频域分离

根据线性调频–频率编码信号参数,可以设计与各个子脉冲相对应的带通滤波器。第 m 个子脉冲对应滤波器的频率响应函数可以表示为

$$H_m(f) = \begin{cases} 1, & |f - f_m| \leqslant B_p/2 \\ 0, & |f - f_m| > B_p/2 \end{cases} \tag{3-56}$$

式中,f_m 表示第 m 个子脉冲的中心频率,$f_m = a_m \Delta f$;B_p 表示滤波器通带,且 $B_{sub} \leqslant B_p \leqslant \Delta f$。

经过带通滤波器组分离后的第 m 个子脉冲回波信号可以表示为

$$\begin{aligned}
s_m(t) = & \sigma \text{rect}\left(\frac{t - mT_{sub} - \tau}{T_{sub}}\right) \exp\left[j\pi\gamma(t - mT_{sub} - \tau)^2\right] \cdot \\
& \exp\left[j2\pi a_m \Delta f(t - mT_{sub} - \tau)\right] \exp(-j2\pi f_0\tau) + \\
& \eta A_J \text{rect}\left(\frac{t - mT_{sub} - \tau - T}{T_{sub}}\right) \exp\left[j\pi\gamma(t - mT_{sub} - \tau - T)^2\right] \cdot \\
& \exp\left[j2\pi a_m \Delta f(t - mT_{sub} - \tau - T)\right] + n_m(t)
\end{aligned} \tag{3-57}$$

式中,$\eta = \begin{cases} 1, & m = 0, 2, 4, \cdots \\ 0, & m = 1, 3, 5, \cdots \end{cases}$;$n_m(t)$ 表示频域分离后第 m 个子脉冲内的噪声。

由式(3-57)可以看出,编号为偶数的子脉冲内存在干扰信号,而编号为奇数的子脉冲内并不存在干扰信号,即频域分离后的 M 个子脉冲可以按照有无干扰信号分成两类,然后分别进行相应的处理。

3.5.2.2 子脉冲分类鉴别

本节主要介绍 M 个子脉冲的分类鉴别处理流程,具体思路为:首先在频域和 CFT 域提取子脉冲信号特征,其次采用聚类算法进行分类鉴别。由于被干扰子脉冲的频谱能量远大于未被干扰子脉冲,且 MDCFT 对线性调频信号具有良好的能量聚集特性,因此选择频域和 CFT 域作为特征域。

1. 特征提取

首先将各个子脉冲信号变换到频域,提取频域特征。第 m 个子脉冲信号的频谱 $S_m(f)$ 可以表示为

$$\begin{aligned}
S_m(f) = & \sigma\sqrt{\frac{-1}{4\gamma}} \text{rect}\left(\frac{f - a_m\Delta f}{B_{sub}}\right) \exp\left[-j\frac{\pi}{\gamma}(f - a_m\Delta f)^2\right] \cdot \\
& \exp\left[-j2\pi f(mT_{sub} + \tau)\right] \exp(-j2\pi f_0\tau) +
\end{aligned}$$

$$\eta A_{\mathrm{J}}\sqrt{\frac{-1}{4\gamma}}\,\mathrm{rect}\left(\frac{f-a_m\Delta f}{B_{\mathrm{sub}}}\right)\exp\left[-\mathrm{j}\frac{\pi}{\gamma}\left(f-a_m\Delta f\right)^2\right]\cdot$$

$$\exp\left[-\mathrm{j}2\pi f\left(mT_{\mathrm{sub}}+\tau+T\right)\right]+N_m(f) \tag{3-58}$$

式中，$N_m(f)$ 表示第 m 个子脉冲噪声信号 $n_m(t)$ 的频谱。

由式（3-58）可知，在干扰机同步采样的情况下，目标和干扰的频谱差异主要体现在能量维度。对于干扰机非同步采样，其会带来另外一个差异性维度——带宽。但是干扰信号的带宽会随着采样脉冲时长的改变而变化。而干扰信号的能量只与干扰机功率有关，通常远大于目标回波的能量。因此，对于频域特征，采用频谱包络起伏度 R_{f}，其表征频谱包络的变化程度，定义为

$$R_{\mathrm{f}}=\frac{\sigma^2}{\mu^2} \tag{3-59}$$

式中，σ^2 和 μ 分别表示信号频谱包络平方 $|S_m(f)|^2$ 的方差和均值。由于干扰信号的能量远大于目标回波的能量，因此，被干扰子脉冲频谱包络的变化程度更为剧烈，其与未被干扰子脉冲存在明显差异。

接下来，将各个子脉冲变换到 CFT 域，第 m 个子脉冲变换后的结果可以表示为

$$X_{\mathrm{c}}^m(\alpha,\beta)=\int_{-\infty}^{\infty}s_m(t)\exp\left(-\mathrm{j}\pi\beta t^2\right)\exp\left(-\mathrm{j}2\pi\alpha t\right)\mathrm{d}t \tag{3-60}$$

其中，$X_{\mathrm{c}}^m(\alpha,\beta)$ 可以看作信号 $s_m(t)\exp\left(-\mathrm{j}\pi\beta t^2\right)$ 的傅里叶变换。因此，只有当参数 β 等于线性调频信号 $s_m(t)$ 的调频率 γ 时，信号变换域结果 $X_{\mathrm{c}}^m(\alpha,\beta)$ 才会呈现出最优的能量聚集特性。令 $\beta=\gamma$，可以得出

$$X_{\mathrm{c}}^m(\alpha,\gamma)=\sigma T_{\mathrm{sub}}\,\mathrm{sinc}\left[\pi T_{\mathrm{sub}}\left(\alpha-a_m\Delta f+\gamma\left(mT_{\mathrm{sub}}+\tau\right)\right)\right]\cdot$$

$$\exp\left[-\mathrm{j}2\pi\alpha\left(mT_{\mathrm{sub}}+\tau\right)\right]\exp\left[\mathrm{j}\pi\gamma\left(mT_{\mathrm{sub}}+\tau\right)^2\right]\exp\left(-\mathrm{j}2\pi f_0\tau\right)+$$

$$\eta T_{\mathrm{sub}}A_{\mathrm{J}}\,\mathrm{sinc}\left[\pi T_{\mathrm{sub}}\left(\alpha-a_m\Delta f+\gamma\left(mT_{\mathrm{sub}}+\tau+T\right)\right)\right]\cdot \tag{3-61}$$

$$\exp\left[-\mathrm{j}2\pi\alpha\left(mT_{\mathrm{sub}}+\tau+T\right)\right]\exp\left[\mathrm{j}\pi\gamma\left(mT_{\mathrm{sub}}+\tau+T\right)^2\right]+$$

$$N_{\mathrm{c}}^m(\alpha,\gamma)$$

式中，$N_{\mathrm{c}}^m(\alpha,\gamma)$ 表示第 m 个子脉冲噪声信号 $n_m(t)$ 的 CFT 结果。

由式（3-61）可知，在干扰机同步采样的情况下，目标和干扰在 CFT 域均为 sinc 函数，这验证了 CFT 对线性调频信号的聚集特性。同时，在干扰机非同步采样的情况下，干扰在 CFT 域仍为 sinc 函数。这是由于非同步采样的情况下干扰信号仍是线性调频信号，只不过是整个子脉冲信号的一部分。此外，目标和干扰在 CFT 域的差异主要体现在位置和能量两个方面。其中，位置上的差异将被用于后

续子脉冲干扰抑制,此处子脉冲分类鉴别主要利用能量上的差异。由于干扰在 CFT 域的能量不仅与干扰功率有关,而且与采样子脉冲时长有关。因此,在 CFT 域提取特征时需要注意采样子脉冲时长的影响。

对于 CFT 域特征,采用归一化幅度方差 σ_a,具体定义为

$$\sigma_a = \frac{1}{N-1}\sum_{i=1}^{N}\left(\left|y_{cn}(i)\right| - \frac{1}{N}\sum_{i=1}^{N}\left|y_{cn}(i)\right|\right)^2 \tag{3-62}$$

式中,$y_{cn}(i)$ 表示零中心归一化处理后信号幅度,$y_{cn}(i) = (y(i)-\mu)/\mu$;$y(i)$ 表示信号幅度;μ 表示 $y(i)$ 的均值。

零中心归一化处理可以减弱信号处理增益对特征参数的影响,使特征参数更加真实地反映信号的起伏变换规律。显然,由于干扰信号的存在,被干扰子脉冲的归一化幅度方差将会大于未被干扰子脉冲。

2. 分类鉴别

接下来,在频域和 CFT 域特征参数的基础上,采用基于快速搜索和发现密度峰值的聚类算法(Clustering by Fast Search and Find of Density Peak,CFSFDP)对 M 个子脉冲进行分类鉴别。CFSFDP 是数据挖掘中基于密度的聚类算法,其优点在于,不需要事先已知数据的类别数,并且适用于球形和非球形数据集。算法具体步骤如下。

首先将 M 个子脉冲的频谱包络起伏度和 CFT 域归一化幅度方差特征组成数据集合 $S = \{s_1, s_2, \cdots, s_M\}$,其中 $s_m = (R_f^m, \sigma_a^m)$ 由第 m 个子脉冲的两个特征组成,代表集合 S 中的一个样本点。

步骤一:计算集合 S 中样本点 s_i 与样本点 s_j 之间的欧氏距离,记为 d_{ij},即

$$d_{ij} = \left\|s_i - s_j\right\|_2 \tag{3-63}$$

步骤二:计算样本点 s_i 的局部密度 ρ_i,定义为

$$\rho_i = \sum_{j=1}^{M}\chi(d_{ij} - d_c) \tag{3-64}$$

式中,$\chi(x) = \begin{cases}1, x<0 \\ 0, x\geq 0\end{cases}$;$d_c$ 表示截断距离,为算法输入参数。局部密度代表了给定样本点的邻域内其他样本点的个数,反映了样本的局部疏密程度。

步骤三:计算样本点 s_i 与高于其局部密度样本点之间的最小距离 δ_i,定义为

$$\delta_i = \min_{j\in L} d_{ij} \tag{3-65}$$

式中,$L = \{j \mid \rho_j > \rho_i, 1\leq j\leq M\}$。需要注意的是,对于局部密度最大的样本点,在式(3-65)的定义下并没有意义。对此,定义局部密度最大样本点的最小距离

$\delta_i = \max\limits_{1 \leqslant j \leqslant M} d_{ij}$。样本点最小距离取值的大小体现了样本点为聚类中心的可能性，最小距离值越大，说明这个样本点越有可能是聚类中心。但是，若样本点最小距离值较大，局部密度值较小，则该样本点可能为离群点，因为在其邻域内其他样本点很少。因此，只有样本点的最小距离值和局部密度值都较大时，该样本点才为聚类中心。

步骤四：计算样本点 s_i 的决策值 γ_i，定义为

$$\gamma_i = \rho_i \cdot \delta_i \tag{3-66}$$

选择大于给定阈值 γ_{th} 的样本点作为聚类中心。

步骤五：将剩余样本点归类于距离其较近且局部密度较高的聚类中心。

3.5.2.3 子脉冲干扰抑制

经过上述特征提取和分类鉴别处理后，M 个子脉冲被分成两类，分别是被干扰子脉冲和未被干扰子脉冲。接下来，对被干扰子脉冲在 CFT 域进行干扰抑制处理。

首先，讨论 Chirp-Fourier 逆变换，这将为 CFT 域干扰滤波指明方向。由式（3-51）可知，逆变换并不需要在参数 α、β 两维平面进行，只需要在 β 为任意值的情况下沿着 α 维进行。这说明 CFT 域干扰滤波只需要在 α 维进行。为了使目标和干扰在 α 维具有良好的可分离性，参数 β 的选取应当使线性调频信号在 CFT 域具有最优的能量聚集特性。由被干扰子脉冲 CFT 结果式（3-61）可知，当参数 β 等于线性调频信号的调频率 γ 时，目标和干扰均可以在参数 α 维被聚集为 sinc 函数，且二者的位置不同。

由式（3-61）可知，干扰峰值位置 $\alpha_{\text{J}} = a_m \Delta f - \gamma \left(m T_{\text{sub}} + \tau + T \right)$，但是存在未知参数目标时延 τ 和干扰采样时长 T。对此，可以根据干扰功率大的特点，通过检测包络峰值进行确定。由于干扰信号包络在 CFT 域为 sinc 函数，因此干扰覆盖范围主要是 sinc 函数的主瓣。结合式（3-61），干扰主瓣宽度为 $2/T_{\text{sub}}$，干扰与目标的位置相差 γT。为了更好地抑制干扰并且避免损失目标能量，干扰区域宽度 α_{B} 的选取应满足

$$\frac{2}{T_{\text{sub}}} < \alpha_{\text{B}} < 2\gamma T - \frac{2}{T_{\text{sub}}} \tag{3-67}$$

在此基础上，构建 CFT 域干扰滤波器 $H(\alpha, \gamma)$，可以表示为

$$H(\alpha, \gamma) = \begin{cases} 1, & |\alpha - \hat{\alpha}_{\text{J}}| > \dfrac{\alpha_{\text{B}}}{2} \\ 0, & |\alpha - \hat{\alpha}_{\text{J}}| \leqslant \dfrac{\alpha_{\text{B}}}{2} \end{cases} \tag{3-68}$$

式中，$\hat{\alpha}_1$ 表示估计的干扰峰值位置。

其次，将干扰滤波器与被干扰子脉冲在 CFT 域的结果相乘，完成干扰抑制。最后，通过 Chirp-Fourier 逆变换，得到干扰抑制后的子脉冲信号。

3.5.2.4　子脉冲脉内合成

经过上述 CFT 域干扰滤波处理后，可以认为被干扰子脉冲内的干扰信号已被抑制。此时，各个子脉冲只包含目标回波和噪声信号，第 m 个子脉冲回波信号 $s'_m(t)$ 可以表示为

$$s'_m(t) = \sigma \mathrm{rect}\left(\frac{t - mT_{\mathrm{sub}} - \tau}{T_{\mathrm{sub}}}\right) \exp\left[\mathrm{j}\pi\gamma\left(t - mT_{\mathrm{sub}} - \tau\right)^2\right] \cdot$$
$$\exp\left[\mathrm{j}2\pi a_m \Delta f\left(t - mT_{\mathrm{sub}} - \tau\right)\right]\exp(-\mathrm{j}2\pi f_0\tau) + n'_m(t) \tag{3-69}$$

式中，$n'_m(t)$ 表示干扰抑制后第 m 个子脉冲内的噪声信号。

为了提高脉内频率编码信号的抗干扰性能，通常要求频点间隔 Δf 大于子脉冲带宽 B_{sub}。但是，这会使信号频谱不连续，即存在部分频带没有被占用。此时，若直接将 M 个子脉冲信号时域叠加，进行匹配滤波处理后将会出现栅瓣。M 个子脉冲信号时域叠加后的匹配滤波结果可以表示为

$$s_{\mathrm{pc}}(t) = \sigma M B_{\mathrm{sub}} \mathrm{sinc}\left[\pi B_{\mathrm{sub}}(t - \tau)\right] \sum_{m=-\infty}^{\infty} \mathrm{sinc}\left[\pi M \Delta f\left(t - \tau - \frac{m}{\Delta f}\right)\right] \cdot$$
$$\exp(-\mathrm{j}2\pi f_0\tau) + n_{\mathrm{pc}}(t) \tag{3-70}$$

式中，$n_{\mathrm{pc}}(t)$ 表示脉冲压缩处理后的噪声信号。

由式（3-70）可知，时域叠加后的脉冲压缩结果中不仅在目标位置 $t = \tau$ 处出现主瓣，而且在 $t = \tau + m/\Delta f$ 处出现栅瓣。栅瓣幅度受包络函数 $\mathrm{sinc}(\pi B_{\mathrm{sub}}t)$ 调制。栅瓣的有效个数由子脉冲带宽 B_{sub} 和频点间隔 Δf 共同决定。栅瓣的出现不仅影响目标检测，而且会掩盖弱小目标。因此，需要对子脉冲进行脉内合成处理。由于脉内频率编码信号是在脉内跳频，调频步进频信号是在脉间跳频，并且二者的脉内调制方式都是线性调频，所以调频步进频信号的相参合成方法有两种，分别是时域相参合成方法和频域相参合成方法。其中，时域相参合成方法是在时域对 LFM 信号进行宽带合成，需要对信号进行相位校正。然而，被干扰子脉冲需要在 CFT 域滤波，抑制干扰信号。这个处理流程可能会导致脉内 LFM 信号存在较小程度的相位失真。但是对于时域相参合成方法中的相位校正过程，较小程度的相位失真也会严重影响合成后脉冲压缩结果的旁瓣。因此，时域相参合成方法并不适用于此处的子脉冲脉内合成，而频域相参合成方法是在频域对信号进行频谱重建，只需要对信号进行频移。此外，在计算量和运算效率方面，频域相参合成方

法要优于时域相参合成方法。接下来，具体介绍子脉冲脉内频域相参合成方法。为了简化分析，不考虑子脉冲内噪声信号 $n_m'(t)$。

首先，对各个子脉冲信号进行匹配滤波处理。第 m 个子脉冲的匹配滤波参考信号 $s_m^{\text{ref}}(t)$ 可以表示为

$$s_m^{\text{ref}}(t) = \text{rect}\left(\frac{-t - mT_{\text{sub}}}{T_{\text{sub}}}\right) \exp\left[-j\pi\gamma\left(t + mT_{\text{sub}}\right)^2\right] \exp\left[j2\pi a_m\Delta f\left(t + mT_{\text{sub}}\right)\right] \quad (3\text{-}71)$$

其次，对第 m 个子脉冲的脉冲压缩参考信号 $s_m^{\text{ref}}(t)$ 进行傅里叶变换，得到其频谱 $S_m^{\text{ref}}(f)$，可以表示为

$$S_m^{\text{ref}}(f) = -\sqrt{\frac{-1}{4\gamma}} \text{rect}\left(\frac{f - a_m\Delta f}{B_{\text{sub}}}\right) \exp\left[j\frac{\pi}{\gamma}\left(f - a_m\Delta f\right)^2\right] \exp\left(j2\pi f mT_{\text{sub}}\right) \quad (3\text{-}72)$$

在此基础上，第 m 个子脉冲的脉冲压缩结果的频域表达式 $S_m^{\text{pc}}(f)$ 为

$$S_m^{\text{pc}}(f) = \frac{1}{4\gamma} \text{rect}\left(\frac{f - a_m\Delta f}{B_{\text{sub}}}\right) \exp\left[-j2\pi\left(f + f_0\right)\tau\right] \quad (3\text{-}73)$$

由式（3-73）可知，由于 $\Delta f > B_{\text{sub}}$，若此时直接对各个子脉冲的脉冲压缩结果进行频谱叠加，将会导致信号频谱不连续，进而使脉冲压缩结果存在栅瓣。因此，需要对各个子脉冲的脉冲压缩结果进行频移。第 m 个子脉冲的频移量 δf_m 可以表示为

$$\delta f_m = \frac{2m - M - 1}{2} B_{\text{sub}} - a_m\Delta f \quad (3\text{-}74)$$

根据傅里叶变换的性质，频移可以在时域完成。第 m 个子脉冲频移后的结果 $S_m^{\text{sf}}(f)$ 可以表示为

$$S_m^{\text{sf}}(f) = \frac{1}{4\gamma} \text{rect}\left(\frac{f - \delta f_m - a_m\Delta f}{B_{\text{sub}}}\right) \exp\left[-j2\pi\left(f - \delta f_m + f_0\right)\tau\right] \quad (3\text{-}75)$$

进而，将频移后 M 个子脉冲信号进行频谱叠加，得到子脉冲脉内合成后脉冲压缩结果的频谱 $S_{\text{comb}}(f)$，可以表示为

$$\begin{aligned} S_{\text{comb}}(f) &= \sum_{m=0}^{M-1} S_m^{\text{sf}}(f) \\ &= \frac{1}{4\gamma} \text{rect}\left(\frac{f}{B_{\text{comb}}}\right) \exp\left[-j2\pi\left(f + f_0\right)\tau\right]\varphi \end{aligned} \quad (3\text{-}76)$$

式中，φ 为一个固定相位项，不会对目标的脉冲压缩结果产生影响，$\varphi = \exp\left[j\pi\left(1 - M\right)B_{\text{sub}}\tau\right] \sum_{m=0}^{M-1} \exp\left[j2\pi\left(mB_{\text{sub}} - a_m\Delta f\right)\tau\right]$；$B_{\text{comb}}$ 为脉内合成后信号带宽，$B_{\text{comb}} = MB_{\text{sub}}$。

对 $S_{\text{comb}}(f)$ 进行傅里叶逆变换，得到子脉冲脉内合成后脉冲压缩结果的时域表达式：

$$s_{\text{comb}}(t) = \frac{B_{\text{comb}}}{4\gamma}\text{sinc}\left[\pi B_{\text{comb}}(t-\tau)\right]\exp(-\text{j}2\pi f_0\tau)\varphi \qquad (3\text{-}77)$$

由式（3-77）可知，子脉冲脉内合成后目标脉冲压缩结果的包络为 sinc 函数，并不存在栅瓣。同时，脉冲压缩结果的峰值位于 $t = \tau$ 处，即子脉冲脉内频域合成处理并没有影响目标的距离信息。

3.5.3　仿真实验

本节通过数字仿真实验验证基于 MDCFT 的频率编码波形抗间歇采样转发干扰算法的有效性。为了确保分析的完整性，仿真实验中考虑三种不同的干扰场景，分别是同步采样下间歇采样直接转发干扰、同步采样下间歇采样重复转发干扰及非同步采样下间歇采样重复转发干扰。三种不同干扰场景下的雷达波形和目标参数如表 3.4 所示。

表 3.4　雷达波形和目标参数

参　数	数　值	参　数	数　值
子脉冲数/个	8	子脉冲脉宽/μs	4
子脉冲带宽/MHz	6	频点间隔/MHz	10
载频/GHz	8	目标个数/个	1
距离/km	12.15	速度/(m/s)	212
信噪比/dB	−5	采样频率/MHz	120

1. 仿真实验一

首先分析间歇采样直接转发干扰场景下所提算法的有效性。假设干扰机为同步采样，具体干扰参数如表 3.5 所示。

表 3.5　同步采样下间歇采样直接转发干扰参数

参　数	数　值	参　数	数　值
采样时长/μs	4	采样周期/μs	8
转发次数/次	1	干信比/ dB	30

抗干扰仿真结果如图 3.21 所示。图 3.21（a）所示为间歇采样直接转发干扰场景下时域回波信号。由于干信比为 30dB，可以明显观察到时域不连续的干扰信号。图 3.21（b）所示为未抑制干扰时脉冲压缩结果。脉冲压缩结果中存在大量的假目标，同时真实目标被分布密集的假目标淹没，从而严重影响雷达对真实目标的检测跟踪。图 3.21（c）所示为频域分离后各个子脉冲的频谱。可以看出，只有

4个子脉冲存在干扰信号，这与设计的干扰仿真参数相吻合。同时，由于干扰信号的存在，被干扰子脉冲频谱能量要远远大于未被干扰子脉冲频谱能量。图3.21（d）所示为参数 β 等于线性调频信号调频率时，被干扰子脉冲经过 CFT 处理后在参数 α 维的结果。经过 Chirp-Fourier 变换后，目标和干扰在 α 维的包络都为 sinc 函数，且二者的位置不同。同理，干扰信号的存在会导致被干扰子脉冲 CFT 结果的包络起伏剧烈程度大于未被干扰子脉冲。因此，可以根据子脉冲在频域和 CFT 域的差异性，对各个子脉冲进行分类鉴别。首先提取各个子脉冲在频域的频谱包络起伏度和 CFT 域的归一化幅度方差特征，然后采用 CFSFDP 算法对各个子脉冲进行分类鉴别，分类结果如图3.21（e）所示。接下来，对于被干扰子脉冲，利用目标和干扰在 CFT 域的可分离性，通过 CFT 域滤波处理，可以抑制干扰信号，保留目标回波。图3.21（f）所示为干扰抑制后各个子脉冲时域叠加得到的回波信号，与图3.21（a）所示未抑制干扰时的回波信号对比可知，绝大部分干扰信号被有效抑制，但是回波信号中仍残留少量的干扰。这是由于 CFT 域抑制干扰时，只能滤除能量集中的主瓣及近区旁瓣，无法滤除能量较少且与目标重叠的远区旁瓣。图3.21（g）所示为未脉内频域合成脉冲压缩结果，与图3.21（b）所示未抑制干扰时脉冲压缩结果对比可知，间歇采样直接转发干扰在脉冲压缩后产生的假目标被有效抑制，但是真实目标周围存在稀疏分布的栅瓣。这是由于雷达发射信号频谱不连续，对此，可采用子脉冲脉内频域合成方法进行抑制，其仿真结果如图3.21（h）所示。可以看出，脉内频域合成处理可以有效去除频谱不连续导致的栅瓣，进而实现雷达对真实目标的检测。实验一的仿真结果验证了所提算法可以有效对抗干扰机同步采样下间歇采样直接转发干扰。

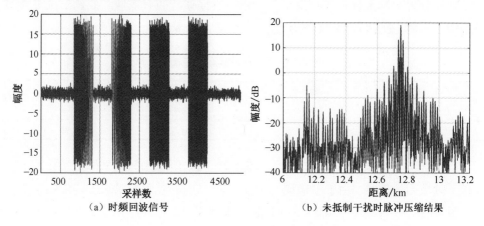

（a）时频回波信号　　　　　　　　（b）未抑制干扰时脉冲压缩结果

图 3.21　实验一的抗干扰仿真结果

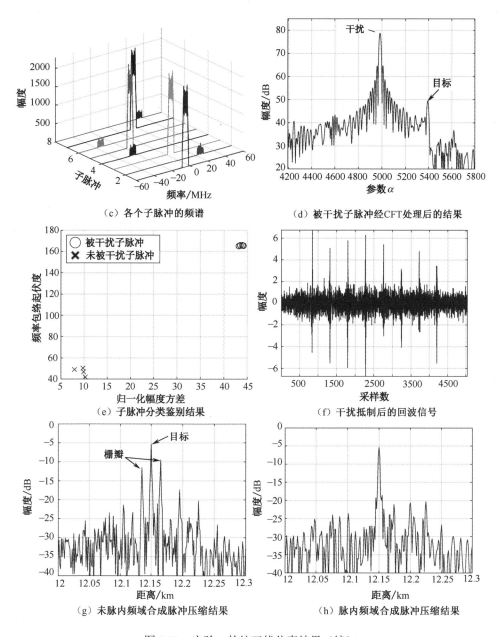

（c）各个子脉冲的频谱

（d）被干扰子脉冲经CFT处理后的结果

（e）子脉冲分类鉴别结果

（f）干扰抵制后的回波信号

（g）未脉内频域合成脉冲压缩结果

（h）脉内频域合成脉冲压缩结果

图 3.21　实验一的抗干扰仿真结果（续）

2. 仿真实验二

接下来，分析间歇采样重复转发干扰场景下所提算法的有效性。假设干扰机仍为同步采样，干扰具体参数如表 3.6 所示。

表 3.6　同步采样下间歇采样重复转发干扰参数

参　数	数　值	参　数	数　值
采样时长/μs	4	采样周期/μs	12
转发次数/次	2	干信比/dB	30

图 3.22 所示为实验二抗干扰仿真结果。图 3.22（a）和图 3.22（b）所示分别为间歇采样重复转发干扰场景下时域回波信号和未抑制干扰时脉冲压缩结果。由于设置的重复转发次数为 2 次，干扰在脉冲压缩后产生了两个假目标群。大量假目标不仅影响雷达对真实目标的检测，而且导致雷达系统资源饱和。图 3.22（c）所示为对回波信号进行频域分离后各个子脉冲的频谱。根据子脉冲频谱能量的不同，可以看出，只有 3 个子脉冲存在干扰信号。图 3.22（d）所示为被干扰子脉冲进行 CFT 处理后沿参数 α 维的结果。可以看出，CFT 结果中存在两个能量较大的峰值，其对应了重复转发两次的干扰信号。同时，这两个干扰与目标所处的位置不同，且能量远远高于目标。接下来，对各个子脉冲进行特征提取分类鉴别，进而可以分开处理未被干扰子脉冲和被干扰子脉冲。图 3.22（e）所示为子脉冲分类鉴别结果。然后通过 CFT 域滤波，抑制被干扰子脉冲内的干扰信号，同时尽可能保留目标回波。图 3.22（f）所示为干扰抑制后各个子脉冲时域叠加得到的回波信号，与图 3.22（a）所示回波信号对比可知，绝大部分干扰信号被有效抑制。虽然此时干扰抑制后的回波信号中存在极少的干扰残留，但是其与雷达发射信号已严重失配，并且能量较小，因而不会在脉冲压缩后形成假目标。图 3.22（g）和图 3.22（h）所示分别为未脉内频域合成脉冲压缩结果及脉内频域合成脉冲压缩结果，可以看出，脉内频域合成可以有效抑制频谱不连续导致的栅瓣。实验二的仿真结果表明，所提算法可以有效对抗干扰机同步采样下间歇采样重复转发干扰。

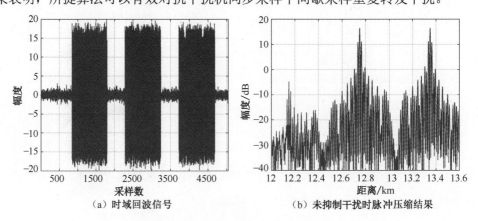

(a) 时域回波信号　　　　　　　(b) 未抑制干扰时脉冲压缩结果

图 3.22　实验二的抗干扰仿真结果

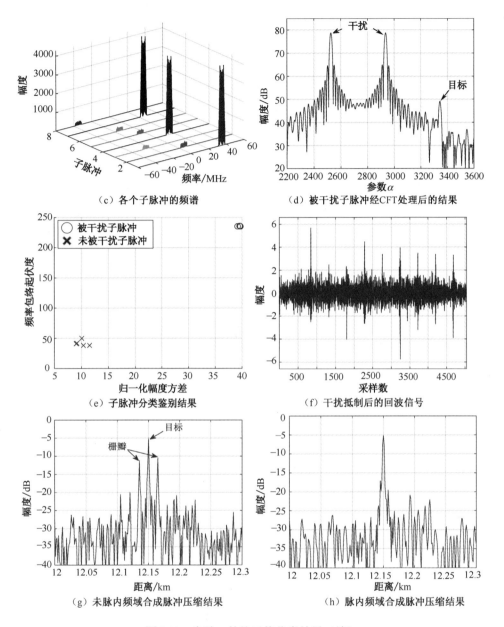

（c）各个子脉冲的频谱

（d）被干扰子脉冲经CFT处理后的结果

（e）子脉冲分类鉴别结果

（f）干扰抵制后的回波信号

（g）未脉内频域合成脉冲压缩结果

（h）脉内频率合成脉冲压缩结果

图 3.22　实验二的抗干扰仿真结果（续）

3. 仿真实验三

与仿真实验二类似，仿真实验三同样分析间歇采样重复转发干扰场景下所提算法的有效性，不同之处在于假设干扰机为非同步采样，具体参数如表 3.7 所示。

表 3.7　非同步采样下间歇采样重复转发干扰参数

参　数	数　值	参　数	数　值
采样时长/μs	2	采样周期/μs	6
转发次数/次	2	干信比/dB	30

图 3.23 所示为实验三抗干扰仿真结果。图 3.23（a）和图 3.23（b）所示分别为时域回波信号和未抑制干扰时的脉冲压缩结果。由于采样时长缩短，干扰信号在时域上更为密集，并且脉冲压缩后假目标群与真实目标之间的间隔也进一步缩小。图 3.23（c）所示为频域分离后各个子脉冲的频谱，大部分子脉冲均被干扰，只有两个子脉冲内没有干扰信号。图 3.23（d）所示为被干扰子脉冲经 CFT 处理后沿参数 α 维的结果。虽然转发干扰信号为部分子脉冲信号，但是经过 CFT 处理后，仍为 sinc 函数。此外，CFT 结果中目标几乎被干扰旁瓣淹没，因而，滤除干扰主瓣和近区旁瓣的干扰抑制方法更为有效。图 3.23（e）所示为子脉冲分类鉴别结果。然后对于被干扰子脉冲，在 CFT 域抑制干扰信号。图 3.23（f）所示为干扰抑制后各个子脉冲时域叠加得到的回波信号，与图 3.23（a）所示回波信号对比可知，绝大部分干扰信号被有效抑制。图 3.23（g）所示为未脉内频域合成脉冲压缩结果，其中干扰产生的假目标被有效抑制，但是雷达发射信号频谱不连续导致脉冲压缩结果中存在栅瓣，影响雷达对真实目标的检测。对此，将各个子脉冲在频域进行脉内合成，结果如图 3.23（h）所示。可以看出，目标周围的栅瓣已经被有效去除，进而可以实现对真实目标的检测。实验三的仿真结果验证了所提算法可以有效对抗非同步采样下间歇采样重复转发干扰。

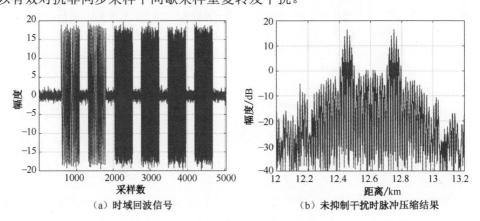

（a）时域回波信号　　　　　　　　（b）未抑制干扰时脉冲压缩结果

图 3.23　实验三的抗干扰仿真结果

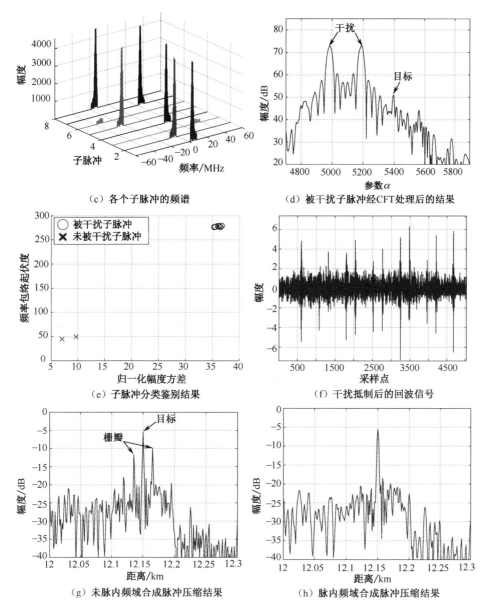

（c）各个子脉冲的频谱

（d）被干扰子脉冲经CFT处理后的结果

（e）子脉冲分类鉴别结果

（f）干扰抵制后的回波信号

（g）未脉内频域合成脉冲压缩结果

（h）脉内频域合成脉冲压缩结果

图 3.23　实验三的抗干扰仿真结果（续）

4. 算法性能分析

本节分析不同干信比条件下所提算法对信干比的改善情况，同时与基于分段脉冲压缩的抗间歇采样转发干扰算法进行对比。信干比改善因子 $\mathrm{IF_{SJR}}$ 的定义为

$$\mathrm{IF_{SJR}} = 10\lg\left(\frac{\mathrm{SJR_{out}}}{\mathrm{SJR_{in}}}\right) \tag{3-78}$$

式中，SJR_{in} 和 SJR_{out} 分别表示干扰抑制前后信号的信干比。

干扰样式采用间歇采样重复转发干扰，并且考虑干扰机同步采样和非同步采样两种情况，其中干信比变化范围为 20~40dB。两种抗干扰算法在同步采样和非同步采样情况下的信干比改善曲线分别如图 3.24（a）和图 3.24（b）所示。图中圆形标记和菱形标记曲线分别代表了所提算法与分段脉冲压缩算法的信干比改善曲线。可以看出，两种情况下所提算法的信干比改善都要优于分段脉冲压缩算法。这是由于分段脉冲压缩算法通过直接舍弃被干扰子脉冲的方式来对抗间歇采样转发干扰，其在抑制干扰的同时也损失了被干扰子脉冲内存在的目标回波。而所提算法对于被干扰子脉冲，利用目标和干扰在变换域的可分离性，通过变换域滤波抑制干扰信号，同时尽可能保留目标回波，提高了算法的抗干扰性能。此外，无论是干扰机同步采样，还是干扰机非同步采样，所提算法的信干比改善都与干信比之间呈非线性。即随着干信比的增加，所提算法干扰抑制后的信干比改善因子变化率逐渐减小。这是由于所提算法在进行变换域滤波时，只能抑制干扰信号的主瓣及近区旁瓣，并未滤除与目标重叠的干扰远区旁瓣。因此，随着干信比的增加，回波信号中残留的干扰能量逐渐增强，干扰抑制后的信干比的改善因子变化率逐渐减小。最后，由所提算法在干扰机同步采样和非同步采样两种情况下的信干比改善曲线可以看出，同步采样下的信干比改善要大于非同步采样。这是由于非同步采样下某些被干扰子脉冲内的干扰信号为整个线性调频信号的一部分。虽然非同步采样下干扰信号经过 CFT 处理后也为 sinc 函数，但是与同步采样下干扰信号 CFT 处理结果相比，其主瓣展宽，与目标重叠的干扰旁瓣能量增加。因此，在经过变换域滤波处理后，非同步采样下回波信号中残留的干扰能量要大于同步采样。

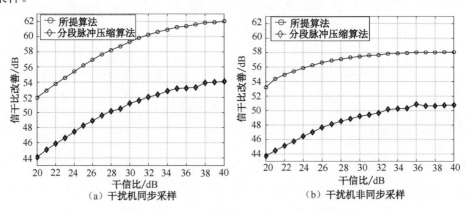

图 3.24　两种抗干扰算法的信干比改善曲线

3.6　小结

在第 2 章的基础上，本章介绍了另外一种雷达波形——脉内频率编码波形，以进一步提高雷达的低截获性能和抗干扰能力。脉内频率编码可以实现子脉冲间的相互掩护来对抗快速转发间歇采样干扰。本章在脉内频率编码波形的基础上，采用不同干扰抑制技术在时域、时频域、分数阶域、CFT 域对抗间歇采样转发干扰。

本章参考文献

[1]　董淑仙，全英汇，沙明辉，等. 捷变频雷达联合脉内频率编码抗间歇采样干扰[J]. 系统工程与电子技术，2022, 44(11): 3371-3379.

[2]　毕金亮. 雷达有源欺骗干扰高效识别算法研究[D]. 成都：电子科技大学，2013.

[3]　张建中，穆贺强，文树梁，等. 基于脉内步进 LFM 波形的抗间歇采样转发干扰方法[J]. 系统工程与电子技术，2019, 41(5): 1013-1020.

[4]　XU X Y, XU S Z, JIN L H, et al. Characteristic analysis of Otsu threshold and its applications[J]. Pattern Recognition Letters, 2011, 32(7): 956-961.

[5]　单佩韦. 时频分析系统及其应用[D]. 上海：华东师范大学，2011.

[6]　BOASHASH B. Time-Frequency Signal Analysis and Processing[M]. Cambridge, MA: Academic Press, 2016.

[7]　杜思予，刘智星，吴耀君，等. 频率捷变波形联合时频滤波器抗间歇采样转发干扰[J]. 系统工程与电子技术，2023, 45(12): 3819-3827.

[8]　祝存海. 基于特征提取的雷达有源干扰信号分类研究[D]. 西安：西安电子科技大学，2017.

[9]　陶然，邓兵，王越. 分数阶 FOURIER 变换在信号处理领域的研究进展[J]. 中国科学 E 辑：信息科学，2006(2): 113-136.

[10]　刘智星，杜思予，吴耀君，等. 脉间-脉内捷变频雷达抗间歇采样干扰方法[J]. 雷达学报，2022, 11(2): 301-312.

[11]　张建中，穆贺强，文树梁，等. 基于脉内 LFM-Costas 频率步进的抗间歇采样干扰方法[J]. 系统工程与电子技术，2019, 41(10): 2170-2177.

[12]　方文. 捷变波形抗雷达新型有源干扰技术研究[D]. 西安：西安电子科技大学，2023.

第 4 章
稀疏频率捷变联合正交频分复用雷达

正交频分复用（Orthogonal Frequency Division Multiplexing，OFDM）雷达作为近年兴起的一种新型体制雷达，具有波形设计灵活、频谱利用率较高、易于数字化处理等优势，被广泛应用于网间通信和目标探测等领域。针对日益复杂的电磁对抗环境，将频率捷变技术应用于 OFDM 雷达，利用其发射子载波的复杂时频特性及捷变的特点，使敌方难以准确估计信号参数并有效实施干扰，有利于雷达在复杂干扰背景下完成目标探测。G. Lellouch 等[1]研究了两种频率捷变 OFDM 雷达信号形式，分别是随机组合式跳频和随机分布式跳频，并分析了两种信号的模糊函数，为频率捷变 OFDM 雷达回波信号的处理提供了思路。本章在此基础上介绍稀疏频率捷变联合正交频分复用（Sparse Frequency Agile Orthogonal Frequency Division Multiplexing，SFA-OFDM）雷达和分组 SFA-OFDM 雷达信号模型及其信号处理技术，针对 SFA-OFDM 雷达体制讨论基于自适应迭代方法（Iterative Adaptive Approach，IAA）的高分辨距离合成、基于期望最大化（Expectation-Maximum，EM）算法的高速多目标参数估计方法和基于随机采样一致性（Random Sample Consensus，RANSAC）算法的高速多目标参数估计方法；针对分组 SFA-OFDM 雷达体制讨论基于改进的正交匹配追踪（Improved Orthogonal Matching Pursuit，IOMP）算法的目标距离-速度超分辨重构方法和基于多信号分类（Multiple Signal Classification，MUSIC）算法的目标距离-速度超分辨估计方法。

4.1　SFA-OFDM 雷达信号处理技术

本节首先建立了 SFA-OFDM 雷达信号模型，接着介绍了 SFA-OFDM 雷达体制下基于 IAA 算法的高分辨距离合成方法、基于 EM 算法和基于 RANSAC 算法的高速多目标参数估计方法。

4.1.1　SFA-OFDM 雷达信号模型

在 SFA-OFDM 雷达系统中，相邻发射脉冲之间的信号载频随机跳变，且单个脉冲宽度内包含多个频率捷变的子载波，从而获得大的时宽带宽积。SFA-OFDM 雷达发射信号示意如图 4.1 所示，其中 T_p 表示脉冲宽度，T_r 表示脉冲重复周期。

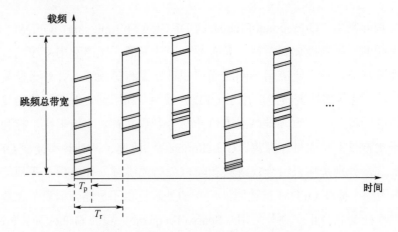

图 4.1　SFA-OFDM 雷达发射信号示意

SFA-OFDM 雷达的发射信号可以写为

$$s_t(t) = \exp(j2\pi f_0 t) \sum_{n=0}^{N-1} u(t - nT_r) \tag{4-1}$$

式中，f_0 表示发射信号的中心载频；N 表示 1 个 CPI 内的脉冲数目；$u(t)$ 表示发射信号的复包络，可以表示为

$$u(t) = \sum_{m=1}^{M} \text{rect}\left(\frac{t}{T_p}\right) \exp\left[j2\pi a(m)\Delta ft\right] \exp\left(j\pi\gamma t^2\right) \tag{4-2}$$

式中，$\text{rect}(\cdot)$ 表示矩形窗函数；$\gamma = B_s/T_p$ 表示调频斜率，B_s 为子载波的带宽；M 为每个脉冲内的子载波数，为了保证频率跳变的随机性需满足 $M_1 > M$，其中 M_1 为总的跳频点数；$a(m)$ 表示频率调制码字，$a(m) \in [0, 1, \cdots, M_1 - 1]$ 是一个随机整数；Δf 为跳频间隔，则每个脉冲内第 m 个子载波的频率可以表示为

$$f_m = f_0 + a(m)\Delta f \tag{4-3}$$

为了保证子载波之间的正交性，选取跳频间隔 $\Delta f = 1/T_p$，在单个脉冲宽度内，发射信号需满足

$$\int_0^{T_p} \exp(j2\pi f_m t)\exp(j2\pi f_n t)dt = \begin{cases} 1, & m = n \\ 0, & m \neq n \end{cases} \tag{4-4}$$

假设雷达观测场景满足远场条件，当存在 G 个目标时，雷达的回波信号可以表示为

$$s_r(t) = \sum_{g=1}^{G} \sum_{n=0}^{N-1} \sum_{m=1}^{M} \left[A_g \text{rect}\left(\frac{t - nT_r - \tau_g^n}{T_p}\right) \exp\left(j2\pi f_m\left(t - nT_r - \tau_g^n\right)\right) \cdot \right.$$
$$\left. \exp\left(j\pi\mu\left(t - nT_r - \tau_g^n\right)^2\right)\right] + \beta(t) \tag{4-5}$$

式中，τ_g^n 表示第 g 个目标回波相对于第 n 个脉冲的时延，$\tau_g^n = 2R_g^n / c = 2\left(R_g - v_g(n-1)T_r\right)/c$，其中 c 表示光速；A_g、R_g 和 v_g 分别表示第 g 个目标的回波幅度、初始距离和径向速度；$\beta(t)$ 表示系统噪声。

回波信号经过下变频处理后得到基带信号，则第 n 个脉冲的信号可以表示为

$$s_{\text{base}}^n(t) = \sum_{g=1}^{G}\sum_{m=1}^{M}\left[A_g \cdot \text{rect}\left(\frac{t-\tau_g^n}{T_p}\right)\exp\left(-j2\pi f_m \tau_g^n\right)\exp\left(j\pi\mu\left(t-\tau_g^n\right)^2\right)\right]+\beta(t) \quad (4\text{-}6)$$

4.1.2　基于 IAA 算法的高分辨距离合成

与基于压缩感知的相参处理方法类似，当雷达探测场景满足稀疏性时，高分辨的谱估计方法也可以用来实现目标的参数估计。而自适应谱估计作为现代高分辨谱估计方法的一个重要研究方向，近年来得到了快速的发展，其中常见的有 Capon 方法、正弦信号幅度相位估计（Amplitude and Phase Estimation of a Sinusoid，APES）方法、亏秩鲁棒 Capon 滤波器组方法及 IAA 算法等[2]。以上方法均能在特定条件下识别非真实频率分量，很大程度上提高了频谱的分辨率。本节采用 IAA 算法实现 SFA-OFDM 雷达目标高分辨距离合成[3]，首先介绍 IAA 算法原理和高分辨距离合成过程，其次通过仿真实验给出了基于 IAA 算法的高分辨距离合成处理结果，并给出基于 CS 算法的高分辨距离合成处理结果。相较于 CS 算法，IAA 算法在低信噪比及信号缺失率较大时，可以更好地完成多目标检测。

4.1.2.1　IAA 算法原理

IAA 算法的基本思想是通过循环迭代，利用上一次迭代的谱估计结果构建信号协方差矩阵，并将其逆矩阵作为加权矩阵代入加权最小二乘中求解此次迭代结果[4]。

考虑观测序列为一个平稳信号：

$$\boldsymbol{y} = \sum_{c=1}^{C}\alpha(\bar{w}_c)\boldsymbol{a}(\bar{w}_c)+\boldsymbol{\varepsilon} \quad (4\text{-}7)$$

式中，$\{\bar{w}_c\}_{c=1}^{C}$ 表示信号中真实存在的 C 个频率分量；$\alpha(\bar{w}_c)$ 表示 $\bar{w}_c$ 的幅值；$\boldsymbol{a}(\bar{w}_c)$ 表示 $\bar{w}_c$ 对应的频率导向矢量；$\boldsymbol{\varepsilon}$ 表示与信号统计独立的高斯白噪声。

假设信号中包含 K 个感兴趣的频率分量 $\{w_k\}_{k=1}^{K}$，则各个频率导向矢量对应的幅值满足以下关系：

$$\alpha(w_k) = \begin{cases} \bar{\alpha}(\bar{w}_c), & w_k = \bar{w}_c \\ 0, & w_k \neq \bar{w}_c \end{cases} \quad (4\text{-}8)$$

IAA 算法本质上是基于加权最小二乘（Weighted Least Squares，WLS）的迭代自适应谱估计方法，它需要解决的优化问题为

$$\min_{\alpha^{l}(w_k)} \left(\boldsymbol{y} - \alpha^{(l)}(w_k) \boldsymbol{a}(w_k) \right)^{\mathrm{H}} \boldsymbol{W}^{(l)} \left(\boldsymbol{y} - \alpha^{(l)}(w_k) \boldsymbol{a}(w_k) \right) \qquad (4\text{-}9)$$

式中，l 表示迭代次数；$\boldsymbol{W}^{(l)}$ 表示第 l 次迭代时的加权矩阵，它是第 $l-1$ 次迭代谱估计结果的协方差矩阵的逆阵，即

$$\boldsymbol{W}^{(l)} = \left[\hat{\boldsymbol{R}}^{(l-1)} \right]^{-1} = \left[\sum_{k=1}^{K} \left| \hat{\alpha}^{(l-1)}(w_k) \right|^2 \boldsymbol{a}(w_k) \boldsymbol{a}^{\mathrm{H}}(w_k) \right]^{-1} \qquad (4\text{-}10)$$

则式（4-9）的解为

$$\hat{\alpha}^{(l)}(w_k) = \frac{\boldsymbol{a}^{\mathrm{H}}(w_k) \boldsymbol{W}^{(l)} \boldsymbol{y}}{\boldsymbol{a}^{\mathrm{H}}(w_k) \boldsymbol{W}^{(l)} \boldsymbol{a}(w_k)} \qquad (4\text{-}11)$$

4.1.2.2　高分辨距离合成

将目标观测场景沿距离向均匀分为 K 个高分辨距离单元，则匹配滤波的输出写为

$$\boldsymbol{s}_{\mathrm{comp}}^{n} = \sum_{g=1}^{G} \sum_{m=1}^{M} \sum_{k=1}^{K} p_k(R_k) \boldsymbol{q}_k(m, R_k) + \boldsymbol{\beta} \qquad (4\text{-}12)$$

式中，$\boldsymbol{q}_k(m, R_k)$ 表示各个高分辨距离单元 R_k 对应的导向矢量，$\boldsymbol{q}_k(m, R_k) = \exp(-\mathrm{j}4\pi a(m)\Delta f R_k / c)$；$p_k(R_k)$ 表示导向矢量对应的幅值，$p_k(R_k) = A' \exp(-\mathrm{j}4\pi f_0 R_k / c)$；$\boldsymbol{\beta}$ 表示噪声向量。

将式（4-9）重写为

$$\min_{p^{l}(R_k)} \left(\boldsymbol{s}_{\mathrm{comp}}^{n} - p^{(l)}(R_k) \boldsymbol{q}(m, R_k) \right)^{\mathrm{H}} \boldsymbol{W}^{(l)} \left(\boldsymbol{s}_{\mathrm{comp}}^{n} - p^{(l)}(R_k) \boldsymbol{q}(m, R_k) \right) \qquad (4\text{-}13)$$

式中，$p^{(l)}(R_k)$ 表示第 l 次迭代的高分辨距离谱估计结果；$\boldsymbol{W}^{(l)}$ 的表达式为

$$\boldsymbol{W}^{(l)} = \left[\hat{\boldsymbol{R}}_{\mathrm{x}}^{(l)} \right]^{-1} = \left[\sum_{k=1}^{K} \left| \hat{p}^{(l-1)}(R_k) \right|^2 \boldsymbol{q}(m, R_k) \boldsymbol{q}^{\mathrm{H}}(m, R_k) \right]^{-1} \qquad (4\text{-}14)$$

则式（4-13）的解为

$$\hat{p}^{(l)}(R_k) = \frac{\boldsymbol{q}^{\mathrm{H}}(m, R_k) \boldsymbol{W}^{(l)} \boldsymbol{s}_{\mathrm{comp}}^{n}}{\boldsymbol{q}^{\mathrm{H}}(m, R_k) \boldsymbol{W}^{(l)} \boldsymbol{q}^{\mathrm{H}}(R_k)} \qquad (4\text{-}15)$$

取最后一次迭代的输出作为最终结果，则由第 n 个脉冲回波重构出的第 g 个目标的高分辨距离单元可以表示为

$$y_g^n = \sum_{k=1}^{K} A_g{}' \delta(k\Delta r - R_g^n) \qquad (4\text{-}16)$$

式中，Δr 表示高分辨距离单元，$\Delta r = c/(2M_1\Delta f)$；$\delta(\cdot)$ 表示单位冲激函数。

4.1.2.3　仿真实验

采用 CS 和 IAA 算法均可以有效重构出目标，合成目标的高分辨距离。为了对比分析以上两种方法的性能，通过 MATLAB 仿真实验验证目标高分辨距离合成的结果。假设存在三个邻近目标，它们位于同一个粗分辨单元，仿真参数如表 4.1 所示。

表 4.1　高分辨距离合成仿真参数表

参　数	数　值	参　数	数　值
脉冲宽度/μs	4	信号带宽/MHz	24
脉冲重复频率/kHz	25	跳频带宽/MHz	9
跳频总数/个	128	初始载频/GHz	14
子载波数/个	64	目标速度/(m/s)	10
粗分辨距离单元索引	290	高分辨距离单元索引	[4,13,20]

由于 SFA-OFDM 雷达是在单个脉冲宽度内同时发射多个频率捷变的子载波，所以对单个脉冲的回波信号进行 CS 或 IAA 处理可获取目标的高分辨距离，其仿真结果如图 4.2 所示。对第一个脉冲中所有子载波的回波进行脉冲压缩，结果如图 4.2（a）所示，其俯视图如图 4.2（b）所示。可以看出，脉冲压缩后只在粗分辨单元索引 290 处出现一个峰值，不能准确分辨三个目标。经过 CS 稀疏恢复后的结果如图 4.2（c）所示，分别在[4,13,20]索引处出现三个峰值，与仿真参数设置一致，说明邻近目标可以准确识别。与图 4.2（c）类似，IAA 距离谱估计的结果如图 4.2（d）所示，同样地，三个目标的高分辨距离谱能够被准确地估计出来。

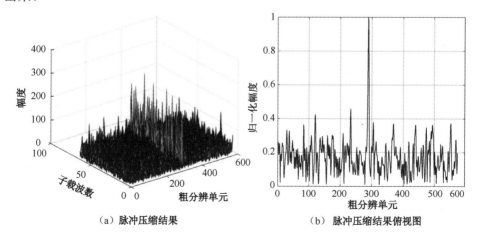

（a）脉冲压缩结果　　　　　　　　（b）脉冲压缩结果俯视图

图 4.2　CS 和 IAA 高分辨距离像合成结果

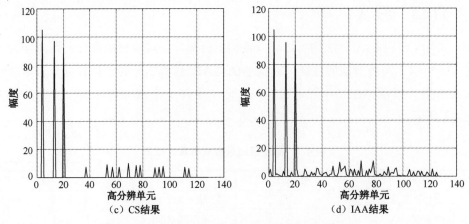

（c）CS结果　　　　　　　　　　（d）IAA结果

图 4.2　CS 和 IAA 高分辨距离像合成结果图（续）

对比图 4.2（c）和图 4.2（d）可以发现，CS 的结果是离散的，只有少数几个非零点，这给后续的恒虚警率（Constant False-Alarm Rate，CFAR）检测带来一定困难，而 IAA 的谱估计结果是连续的，有利于进一步的目标检测。然而，IAA 算法的求解过程中，涉及协方差矩阵的计算及不断迭代的过程，运算复杂度较高。CS 算法和 IAA 算法各有优势和不足，通过 500 次蒙特卡罗仿真实验，对结果进行统计，如表 4.2 所示。可以看出，IAA 算法在相同目标检测概率（假设为 90%）的条件下对输入信噪比、目标稀疏度和信号缺失率的要求均低于 CS 算法。因此，IAA 算法更适用于低信噪比、信号缺失率较大时对较多目标的同时检测。

表 4.2　CS 算法和 IAA 算法性能分析对比表（假设检测概率为 90%）

算法	输入信噪比（dB）	目标稀疏度	信号缺失率
IAA	>−28	<0.07	<0.87
CS	>−24	<0.03	<0.74

4.1.3　基于 EM 算法的高速多目标参数估计

对每个脉冲的回波信号都进行脉冲压缩和稀疏重构处理，可以得到多目标在不同时刻的高分辨距离信息。此时，通常可以通过计算时刻-距离直线的斜率来估计目标的速度。当观测场景中只存在单个目标时，可以采用最小二乘法拟合直线。但是，当观测场景中存在多个目标时，最小二乘法不再适用。本节采用 EM 算法来估计多目标的速度并同时拟合多条时间-距离直线[5]。首先，根据多个目标在不同时刻的高分辨距离信息，建立混合高斯模型（包括模型参数和目标距离、速度参数）。进一步地，采用 EM 算法同时估计模型参数和多个目标的距离、速度信息，并进行多直线拟合[6]。

4.1.3.1　混合高斯模型

采用 IAA 算法实现场景重构，利用单个脉冲的回波信号即可得到一维高分辨距离信息，由第 n 个脉冲回波重构出的第 g 个目标的高分辨距离单元可以表示为式（4-16）。根据式（4-16）构建多个目标的时间-高分辨距离向量：

$$Y = \left[\underbrace{y_1^1 \cdots y_g^1 \cdots y_G^1}_{G} \cdots \underbrace{y_1^N \cdots y_g^N \cdots y_G^N}_{G} \right]_{1 \times (G \times N)} = \left[y_1 \cdots y_j \cdots y_J \right]_{1 \times J} , \tag{4-17}$$

$$g = 1, 2, \cdots, G \quad, \quad j = 1, 2, \cdots, G \times N$$

式中，Y 表示观测数据。由第 n 个脉冲回波重构出的第 g 个目标的距离估计误差可以表示为 $\xi_g^n = y_g^n - R_g^n = y_g^n - (R_g - v_g(n-1)T_r)$，假设它服从参数为 $(0, \Sigma_g)$ 的高斯分布，其分布密度函数为

$$\phi\left(y \mid \Sigma_g, R_g, v_g \right) = \frac{1}{\left(\sqrt{2\pi}\sigma_g \right)} \exp\left(-\frac{\left(y - v_g(n-1)T_r \right)^2}{2\sigma_g^2} \right) \tag{4-18}$$

G 个目标对应的距离测量误差对应 G 个不同参数的高斯分布模型，则混合高斯模型的概率分布为

$$P\left(y \mid \Sigma, R_g, v_g \right) = \sum_{g=1}^{G} \alpha\phi\left(y \mid \Sigma_g, R_g, v_g \right) \tag{4-19}$$

式中，α 表示混合系数，$\alpha = 1/G$；$\Sigma = \left[\Sigma_1 \ \Sigma_2 \ \cdots \ \Sigma_G \right]$。

本节采用 EM 算法估计混合模型参数 Σ 及目标参数 R_g、v_g。

4.1.3.2　EM 算法参数估计

EM 算法是由 Dempester 等于 1977 年提出的一种迭代算法[7]，用于含有隐变量的概率模型参数的极大似然估计。EM 算法的每次迭代都由两步组成：E 步求期望，M 步求极大，所以这一算法又称期望极大算法。本节采用 EM 算法进行参数估计的具体步骤如下。

1. 明确隐变量（写出完全数据的对数似然函数）

如 4.1.3.1 节所述，观测数据 y_j 是已知的，但反映观测数据 y_j 来自第 g 个分模型的数据是未知的，用隐变量 ρ_{jg} 表示，其定义为

$$\rho_{jg} = \begin{cases} 1 & , \quad y_j \text{来自第} g \text{ 个分模型} \\ 0 & , \quad \text{其他} \end{cases} \tag{4-20}$$

则完全数据表示为 $\left(y_j; \rho_{j1}, \rho_{j2}, \cdots, \rho_{jG} \right)$，其对数似然函数为

$$\lg P\left(y, \rho \mid \varSigma, R_g, v_g\right)$$

$$= \lg \prod_{j=1}^{G \times N} P\left(y_j; \rho_{j1}, \rho_{j2}, \cdots, \rho_G \mid \varSigma, R_g, v_g\right) \tag{4-21}$$

$$= \sum_{g=1}^{G}\left\{n_g \lg \alpha + \sum_{j=1}^{G \times N} \rho_{jg}\left[\lg\left(\frac{1}{\sqrt{2\pi}}\right) - \lg \sigma_g - \frac{\left(y_j - \left(R_g - v_g\left(n-1\right)T_r\right)\right)^2}{2\sigma_g^2}\right]\right\}$$

式中，$n_g = \sum_{j=1}^{G \times N} \rho_{jg}$，$\sum_{g=1}^{G} n_g = G \times N$。

2. EM 算法的 E 步（确定迭代函数）

确定迭代函数：

$$Q\left(\varSigma, R_g, v_g, \varSigma^{(i)}, R_g^{(i)}, v_g^{(i)}\right)$$

$$= E\left[\lg P\left(y, \rho \mid \varSigma, R_g, v_g\right) \mid y, \varSigma^{(i)}, R_g^{(i)}, v_g^{(i)}\right] \tag{4-22}$$

$$= \sum_{g=1}^{G}\left\{n_g \lg \alpha + \sum_{j=1}^{G \times N} \hat{\rho}_{jg}\left[\lg\left(\frac{1}{\sqrt{2\pi}}\right) - \lg \sigma_g - \frac{\left(y_j - \left(R_g - v_g\left(n-1\right)T_r\right)\right)^2}{2\sigma_g^2}\right]\right\}$$

式中，i 表示迭代次数；$\hat{\rho}_{jg}$ 的表达式为

$$\hat{\rho}_{jg} = E\left[\rho_{jg}\right] = \frac{\alpha\phi\left(y_j \mid \varSigma_g, R_g, v_g\right)}{\sum_{g=1}^{G} \alpha\phi\left(y_j \mid \varSigma_g, R_g, v_g\right)} \tag{4-23}$$

3. EM 算法的 M 步（求极大值）

迭代的 M 步是求函数 $Q\left(\varSigma, R_g, v_g, \varSigma^{(i)}, R_g^{(i)}, v_g^{(i)}\right)$ 分别关于待估计参数的极大值，即求新一轮迭代的模型参数和目标参数：

$$\begin{cases} \varSigma^{(i+1)} = \arg\max_{\varSigma} Q\left(\varSigma, R_g, v_g, \varSigma^{(i)}, R_g^{(i)}, v_g^{(i)}\right) \\ R_g^{(i+1)} = \arg\max_{R_g} Q\left(\varSigma, R_g, v_g, \varSigma^{(i)}, R_g^{(i)}, v_g^{(i)}\right) \\ v_g^{(i+1)} = \arg\max_{v_g} Q\left(\varSigma, R_g, v_g, \varSigma^{(i)}, R_g^{(i)}, v_g^{(i)}\right) \end{cases} \tag{4-24}$$

求 $\hat{\varSigma}_g$、R_g、$\hat{v}_g$，只需要将式（4-24）分别对 $\hat{\varSigma}_g$、R_g、$\hat{v}_g$ 求偏导并令其为 0，结果为

$$\hat{\varSigma}_g^{(i+1)} = \frac{\sum_{j=1}^{G \times N} \hat{\rho}_{jg}\left(y_j - \left(R_g^{(i)} - v_g^{(i)}\left(n-1\right)T_r\right)\right)^2}{\sum_{j=1}^{G \times N} \hat{\rho}_{jg}} \tag{4-25}$$

$$\hat{R}_g^{(i+1)} = \frac{\sum\limits_{j=1}^{G \times N} \hat{\rho}_{jg} \left(y_j - \hat{v}_g^{(i)} \left(n-1 \right) T_{\mathrm{r}} \right)}{\sum\limits_{j=1}^{G \times N} \hat{\rho}_{jg}} \qquad (4\text{-}26)$$

$$\hat{v}_g^{(i+1)} = \frac{\sum\limits_{j=1}^{G \times N} \hat{\rho}_{jg} \left(y_j - \hat{R}_g^{(i)} \right) \left(\left(n-1 \right) T_{\mathrm{r}} \right)}{\sum\limits_{j=1}^{G \times N} \hat{\rho}_{jg} \left(\left(n-1 \right) T_{\mathrm{r}} \right)^2} \qquad (4\text{-}27)$$

取合适的初值开始迭代，并且不断重复，直至相邻两次估计值相差满足精度要求，则停止迭代。

至此，由式（4-25）～式（4-27）可以得到待估计的混合高斯模型参数和目标参数，利用这些参数进行多直线拟合，$\hat{R}_g$ 和 $\hat{v}_g$ 分别为直线的纵轴截距和斜率。在本节考虑的问题中，$\hat{R}_g$ 和 $\hat{v}_g$ 分别对应了目标的初始距离和径向速度，即目标参数得以估计。

综上所述，EM 算法的信号处理流程如图 4.3 所示[5]。

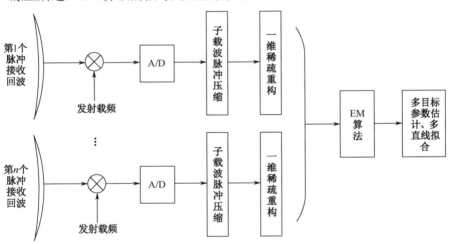

图 4.3　基于 EM 算法的高速多目标距离-速度估计方法的流程

4.1.3.3　仿真实验

为了验证本节提出的基于 EM 算法的高速多目标距离-速度估计方法的有效性，下面分别对单目标和多目标情况进行 MATLAB 仿真。SFA-OFDM 雷达将相互正交的窄带 OFDM 信号与脉间频率捷变技术相结合，每个脉冲同时发射多个频率随机跳变的子载波，同时，相邻脉冲之间的频率也随机跳变，具体的仿真参数如表 4.3 所示。

表 4.3 仿真参数

参　数	数　值	参　数	数　值
脉冲宽度/μs	4	脉冲重复频率/kHz	25
信号带宽/MHz	24	采样频率/MHz	48
子载波数/个	64	中心载频/GHz	14
跳频总数/个	128	跳频带宽/MHz	20
脉冲总数/个	64	输入信噪比/dB	−12
目标距离/m	[3994,4001,4006]	目标速度/(m/s)	[600,1220,5800]

1. 仿真结果

单目标仿真中，单个目标的参数为表 4.3 中第三个目标的参数，初始距离为 4006m，径向速度为 5800m/s。由表 4.3 可见，SFA-OFDM 雷达在每个脉冲宽度内均同时发射 64 个频率捷变的子载波。首先对单个脉冲内所有子载波的回波进行脉冲压缩，进而采用稀疏重构方法获得高分辨距离信息。图 4.4（a）所示为第一个脉冲回波的脉冲压缩结果的俯视图，目标回波能量集中在一个粗分辨距离单元内。图 4.4（b）所示为第一个脉冲回波的 CS 稀疏重构结果，可以得到目标的高分辨距离单元，根据峰值所在的位置计算出目标初始距离为 4006.1m，与真实值之间的误差为 0.02%。类似地，对每个脉冲的回波均进行脉冲压缩和稀疏重构处理，得到不同时刻的高分辨距离信息，画出时间-距离图，如图 4.4（c）所示。将不同时刻的高分辨距离信息作为观测数据，分别采用最小二乘法和 EM 算法进行参数估计，直线拟合的结果如图 4.4（d）和图 4.4（e）所示，直线的纵轴截距代表目标初始距离，斜率代表目标速度，可以求得采用两种方法估计出的速度均为 5798.81m/s，误差 0.02%。图 4.4 的仿真结果表明，对于单个目标而言，最小二乘法和 EM 算法均可以对目标参数进行正确估计，并且由于两种算法在直线拟合时都采用了最小均方误差准则，因此，直线拟合的结果完全相同，直线斜率所表示的目标速度也完全一致。

多目标仿真中，假设观测场景内存在三个恒速运动的目标，参数如表 4.3 所示。采用 EM 算法同时对三个目标的速度进行估计，仿真结果如图 4.5 所示。与图 4.4 类似，图 4.5（a）所示为第一个脉冲回波进行脉冲压缩后的俯视图，图 4.5（b）所示为第一个脉回冲的 CS 稀疏重构结果，根据峰值所在的粗分辨距离单元和高分辨距离单元位置计算出三个目标的距离分别为[3994.1,4001.2,4006.1]m，与真实距离的误差均小于 0.1%。进一步地，分别对 64 个脉冲回波进行稀疏重构，可以得到不同时刻的高分辨距离信息，画出时间-距离图，如图 4.5（c）所示。最后分别采用最小二乘法和 EM 算法对目标进行参数估计，结果如图 4.5（d）和图 4.5（e）

所示。在图 4.5（d）中，拟合结果只有一条直线，它是将每个时刻多个目标的高分辨距离值先取平均，再进行直线拟合，由此拟合出的直线的斜率无法代表真实的目标速度。可以看出，最小二乘法只适用于单目标的情况，不能用于多目标的速度估计。而 EM 算法可以同时拟合出多条直线，采用 EM 算法估计出的目标速度分别为[599.61,1222.70,5801.70]m/s，误差分别为 0.07%、0.22%、0.03%。因此，在一定误差允许范围内，EM 算法可以有效地对多目标的速度同时进行估计。

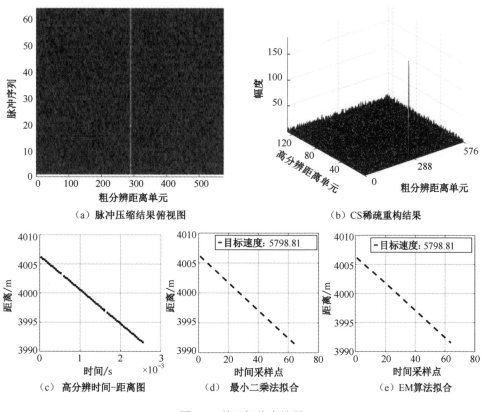

（a）脉冲压缩结果俯视图　　　　　（b）CS稀疏重构结果

（c）高分辨时间-距离图　　（d）最小二乘法拟合　　（e）EM算法拟合

图 4.4　单目标仿真结果

2. 性能分析

为了进一步研究 EM 算法在不同条件下的适用性，下面对不同信噪比条件下的检测概率和不同速度条件下的估计误差进行了分析。

首先，本节研究了当输入信噪比（雷达接收原始回波的信号与噪声的功率之比）在 $-26 \sim -18\text{dB}$ 变化时的检测概率。由表 4.3 可以计算得到脉冲压缩和相参积累增益的理论值分别为 $D_{\text{comp}} = 10 \times \lg(\sqrt{T_\text{p}}) = 9.91\text{dB}$，$D_{\text{cs}} = 10 \times \lg(M) = 18.06\text{dB}$，则总的信噪比增益为 $D_{\text{comp}} + D_{\text{cs}} = 27.97\text{dB}$。此时稀疏重构的输出信噪比的范围为 $2 \sim$

10dB。500 次蒙特卡罗仿真实验的结果如图 4.6 所示。这里的检测概率指的是，采用所提算法同时对多个目标的速度进行估计，误差均小于 5%时，可视为正确检测。从图 4.6 中可以看出，当稀疏重构的输出信噪比低于 3dB 时，无法对目标进行正确的参数估计，所提算法几乎完全失效；随着信噪比的增大，检测概率逐渐提高；当稀疏重构的输出信噪比大于 7dB 时，检测概率为 1，所提算法可以准确地同时对多个目标速度进行估计。

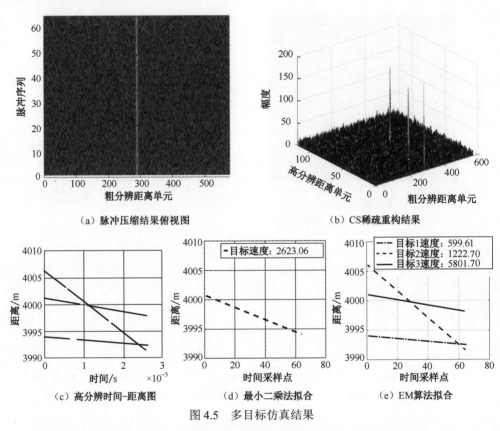

(a) 脉冲压缩结果俯视图   (b) CS稀疏重构结果

(c) 高分辨时间-距离图   (d) 最小二乘法拟合   (e) EM算法拟合

图 4.5 多目标仿真结果

此外，目标本身的速度对所提算法的速度相对估计误差也有影响。设定信噪比为 -12dB，分析不同速度下的相对估计误差，做 500 次蒙特卡罗仿真实验，结果如图 4.7 所示。由表 4.3 所给参数可以计算出当目标速度小于 25.43m/s 时，在一个 CPI 内目标没有跨越一个高分辨距离单元，速度估计值为 0，相对误差为 100%。当目标速度大于临界速度时，在一个 CPI 内目标能够跨越高分辨距离单元，可以近似认为由稀疏重构导致的目标高分辨距离测量误差为一定值。因此，绝对估计误差几乎不随着速度自身的变化而变化，当目标自身速度不断增大时，相对误差逐渐降低，直至目标速度大于 1000m/s 时，相对误差小于 0.1%（可以忽略不计）。

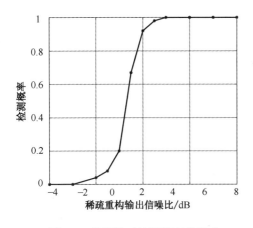

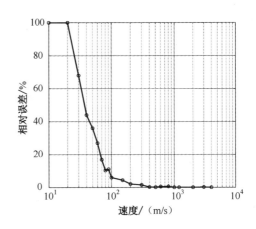

图 4.6　信噪比对检测概率的影响　　　图 4.7　目标速度对估计误差的影响

4.1.4　基于 RANSAC 算法的高速多目标参数估计

如 4.1.3 节所述，EM 算法可以用于多直线的拟合，这一方法虽然可以对高速运动的多目标进行有效的速度估计，但是对目标回波的信噪比要求比较高，当信噪比低于一定门限值时，谱估计的结果中会出现很多无效的噪声点，严重影响 EM 算法的性能，甚至可能导致直线拟合失败。为了解决这一问题，本节设计了一种基于 RANSAC 算法的高速多目标参数估计方法[8]。首先介绍 RANSAC 算法的原理，然后采用 RANSAC 算法估计多个目标的距离、速度信息，最后进行仿真实验。

4.1.4.1　RANSAC 算法

RANSAC 算法最早由 Fischler 和 Bolles 提出，用于解决位置确定问题（Location Determination Problem，LDP）。RANSAC 算法采用迭代方式从一组包含离群的观测数据中估算出数学模型的参数，被广泛应用于直线拟合、平面拟合等方面[9-10]。数据中包含正确数据与异常数据（或称噪声），正确数据记为"内点"，异常数据记为"外点"。其中，"外点"不能适应该模型的数据，它产生的原因有噪声的极值、错误的测量方法、对数据的错误假设等。通常情况下，RANSAC 算法可以假设已知一组有效的正确数据，则至少存在一种方法能够求解出符合给定数据的模型参数。RANSAC 算法是一种不确定算法，它只能在一定概率下产生结果，并且这个概率会随着迭代次数的增加而提高。

设内点在数据中所占的比例为 ρ，迭代次数为 i，则采用 RANSAC 算法得到正确模型的概率为

$$P = 1 - \left(1 - \rho^{\xi}\right)^{(i)} \tag{4-28}$$

式中，ξ 为求解模型所需的最小数据点数。

通过式（4-28）可以求得

$$i = \frac{\lg(1-P)}{\lg(1-\rho^\xi)} \tag{4-29}$$

式中，"内点"的概率 ρ 通常需给定一个先验值；P 为希望 RANSAC 得到正确模型的概率。

4.1.4.2 RANSAC 算法参数估计

本节针对多个目标的数据点构造多个直线模型，基于 RANSAC 算法直线拟合的步骤如下。

步骤一：输入各采样时刻及其对应的高分辨距离，称为观测数据集。

根据式（4-17）可以得到 Y 个观测数据 $\left(t_y, \{R_y\}\right)$，其中 $\{R_y\}$ 为 t_y 时刻多个目标经过稀疏重构得到的高分辨距离，由于噪声点（外点）的存在，$\{R_y\}$ 是一个长度不确定的集合。实际观测数据的个数（内点个数+外点个数）通常会大于理论观测数据的个数（内点个数），满足 $Y \geq G \times N$。

步骤二：输入要拟合的直线数目（目标个数）G。

步骤三：针对每条直线，确定适用于模型的最小数据个数——2，两点确定一条直线。

从观测数据集中随机选取 2 个点，构造直线模型，记为最优直线 R_{best}。第 g 个目标的直线模型可以表示为

$$R_{\text{best}} = \hat{v}_g t + \hat{R}_g \tag{4-30}$$

式中，$\hat{v}_g$ 和 $\hat{R}_g$ 分别表示第 g 条直线的斜率和纵轴截距，与第 g 个目标的速度和距离估计值一一对应。

步骤四：设置阈值 σ，计算各观测点到最优直线的距离 d_y，即

$$d_y = d\left((t_y, R_y), R_{\text{best}}\right) = \frac{\left|\hat{v}_g t_y + \hat{R}_g R_y - R_{\text{best}}\right|}{\sqrt{\hat{v}_g^2 + \hat{R}_g^2}} \tag{4-31}$$

遍历所有数据点，将距离小于阈值 σ 的点加入内点集 I_{in}，否则加入外点集 I_{out}，寻找尽可能多的符合当前最优直线模型的数据点个数 Y_{best}。

步骤五：计算内点集中各数据点距离当前最优直线的均方误差，记为最小均方误差 V_{min}。

步骤六：在下一次迭代中，当符合模型的数据点数大于 Y_{best} 时，则更新 Y_{best}；并且若当前均方误差小于最小均方误差 V_{min}，则更新最小均方误差 V_{min} 和最优直线 R_{best}。

步骤七：重复步骤三至步骤六，同时拟合多条最优直线。

经过大量实验，本节将初始阈值设为 $\sigma = 5 \times 10^{-4}$，迭代次数设为 $i = 1000$。

综上所述，基于 RANSAC 算法的高速多目标距离-速度估计方法的流程如图 4.8 所示[8]。

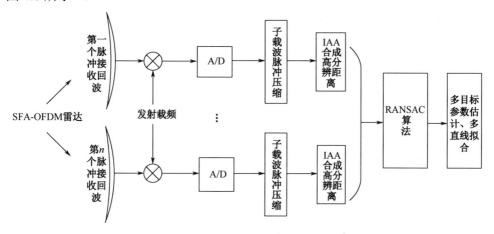

图 4.8　基于 RANSAC 算法的高速多目标距离-速度估计方法的流程

4.1.4.3　仿真实验

与 4.1.3.3 节类似，为了验证基于 RANSAC 算法的高速多目标距离-速度估计方法的有效性，本节分别对不同输入信噪比的情况进行 MATLAB 仿真，具体参数如表 4.4 所示。

表 4.4　仿真参数

参　数	数　值	参　数	数　值
脉冲宽度/μs	4	脉冲重复频率/kHz	25
信号带宽/MHz	24	采样频率/MHz	48
子载波数/个	64	初始载频/GHz	14
跳频总数/个	128	跳频带宽/MHz	20
脉冲总数/个	64	输入信噪比/dB	−12/−28
目标距离/m	[3994,4001,4006]	目标速度/(m/s)	[600,1220,5800]

1. 仿真结果

在高信噪比情况下，取输入信噪比为 −12dB。如表 4.4 所示，在 SFA-OFDM 雷达中的一个 CPI 内有 64 个脉冲，每个脉冲宽度内发射 64 个频率随机跳变的子载波，合成大带宽，距离分辨率得以提高。远场观测场景内存在三个不同距离、不同速度的目标，经过目标散射后，雷达回波信号中包含了目标的时延和多普勒信息。首先对单个脉冲内的所有子载波回波信号进行脉冲压缩后获得粗分辨距离信息，其俯视图如图 4.9（a）所示。再通过 IAA 方法合成高分辨距离像，结果如图 4.9（b）所示。根据峰值所在的位置计算出三个目标的距离分别为[3993.9,4002.4, 4005.7]m，与真实距离的误差均小于 0.1%。进一步地，分别对 64 个脉冲回波采用 IAA 方法合成目标高分辨距离像，得到高分辨时间-距离图，如图 4.9（c）所示。按照 4.1.3 节所述的 EM 算法进行直线拟合的结果如图 4.9（d）所示。将各个脉冲时刻及其对应的高分辨距离信息构成观测数据集，按照 4.1.4.2 节所述步骤，采用 RANSAC 算法同时拟合多条直线，结果如图 4.9（e）所示。对比图 4.9（d）和图 4.9（e）可以看出，两种方法均可同时拟合三条直线，由此估计的目标速度误差均小于 0.9%，且当输入信噪比为 -12dB 时，两种算法都可以有效地对多目标的速度进行估计。

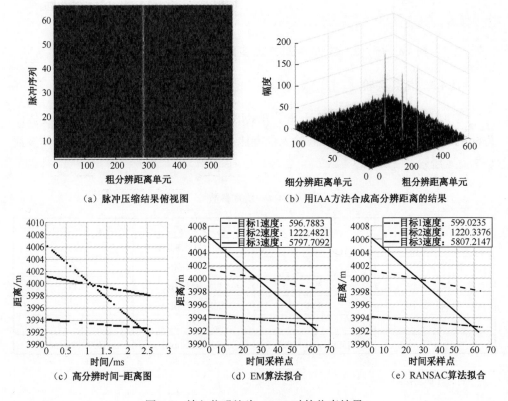

（a）脉冲压缩结果俯视图　　（b）用IAA方法合成高分辨距离的结果

（c）高分辨时间-距离图　　（d）EM算法拟合　　（e）RANSAC算法拟合

图 4.9　输入信噪比为-12dB 时的仿真结果

在低信噪比情况下，取输入信噪比为 -28dB。与图 4.9 相比，图 4.10 为三个目标的时间-距离图。可以看出，当输入信噪比过低时，有大量噪声点出现，这会严重影响直线拟合的性能。EM 算法的直线拟合结果如图 4.10（b）所示，可以看到尽管拟合出了三条直线，但其斜率对应的速度与真实目标速度相差甚远，无法对目标进行正确的参数估计，因此 EM 算法几乎完全失效。而采用 RANSAC 算法进行直线拟合的结果如图 4.10（c）所示，可以看到三条直线被成功拟合，其直线斜率对应的速度分别为[614.19,1195.79,5918.56] m/s，相对误差分别为 2.37%、1.98%、2.04%。在一定误差允许范围内，RANSAC 算法可以有效地同时对多目标的速度进行准确估计。

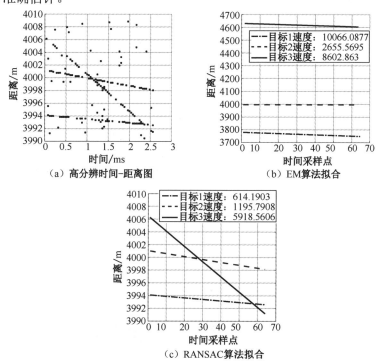

(a) 高分辨时间-距离图　　(b) EM算法拟合

(c) RANSAC算法拟合

图 4.10　输入信噪比为-28dB 时的仿真结果

2. 性能分析

为了进一步研究所提算法在不同条件下的性能，本节分析了不同输入信噪比（接收回波的信噪比）情况下的检测概率及同速度条件下的估计误差。

首先，研究了输入信噪比在 $-32\sim-20$dB（对应输出信噪比为 $-4\sim8$dB）变化时的检测概率，1000 次蒙特卡罗仿真实验的结果如图 4.11 所示。当输入信噪比高于 -21dB 时，两种算法的检测概率均为 1，可以准确地对多个目标的速度进行估计；随着输入信噪比的降低，检测概率逐渐下降。当输入信噪比低于 -26dB 时，EM 算法的检测概率降至 0，而采用 RANSAC 算法的检测概率为 0.8，仍然可以对目标进行参数估计；直至输入信噪比降到 -31dB 时，RANSAC 算法的检测概率也降为 0，无法同时对多个目标速度进行估计。相比 EM 算法，RANSAC 算法对输入信噪比的要求降低了约 5dB，更有利于微弱目标的检测与参数估计。

此外，目标本身的速度也会影响其相对估计误差。设定输入信噪比为 –26dB，分析不同速度下的相对估计误差，进行 1000 次蒙特卡罗仿真实验，结果如图 4.12 所示。与 EM 算法类似，随着目标自身速度的增大，相对误差逐渐减小。然而，对比两条曲线可以看出，当目标速度相同时，RANSAC 算法的相对误差大于 4.1.3 节中所述算法。当目标速度大于 1000m/s 时，EM 算法的相对误差小于 0.1%，可以忽略不计；而同样要使相对误差小于 0.1%，RANSAC 算法则要求目标速度大于 4000m/s。综上所述，RANSAC 算法更适用于输入低信噪比情况下高速运动目标的参数估计。

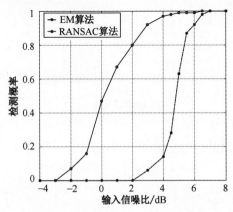
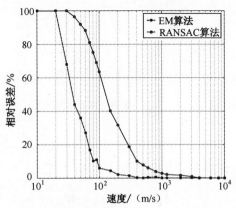

图 4.11　输入信噪比对检测概率的影响　　　图 4.12　目标速度对估计误差的影响

4.2　分组 SFA–OFDM 雷达信号处理技术

本节首先建立了分组 SFA-OFDM 雷达信号模型；其次介绍了分组 SFA-OFDM 雷达体制下脉内子载波合成处理方法、基于 IOMP 算法的目标距离-速度超分辨重构方法[11] 和基于 MUSIC 算法的目标距离-速度超分辨估计方法[12]，并分别进行仿真实验验证算法性能。

4.2.1　分组 SFA-OFDM 雷达信号模型

分组 SFA-OFDM 雷达信号模型如图 4.13 所示。假设分组 SFA-OFDM 雷达在一个 CPI 内共发射 M 个脉冲，每个脉冲由 K 个带宽为 Δf 的子载波组成，且子载波均为窄带线性调频信号。第 m 个脉冲的初始载频为 $f_m = f_0 + a_m B$，$m \in \{0,1,\cdots,M-1\}$，其中：f_0 为初始载频；a_m 为第 m 个脉冲频率编码，$a_m \in \{0,1,\cdots,N-1\}$，$N$ 为总的跳频数，$N > M$；B 为脉间最小跳频间隔，则分组

SFA-OFDM 雷达信号可表示为

$$s_t(t) = \sum_{m=0}^{M-1} s_b(t) \exp(j2\pi f_m t)$$

$$= \sum_{m=0}^{M-1} \sum_{k=0}^{K-1} \omega_k \text{rect}\left(\frac{t-mT_r}{T_p}\right) \exp\left[j\pi\gamma(t-mT_r)^2\right] \exp\left[j2\pi(f_m+k\Delta f)t\right] \quad (4\text{-}32)$$

式中，ω_k 表示第 k 个子载波的加权系数；T_r 和 γ 分别表示脉冲重复周期和调频率；T_p 表示脉冲持续时间；$\text{rect}(\cdot)$ 是矩形窗函数，形式为

$$\text{rect}(x) = \begin{cases} 1, & 0 \leqslant x \leqslant 1 \\ 0, & \text{其他} \end{cases} \quad (4\text{-}33)$$

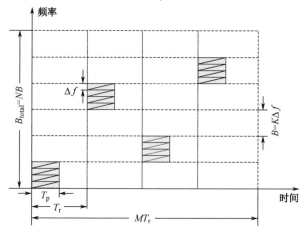

图 4.13　分组 SFA-OFDM 雷达信号模型

假设雷达观测场景中存在一个各向同性的点目标，目标沿着雷达视线匀速运动，其初始径向距离和径向速度分别为 r_0 和 v，则雷达接收到第 m 个回波信号的时延为

$$\tau(t_m) = \frac{2r(t_m)}{c} = \frac{2(r_0 + vt_m)}{c} \quad (4\text{-}34)$$

式中，t_m 表示慢时间，$t_m = mT_r$；c 表示光速。

分组 SFA-OFDM 雷达回波信号可以表示为

$$s_r(t) = \sum_{m=0}^{M-1} \sum_{k=0}^{K-1} \xi \omega_k \text{rect}\left[\frac{t-mT_r-\tau(t_m)}{T_p}\right] \exp\left\{j\pi\gamma\left[t-mT_r-\tau(t_m)\right]^2\right\} \cdot$$

$$\exp\left\{j2\pi(f_m+k\Delta f)\left[t-\tau(t_m)\right]\right\} + \eta(t) \quad (4\text{-}35)$$

式中，ξ 表示目标的后向散射系数；$\eta(t)$ 表示加性高斯白噪声。

由于脉冲间载频是随机捷变的，因此在进行下变频时应与对应的载频相乘。对第 m 个脉冲第 k 个子载波下变频后，可以表示为

$$\begin{aligned}
\hat{s}_{\mathrm{r}}(t) &= s_{\mathrm{r}}(t)\exp\left[-\mathrm{j}2\pi\left(f_m+k\Delta f\right)t\right]\\
&= \exp\left[-\mathrm{j}2\pi\left(f_m+k\Delta f\right)t\right]\sum_{k=0}^{K-1}\xi\omega_k\,\mathrm{rect}\left[\frac{t-mT_{\mathrm{r}}-\tau(t_m)}{T_{\mathrm{p}}}\right]\cdot\\
&\quad \exp\left\{\mathrm{j}\pi\gamma\left[t-mT_{\mathrm{r}}-\tau(t_m)\right]^2\right\}\exp\left\{\mathrm{j}2\pi\left(f_m+k\Delta f\right)\left[t-\tau(t_m)\right]\right\}+\\
&\quad \eta(t)\exp\left[-\mathrm{j}2\pi\left(f_m+k\Delta f\right)t\right]
\end{aligned}\tag{4-36}$$

4.2.2 脉内子载波合成处理

经过下变频后，采用 K 个低通滤波器来分离子载波，每个滤波器的通带与子脉冲的带宽相等，即滤波器的通带为 $[0,\Delta f]$。令 $\hat{\eta}_{m,k}(t)=\eta(t)\cdot\exp\left[-\mathrm{j}2\pi\left(f_m+k\Delta f\right)t\right]$。经过滤波后，第 m 个脉冲的第 k 个子载波表示为

$$\begin{aligned}
s_{m,k}(t) &= \xi\omega_k\,\mathrm{rect}\left[\frac{t-mT_{\mathrm{r}}-\tau(t_m)}{T_{\mathrm{p}}}\right]\exp\left\{\mathrm{j}\pi\gamma\left[t-mT_{\mathrm{r}}-\tau(t_m)\right]^2\right\}\cdot\\
&\quad \exp\left[-\mathrm{j}2\pi f_m\tau(t_m)\right]\exp\left[-\mathrm{j}2\pi k\Delta f\tau(t_m)\right]+\hat{\eta}_{m,k}(t)
\end{aligned}\tag{4-37}$$

将式（4-34）代入（4-37），可得

$$\begin{aligned}
s_{m,k}(t) &= \xi\omega_k\,\mathrm{rect}\left[\frac{t-mT_{\mathrm{r}}-\tau(t_m)}{T_{\mathrm{p}}}\right]\exp\left\{\mathrm{j}\pi\gamma\left[t-mT_{\mathrm{r}}-\tau(t_m)\right]^2\right\}\cdot\\
&\quad \exp\left[-\mathrm{j}4\pi\left(f_m+k\Delta f\right)\frac{r_0}{c}\right]\exp\left[-\mathrm{j}4\pi\left(f_m+k\Delta f\right)\frac{vt_m}{c}\right]+\hat{\eta}_{m,k}(t)
\end{aligned}\tag{4-38}$$

接下来，在时域对 K 个子脉冲进行合成处理。

首先，需要对 K 个子脉冲进行时移操作，这里通过在频域乘以时移相位因子来达到时移的目的。第 k 个时移相位因子可以表示为[13]

$$\phi_k^{\mathrm{time}}=\exp\left[-\mathrm{j}2\pi T_{\mathrm{p}}f_r\left(k+\frac{1-K}{2}\right)\right]\tag{4-39}$$

式中，$f_r\in\left[-f_{\mathrm{s}}/2,f_{\mathrm{s}}/2\right]$，其中 f_{s} 表示采样频率。

经过时移后，第 m 个脉冲的第 k 个子载波表示为

$$\begin{aligned}
\hat{s}_{m,k}(t) &= \mathrm{IFFT}\left\{\phi_k^{\mathrm{time}}\mathrm{FFT}\left[s_{m,k}(t)\right]\right\}\\
&= \xi\omega_k\,\mathrm{rect}\left[\frac{\hat{t}-\tau(t_m)-T_{\mathrm{p}}(k+1/2-K/2)}{T_{\mathrm{p}}}\right]\cdot\\
&\quad \exp\left\{\mathrm{j}\pi\gamma\left[\hat{t}-\tau(t_m)-T_{\mathrm{p}}(k+1/2-K/2)\right]^2\right\}\cdot\\
&\quad \exp\left[-\mathrm{j}4\pi\left(f_m+k\Delta f\right)\frac{r_0}{c}\right]\exp\left[-\mathrm{j}4\pi\left(f_m+k\Delta f\right)\frac{vt_m}{c}\right]+\hat{\eta}_{m,k}(t)
\end{aligned}\tag{4-40}$$

式中，$\hat{t}$ 表示快时间，$\hat{t} = t - mT_r$。

其次，需要通过频移来重构信号的频谱。与时移类似，频移则通过在时域乘以频移相位因子来实现。第 k 个频移相位因子为[13]

$$\phi_k^{\text{fre}} = \exp\left[-j2\pi\Delta f\hat{t}\left(k + \frac{1-K}{2}\right)\right] \tag{4-41}$$

经过频移操作后，第 m 个脉冲的第 k 个子载波表示为

$$
\begin{aligned}
\tilde{s}_{m,k}(t) &= \hat{s}_{m,k}(t)\phi_k^{\text{fre}} \\
&= \xi\omega_k\text{rect}\left[\frac{\hat{t} - \tau(t_m) - T_p(k + 1/2 - K/2)}{T_p}\right]\cdot \\
&\quad \exp\left\{j\pi\gamma\left[\hat{t} - \tau(t_m)\right]^2\right\}\exp\left[-j4\pi f_m'\left(\frac{r_0}{c}\right)\right]\cdot \\
&\quad \exp\left[-j4\pi f_m'\left(\frac{vt_m}{c}\right)\right]\exp\left\{j\pi\gamma\left[T_p\left(k + \frac{1-K}{2}\right)\right]^2\right\} + \hat{\eta}_{m,k}(t)
\end{aligned}
\tag{4-42}
$$

式中，$f_m' = f_m - \left[(1-K)/2\right]\Delta f$。

在式（4-42）中，由于相位 $\exp\left\{j\pi\gamma\left[T_p\left(k + (1-K)/2\right)\right]^2\right\}$ 的存在，子脉冲合成后的信号相位在子脉冲的边界是不连续的。因此，需要对每个子脉冲信号的相位进行修正。第 k 个相位修正因子为[13]

$$\phi_k^{\text{corr}} = \exp\left\{-j\pi\gamma\left[T_p\left(k + \frac{1-K}{2}\right)\right]^2\right\} \tag{4-43}$$

经过相位修正后，第 k 个子脉冲为

$$
\begin{aligned}
\breve{s}_{m,k}(\hat{t}) &= \xi\omega_k\text{rect}\left[\frac{\hat{t} - \tau(t_m) - T_p(k + 1/2 - K/2)}{T_p}\right]\exp\left\{j\pi\gamma\left[\hat{t} - \tau(t_m)\right]^2\right\}\cdot \\
&\quad \exp\left[-j4\pi f_m'\left(\frac{r_0}{c}\right)\right]\exp\left[-j4\pi f_m'\left(\frac{vt_m}{c}\right)\right] + \hat{\eta}_{m,k}(t)
\end{aligned}
\tag{4-44}
$$

为了简化分析，令 $\omega_k = 1$。为了获得合成后的线性调频信号，将经过相位修正后的 K 个子载波在时域进行叠加，则第 m 个合成后的线性调频信号可以表示为

$$
\begin{aligned}
S_m(\hat{t}) &= \sum_{k=0}^{K}\breve{s}_{m,k}(\hat{t}) \\
&= \sum_{k=0}^{K}\xi\omega_k\text{rect}\left[\frac{\hat{t} - \tau(t_m) - T_p(k + 1/2 - K/2)}{T_p}\right]\exp\left\{j\pi\gamma\left[\hat{t} - \tau(t_m)\right]^2\right\}\cdot \\
&\quad \exp\left[-j4\pi f_m'\left(\frac{r_0}{c}\right)\right]\exp\left[-j4\pi f_m'\left(\frac{vt_m}{c}\right)\right] + \hat{\eta}_m(t)
\end{aligned}
\tag{4-45}
$$

从式（4-45）中可以看出，经过子载波合成后，K 个子载波被合成为带宽为 $K\Delta f$、脉宽为 KT_p 的线性调频信号，且信号的载频 f'_m 在脉冲间随机跳变。因此，经过子脉冲合成后，分组 SFA-OFDM 雷达可等效为传统的脉间频率捷变雷达[14]。图 4.14 展示了子载波合成处理的过程。

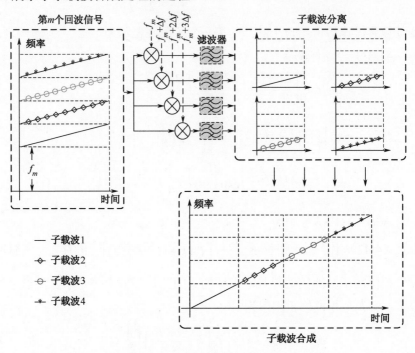

图 4.14 子载波合成处理过程示意

经过脉冲压缩后，第 m 个脉冲可表示为

$$
\begin{aligned}
\hat{S}_m(\hat{t}) &= S_m(\hat{t}) \otimes \tilde{S}^*(-\hat{t}) \\
&= \xi' \operatorname{sinc}\left\{\pi B\left[\hat{t} - \tau(t_m)\right]\right\} \cdot \\
&\quad \exp\left\{j\pi\gamma\left[\hat{t} - \tau(t_m)\right]^2\right\} \exp\left\{-j4\pi\left[f_0 - \frac{1-K}{2}\Delta f\right]\left(\frac{r_0}{c}\right)\right\} \cdot \\
&\quad \exp\left[-j4\pi a_m B\left(\frac{r_0}{c}\right)\right] \exp\left[-j4\pi f'_m\left(\frac{vt_m}{c}\right)\right] + \hat{\eta}_m(\hat{t})
\end{aligned}
\tag{4-46}
$$

式中，$\tilde{s}(\hat{t}) = \operatorname{rect}\left[\hat{t}/(KT_p)\right]\exp(j2\pi\gamma\hat{t}^2)$；$\otimes$ 表示卷积操作；$\xi' = \xi\delta$，其中 δ 表示脉冲压缩增益。

4.2.3 基于 IOMP 算法的目标距离–速度超分辨重构

压缩感知理论基于稀疏先验信息，通过求解非线性最优化问题可实现对原始信号的精确重建。通常情况下，雷达观测场景中的目标数量是有限的，即雷达回波信号在距离-速度域是稀疏的。因此，可利用压缩感知算法进行目标信息高分辨重构。压缩感知理论构造字典矩阵常用 OMP 算法，但为了提高分辨率，划分网格的尺寸不断减小，字典矩阵的列数急剧增大，OMP 算法的运算量也急剧增加。为了在提高分辨率的同时降低算法的计算量，本节在 OMP 算法的基础上，采用 IOMP 算法。首先介绍了基于 IOMP 算法的目标距离-速度超分辨重构处理方法，其次分析了算法得到的距离和速度分辨率及算法计算复杂度，最后进行了仿真实验。

4.2.3.1　目标距离-速度超分辨重构处理

首先，将感兴趣的距离和速度均匀地划分为 $X \times Y$ 个网格，$x \in \{1, 2, \cdots, X\}$ 为高分辨距离单元索引，$y \in \{1, 2, \cdots, Y\}$ 为速度单元索引。定义变量[11]：

$$
\begin{cases}
\zeta_{x,y} = \xi'_{x,y} \, \mathrm{sinc}\left\{\pi B\left[\hat{t} - \tau_{x,y}(t_m)\right]\right\} \chi_x \\[2mm]
\chi_x = \exp\left\{-\mathrm{j}4\pi\left[f_0 - \dfrac{1-K}{2}\Delta f\right]\left(\dfrac{r_x}{c}\right)\right\} \\[2mm]
\varphi_x(m) = \exp\left\{-\mathrm{j}4\pi\left[a(m)B\right]\left(\dfrac{r_x}{c}\right)\right\} \\[2mm]
\varphi_y(m) = \exp\left[-\mathrm{j}4\pi f'_m \dfrac{v_y t_m}{c}\right] \\[2mm]
r_x = x\Delta r \\[1mm]
v_y = y\Delta v \\[1mm]
1 \leqslant x \leqslant X \\[1mm]
1 \leqslant y \leqslant Y
\end{cases}
\tag{4-47}
$$

式中，φ_x 和 φ_y 分别表示距离相位项和速度相位项；Δr 表示距离分辨率；Δv 表示速度分辨率。

其次，雷达回波信号对应的第 x 个高分辨距离单元的第 y 个速度单元可以写为

$$
s_{x,y}(\hat{t}) = \xi_{x,y} \varphi_x(m) \varphi_y(m) + \hat{\eta}_m(\hat{t})
\tag{4-48}
$$

构建如下完备字典矩阵：

$$
\boldsymbol{\Psi} = \Big\{ \underbrace{\boldsymbol{\psi}_{1,1} \cdots \boldsymbol{\psi}_{1,Y}}_{Y} \cdots \underbrace{\boldsymbol{\psi}_{X,1} \cdots \boldsymbol{\psi}_{X,Y}}_{Y} \Big\}_{M \times (XY)}
\tag{4-49}
$$

$$
\boldsymbol{\psi}_{x,y} = \left[\boldsymbol{\varphi}_x \odot \boldsymbol{\varphi}_y \right]
\tag{4-50}
$$

$$
\boldsymbol{\varphi}_x = \left[\varphi_x(1)\ \varphi_x(2)\ \cdots\ \varphi_x(M) \right]^{\mathrm{T}}
\tag{4-51}
$$

$$
\boldsymbol{\varphi}_y = \left[\varphi_y(1)\ \varphi_y(2)\ \cdots\ \varphi_y(M) \right]^{\mathrm{T}}
\tag{4-52}
$$

进一步可得到雷达回波信号的压缩感知模型：

$$x = \Psi\theta + e \tag{4-53}$$

式中，e 表示噪声向量；x 表示观测向量；θ 表示待重构向量。

最后，利用所构建的压缩感知模型，通过求解如下 l_1 范数最优问题则可实现对原始信号的重构：

$$\hat{\theta} = \arg\min\|\theta\|_1 \quad \text{s.t.} \|x - \Psi\theta\|_2 \leqslant \varepsilon \tag{4-54}$$

式中，$\|\cdot\|_i$ 表示向量的 i- 范数；$\hat{\theta}$ 表示待重构向量 θ 的估计值；$\varepsilon = \|e\|_2$ 表示噪声，它可以从回波信号中进行估计。

从式（4-47）中可以看出，雷达的距离和速度分辨率与划分的网格大小有关。为了提高距离和速度分辨率，需减小划分的网格尺寸。但随着网格尺寸的不断减小，字典矩阵的列数则会急剧增大。因此，采用 OMP 算法的运算量也急剧增加。为了在提高分辨率的同时降低算法的计算量，本节在 OMP 算法的基础上，提出了一种 IOMP 算法。

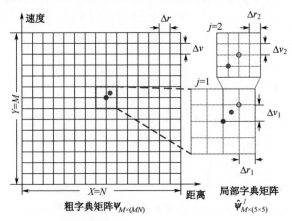

图 4.15　字典矩阵构建示意

如图 4.15 所示，首先，构建一个大小为 $M \times (MN)$ 的粗字典矩阵 Ψ，并在矩阵 Ψ 中寻找出与观测向量 x 最相关的原子，可获得目标的大致的距离-速度信息（图中的深色点），而目标的真实距离（图中浅色点）必然落在利用粗字典矩阵估计的目标距离和速度附近。因此，在满足距离和速度估计精度的要求下，在局部对字典矩阵进行细分，构建一个局部字典矩阵 $\hat{\Psi}^j$。其次，利用局部字典矩阵，对目标的距离和速度进行估计；这样不仅减小网格失配带来的误差，也减少 OMP 算法的迭代次数。为了使算法收敛速度更快，本节采用迭代细化的方式从局部字典矩阵中选出与观测向量最相关的原子。最后，利用该原子重构出目标的距离和速度。这里假设通过 J 次迭代从局部字典矩阵中寻找最相关的原子。为了提高算法效率，本节预先构建 J 个细字典矩阵，第 j 个细字典矩阵 $\overline{\Psi}^j$ 大小为 $M \times \left(\left(2^j \left(M-1 \right) +1 \right) \cdot \left(2^j \left(N-1 \right) +1 \right) \right)$。第 j 个局部字典矩阵 $\hat{\Psi}^j$ 可直接在细字典矩阵 $\overline{\Psi}^j$ 中选取，其大小为 $M \times \left(5 \times 5 \right)$。算法具体流程如下。

输入：测量向量 $x_{1 \times M}$；粗字典矩阵 $\Psi_{M \times (MN)}$；细字典矩阵 $\overline{\Psi}^j$；稀疏度 $\hat{K}$ 或误差门限 ε。

输出：θ 的估计值 $\hat{\theta}$。

步骤一：初始化迭代次数 $k=1$，初始化基向量索引 $\Lambda_0 = \{\varnothing\}$ 及残差 $\hat{r}_0 = x$。

步骤二：计算残差与粗字典矩阵的相关性，并通过求解 $\lambda_k = \underset{i=1,\cdots,MN}{\arg\max} \left| \langle \hat{r}_{k-1}, \Psi_{Mi} \rangle \right|$ 得到位置索引 λ_k。

步骤三：初始化迭代次数 $j=1$，位置索引 $\lambda'_{k,1} = \lambda_k$。

步骤四：根据 $\lambda'_{k,j}$ 从细字典矩阵 $\overline{\Psi}^j$ 中选取局部字典矩阵 $\hat{\Psi}^j$。

步骤五：通过求解 $\lambda''_{k,j+1} = \underset{i=1,\cdots,5 \times 5}{\arg\max} \left| \langle \hat{r}_{k-1}, \hat{\Psi}^j_{Mi} \rangle \right|$ 得到位置索引 $\lambda''_{k,j+1}$。

步骤六：计算向量 $\hat{\Psi}^j_{M\lambda''_{k,j+1}}$ 在细字典矩阵中的 $\overline{\Psi}^j$ 的位置，即 $\lambda'_{k,j+1}$。

步骤七：若 $j > J$，停止迭代；否则 $j=j+1$，返回步骤四。

步骤八：更新原子集合 $\tilde{\Psi}_k = \tilde{\Psi}_{k-1} \cup \left\{ \overline{\Psi}^J_{M\lambda'_{k,j+1}} \right\}$。

步骤九：利用最小二乘求得近似解 $\hat{\theta}_k = \underset{\theta}{\arg\min} \left\| x - \tilde{\Psi}_k \theta \right\|_2$。

步骤十：更新残差 $\hat{r}_k = x - \tilde{\Psi}_k \hat{\theta}_k$，$k=k+1$；若 $k \geq \hat{K}$ 或 $\left\| \hat{r}_k \right\|_2 \leq \varepsilon$，则停止迭代；否则，返回步骤二。

4.2.3.2　距离和速度分辨率分析

分组 SFA-OFDM 雷达经过子载波合成处理后，其带宽为 $B = 2K\Delta f$。因此，粗距离分辨率为

$$\Delta R = \frac{c}{2B} = \frac{c}{2K\Delta f} \tag{4-55}$$

雷达最大不模糊距离为

$$r_{\max} = \frac{cT_r}{2} \tag{4-56}$$

高分辨率意义下的不模糊距离为

$$r_{\max}^{\text{HRR}} = \frac{c}{2K\Delta f} \tag{4-57}$$

由于最小跳频间隔与脉冲带宽相等，因此，$\Delta R = r_{\max}^{\text{HRR}}$。本节将感兴趣的距离和速度均匀地划分为二维的网格，因而雷达的距离分辨率可以表示为

$$\Delta r = \frac{\Delta R}{2^j N} = \frac{c}{2K\Delta f \cdot 2^j N} \tag{4-58}$$

根据脉冲重复周期，分组 SFA-OFDM 雷达的最大不模糊速度为

$$v_{\max} = \frac{\lambda}{2T_r} = \frac{c}{2T_r f_0} \tag{4-59}$$

类似地，雷达的速度分辨率为

$$\Delta v = \frac{v_{\max}}{2^j M} = \frac{c}{2T_r f_0 \cdot 2^j M} \tag{4-60}$$

4.2.3.3　计算复杂度分析

本节主要通过统计浮点数运算次数来评估 IOMP 算法的计算复杂度。IOMP 算法的计算复杂度分析如下（这里仅分析复杂度较高的运算步骤）。

在 IOMP 算法中，粗字典矩阵 $\boldsymbol{\Psi}$ 的大小为 $M \times (MN)$，$\hat{\boldsymbol{r}}_{k-1}$ 为 $1 \times M$ 的向量，在 4.2.3.1 节介绍的步骤二中，执行矩阵的乘法 $\hat{\boldsymbol{r}}_{k-1}\boldsymbol{\Psi}$ 需 $MN(2M-1)$ 次浮点数运算，则其计算复杂度为 $O(M^2 N)$。在 4.2.3.1 节介绍的步骤五中，局部字典矩阵的大小为 $M \times (5 \times 5)$，其与步骤二执行相同的运算，因此步骤五共需 $5^2(2M-1)$ 次浮点数运算，其计算复杂度为 $O(M)$。在 4.2.3.1 节介绍的步骤九中，需要求解最小二乘问题，将矩阵 QR 分解为[15]

$$\hat{\boldsymbol{\theta}}_k = \left(\tilde{\boldsymbol{\Psi}}_k^{\text{T}}\tilde{\boldsymbol{\Psi}}_k\right)^{-1}\tilde{\boldsymbol{\Psi}}_k^{\text{T}}\boldsymbol{y} = \left(\boldsymbol{R}^{\text{T}}\boldsymbol{R}\right)^{-1}\boldsymbol{R}^{\text{T}}\boldsymbol{Q}^{\text{T}}\boldsymbol{y} \tag{4-61}$$

式中，$\tilde{\boldsymbol{\Psi}}_k = \boldsymbol{QR}$。利用改进的 Gram-Schmidt 算法，$\tilde{\boldsymbol{\Psi}}_{k-1}$ 的 QR 分解被用来计算 $\tilde{\boldsymbol{\Psi}}_k$ 的 QR 分解。这种方法可有效降低运算量，其运算量为 $4kM + 3M + 2k^2 + k + 1$ 次浮点数运算。因此，在 4.2.3.1 节介绍的步骤九的计算复杂度为 $O(kM)$。在 4.2.3.1 节介绍的步骤十为向量矩阵的乘积和减法，分别需要 $(2k-1)M$ 次和 M 次浮点数运算，其计算复杂度为 $O(kM)$。

根据上面的分析可以看出，IOMP 算法第 k 次迭代的计算复杂度可表示为

$$O\left(M^2 N + JM + kM + kM\right) = O\left((MN)M\right) \tag{4-62}$$

由式（4-62）可得，IOMP 算法总的计算复杂度为 $O\left((MN)\hat{K}M\right)$。在相同的情况下，传统的 OMP 算法的复杂度为 $O\left(\left(2^j(M-1)+1\right)\left(2^j(N-1)+1\right)\hat{K}M\right)$[15]，可以看出，本节所提 IOMP 算法的计算复杂度远小于传统 OMP 算法的计算复杂度。

4.2.3.4　仿真实验

1. 雷达仿真场景建模及参数设置

假设雷达观测场景中共包含三个运动目标，目标的距离和速度分别为目标 1：[1008.5m,128m/s]，目标 2：[1008.5m,78m/s]，目标 3：[1009.9m,78m/s]。噪声为高斯白噪声且信噪比为 0dB。雷达仿真参数如表 4.5 所示。

表 4.5　雷达仿真参数

参数类型	符　号	数　值
子载波数/个	K	4
脉冲数/个	M	64
跳频总数/个	N	128
脉冲宽度/μs	T_p	4
脉冲重复周期/μs	T_r	40
子载波带宽/MHz	Δf	6
跳频间隔/MHz	B	24
调频率/(MHz/μs)	γ	1.5
初始载频/GHz	f_0	14
采样率/MHz	f_s	24

如图 4.16 所示，分组 SFA-OFDM 雷达在一个 CPI 内共发射 64 个脉冲，载频跳变范围为 14～17.072GHz。每个脉冲包含 4 个子载波，带宽为 24MHz，则脉冲压缩后的粗分辨距离为 6.25m。雷达总带宽为 3.072GHz，对应的高分辨距离为 0.0488m（$j=0$），速度分辨率为 4.2m/s（$j=0$）。

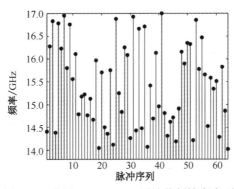

图 4.16　分组 SFA-OFDM 雷达载频捷变序列

2. 目标距离-速度超分辨重构

如图 4.17 所示，经过脉冲压缩后，由于目标之间的距离小于粗距离分辨率，因此三个目标在同一个距离单元内。采用 OMP 算法和 IOMP 算法的目标距离-速度重构结果如图 4.18 所示。其中，采用 IOMP 算法时局部字典矩阵更新迭代了两次，即 $J=2$。图 4.18（a）所示为采用 OMP 算法利用粗字典矩阵的重构结果。图 4.18（b）所示为采用 OMP 算法利用细字典矩阵的重构结果。可以看出，采用粗字典矩阵和细字典矩阵均能有效重构出三个目标的距离和速度。但由于采用细字典矩阵的分辨率更高，因此重构出来的误差更小。但与粗字典矩阵相比，细字典矩阵的列数更多，导致采用 OMP 算法的运算量更高。图 4.18（c）所示为采用 IOMP 算法的重构结果。从图 4.18（c）中可以看出，目标距离和速度重构结果与图 4.18（b）相同，这表明采用局部字典矩阵迭代的方法不仅能够获得与细字典矩阵相同的分辨率，而且可以有效降低运算量。仿真结果进一步证明了所提基于 IOMP 算法的 SFA-OFDM 雷达信号处理方法的有效性。

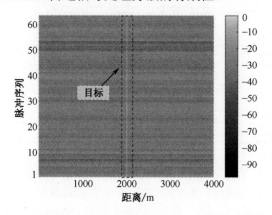

图 4.17　分组 SFA-OFDM 雷达脉冲压缩结果（三个目标）

3. 算法运行时间分析

采用 OMP 算法和 IOMP 算法运行所消耗的时间如图 4.19 所示。该仿真仅考虑单个粗分辨距离单元在不同稀疏度下的处理。其中方框曲线和圆圈曲线分别表示在采用细字典矩阵 $\boldsymbol{\varPsi}^{J}$ 和粗字典矩阵 $\boldsymbol{\varPsi}_{M\times(MN)}$ 下利用 OMP 算法重构时所消耗的时间。标*的曲线表示采用 IOMP 算法重构时所消耗的时间。从图 4.19 中可以看出，随着稀疏度的增加，算法的运行时间均会增加。当通过 OMP 算法采用细字典矩阵重构时，由于矩阵列数的增加，算法的运行时间也急剧增加。而当采用 IOMP 算法时，采用迭代的方法利用细字典矩阵来更新局部字典矩阵 $\boldsymbol{\varPsi}^{j}$，进而获得与观测向量最相关的原子，不需要通过搜索细字典矩阵的每一列来寻找最相关的原子。因此，IOMP 算法极大地缩短了算法的运行时间。

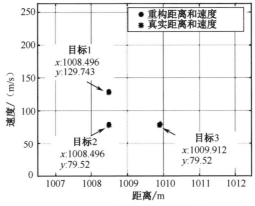

（a）OMP算法（粗字典矩阵）

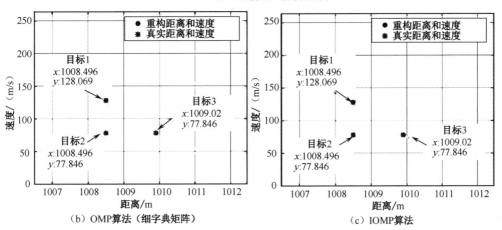

（b）OMP算法（细字典矩阵）　　　　　　　　（c）IOMP算法

图 4.18　采用 OMP 算法和 IOMP 算法时目标距离-速度重构的结果

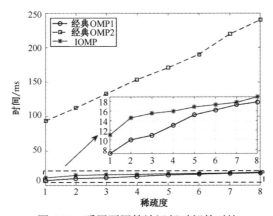

图 4.19　采用不同算法运行时间的对比

4.2.4 基于 MUSIC 算法的目标距离-速度超分辨估计

MUSIC 算法由 R. O. Schmidt 于 1986 年提出，是一种高分辨率的波达方向（Direction of Arrival，DOA）估计算法，在阵列信号处理中可用于获得超分辨率参数估计[16]。本节将阵列信号处理的 MUSIC 算法应用到分组 SFA-OFDM 雷达体制上进行目标距离-速度超分辨估计[12]，首先介绍了基于 MUSIC 算法的目标距离-速度超分辨估计方法，其次分析了采用算法得到的距离和速度分辨率，最后利用仿真实验说明了算法的有效性。

4.2.4.1 目标距离-速度联合超分辨估计

为了方便分析，式（4-46）可以改写为

$$\hat{S}_m\left(\hat{t}\right) = A\left(\hat{t}\right)\varphi_r\left(m\right)\varphi_v\left(m\right) + \hat{\eta}_m\left(\hat{t}\right) \tag{4-63}$$

式中

$$A\left(\hat{t}\right) = \xi' \operatorname{sinc}\left\{\pi B\left[\hat{t} - \tau\left(t_m\right)\right]\right\}\exp\left\{j\pi\gamma\left[\hat{t} - \tau\left(t_m\right)\right]^2\right\} \cdot$$
$$\exp\left\{-j4\pi\left[f_0 - \frac{1-K}{2}\Delta f\right]\left(\frac{r_0}{c}\right)\right\} \tag{4-64}$$

$$\varphi_r\left(m\right) = \exp\left[-j4\pi a_m B\left(\frac{r_0}{c}\right)\right] \tag{4-65}$$

$$\varphi_v\left(m\right) = \exp\left[-j4\pi f_m'\left(\frac{vt_m}{c}\right)\right] \tag{4-66}$$

接下来，将雷达接收的 M 个脉冲重排为数据矩阵的形式，则回波数据矩阵可以表示为

$$\boldsymbol{S} = \boldsymbol{a}(r) \odot \boldsymbol{a}(v)A + \boldsymbol{\eta} \tag{4-67}$$

式中，$\odot$ 表示哈达玛乘积。

$$\boldsymbol{S} = \left[\hat{S}_0\left(\hat{t}\right), \hat{S}_1\left(\hat{t}\right), \cdots, \hat{S}_{M-1}\left(\hat{t}\right)\right]^{\mathrm{T}} \tag{4-68}$$

$$\boldsymbol{a}(r) = \left[\varphi_r(0), \varphi_r(1), \cdots, \varphi_r(M-1)\right]^{\mathrm{T}} \tag{4-69}$$

$$\boldsymbol{a}(v) = \left[\varphi_v(0), \varphi_v(1), \cdots, \varphi_v(M-1)\right]^{\mathrm{T}} \tag{4-70}$$

$$\boldsymbol{\eta} = \left[\hat{\eta}_0\left(\hat{t}\right), \hat{\eta}_1\left(\hat{t}\right), \cdots, \hat{\eta}_{M-1}\left(\hat{t}\right)\right]^{\mathrm{T}} \tag{4-71}$$

进一步地，令 $\boldsymbol{a}(r,v) = \boldsymbol{a}(r) \odot \boldsymbol{a}(v)$，其包含了目标的距离和速度信息。则式（4-67）可以重写为

$$\boldsymbol{S} = \boldsymbol{a}(r,v)A + \boldsymbol{\eta} \tag{4-72}$$

从式（4-72）中可以看出，分组 SFA-OFDM 雷达经过子脉冲合成处理和脉冲

压缩后，一个 CPI 内的回波信号可以等价为阵列数为 M 的阵列的多次同步采样，沿快时间的采样数类似于阵列信号的快拍数，向量 $\boldsymbol{a}(r,v)$ 等价于阵列的导向矢量。因此，分组 SFA-OFDM 雷达的距离和速度估计问题可以等价为阵列信号的二维参数估计问题。

本节采用 MUSIC 算法来估计分组 SFA-OFDM 雷达目标的距离和速度。首先，计算回波信号的协方差矩阵，可以表示为

$$
\begin{aligned}
\boldsymbol{R} &= E\left\{\boldsymbol{S}(\boldsymbol{S})^{\mathrm{H}}\right\} \\
&= \boldsymbol{a}(r,v)E\left\{\boldsymbol{A}\boldsymbol{A}^{\mathrm{H}}\right\}\boldsymbol{a}(r,v)^{\mathrm{H}}+\sigma^2\boldsymbol{I}
\end{aligned}
\tag{4-73}
$$

式中，$E\{\cdot\}$ 表示期望；$(\cdot)^{\mathrm{H}}$ 表示共轭转置。

协方差矩阵 $\boldsymbol{R}$ 的特征值分解可以表示为

$$
\boldsymbol{R}=\boldsymbol{U}\boldsymbol{\Lambda}\boldsymbol{U}^{\mathrm{H}}
\tag{4-74}
$$

式中，$\boldsymbol{U}$ 为特征向量矩阵，$\boldsymbol{U}=[\boldsymbol{u}_0,\boldsymbol{u}_1,\cdots,\boldsymbol{u}_{M-1}]$；$\boldsymbol{\Lambda}$ 是由 $\boldsymbol{R}$ 的特征值组成的对角矩阵。

当确定信号子空间和噪声子空间时，需要提前预知场景中的目标个数，假设目标个数已知，则式（4-74）可进一步写为

$$
\boldsymbol{R}=\boldsymbol{R}_s+\boldsymbol{R}_n=\boldsymbol{U}_s\boldsymbol{\Lambda}_s\boldsymbol{U}_s^{\mathrm{H}}+\boldsymbol{U}_n\boldsymbol{\Lambda}_n\boldsymbol{U}_n^{\mathrm{H}}
\tag{4-75}
$$

式中，$\boldsymbol{U}_s$ 和 $\boldsymbol{U}_n$ 分别为信号子空间和噪声子空间；$\boldsymbol{\Lambda}_s$ 表示由信号子空间的特征值组成的对角矩阵；$\boldsymbol{\Lambda}_n$ 表示由噪声子空间的特征值组成的对角矩阵。

为了获得目标的距离和速度，需要对目标所有可能的距离和速度进行搜索，本节将不模糊距离和速度均匀地划分为 $X\times Y$ 个网格，构建如下搜索矩阵：

$$
\tilde{\boldsymbol{A}}=\left[\boldsymbol{a}(r_0,v_0),\boldsymbol{a}(r_0,v_2),\cdots,\boldsymbol{a}(r_0,v_{Y-1}),\cdots,\boldsymbol{a}(r_{X-1},v_0),\boldsymbol{a}(r_{X-1},v_2),\cdots,\boldsymbol{a}(r_{X-1},v_{Y-1})\right]
\tag{4-76}
$$

$$
\begin{aligned}
\boldsymbol{a}(r_x,v_y) &= \boldsymbol{a}(r_x)\odot\boldsymbol{a}(v_y) \\
&= \left[\varphi_{r_x}(0)\varphi_{v_y}(0),\varphi_{r_x}(1)\varphi_{v_y}(1),\cdots,\varphi_{r_x}(M-1)\varphi_{v_y}(M-1)\right]^{\mathrm{T}}
\end{aligned}
\tag{4-77}
$$

$$
\varphi_{r_x}(m)=\exp\left[-\mathrm{j}4\pi a_m B\left(\frac{x\Delta r}{c}\right)\right]
\tag{4-78}
$$

$$
\varphi_{v_y}(m)=\exp\left[-\mathrm{j}4\pi f_m'\left(\frac{y\Delta v t_m}{c}\right)\right]
\tag{4-79}
$$

式中，Δr 表示距离分辨率；Δv 表示速度分辨率。

根据 MUSIC 算法，谱函数可表示为

$$
P(r,v)=\frac{1}{\boldsymbol{a}^{\mathrm{H}}(r,v)\boldsymbol{U}_n\boldsymbol{U}_n^{\mathrm{H}}\boldsymbol{a}(r,v)}
\tag{4-80}
$$

式中，$a(r,v) \in \tilde{A}$。

根据式（4-80），可以获得目标的距离和速度信息。

4.2.4.2 距离和速度分辨率分析

根据 4.2.3.1 节所述，距离-速度空间被均匀地划分为多个网格，距离和速度的分辨率与网格的大小有关。本节将最大不模糊距离划分为 X 个网格，则距离分辨率可表示为

$$\Delta r = \frac{R_{\max}}{X} = \frac{c}{2KX\Delta f} \tag{4-81}$$

分组 SFA-OFDM 雷达的最大不模糊速度为

$$V_{\max} = \frac{\lambda}{2T_r} \tag{4-82}$$

式中，λ 表示波长，$\lambda = c/f_0$。

类似地，速度分辨率同样与划分的网格大小有关，则速度分辨率为

$$\Delta v = \frac{V_{\max}}{Y} = \frac{\lambda}{2YT_r} \tag{4-83}$$

4.2.4.3 仿真实验

本节通过仿真实验来进一步验证基于 MUSIC 算法的分组 SFA-OFDM 雷达目标距离-速度估计算法的有效性。

1. 雷达观测场景建模与参数设置

假设雷达观测场景中存在一个运动目标，目标的距离和速度分别为 1040.54m 和 85.2m/s，脉冲压缩后信噪比为 25dB，分组 SFA-OFDM 雷达工作在 K 波段。SFA-OFDM 雷达仿真参数如表 4.6 所示。

表 4.6　SFA-OFDM 雷达仿真参数

参数类型	符　号	数　值
子载波数/个	K	4
脉冲数/个	M	32
跳频总数/个	N	40
脉冲宽度/μs	T_p	4
脉冲重复周期/μs	T_r	40
子载波带宽/MHz	Δf	6
跳频间隔/MHz	B	24

续表

参数类型	符　号	数　值
调频率/(MHz/μs)	γ	1.5
初始载频/GHz	f_0	24
采样率/MHz	f_s	24

如图 4.20（a）所示，SFA-OFDM 雷达脉间载频变化范围为 24～24.96GHz，总合成带宽为 960MHz。图 4.20（b）所示为分组 SFA-OFDM 雷达基带发射信号时频图，每个脉冲共包含 4 个子载波。在本节的仿真中，分别令 $X=10N$，$Y=10N$，则对应的距离分辨率为 $\Delta r = 0.0156\,\mathrm{m}$，速度分辨率为 $\Delta v = 0.3906\,\mathrm{m/s}$。

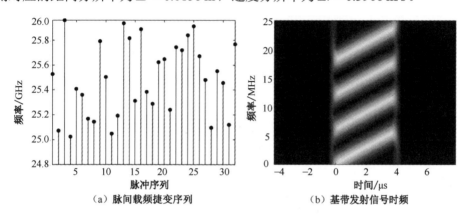

（a）脉间载频捷变序列　　　　　（b）基带发射信号时频

图 4.20　SFA-OFDM 雷达载频捷变序列与基带发射信号时频

2. 目标距离-速度超分辨估计

经过下变频后，首先对子载波进行脉内合成处理，如图 4.21 所示。经过脉内合成后，4 个子载波被合成为一个带宽为 24MHz，脉宽为 16 μs 的线性调频信号，此时分组 SFA-OFDM 雷达可视为传统的脉间频率捷变雷达。脉冲压缩结果如图 4.22 所示。经过脉冲压缩后，目标的距离为 1040.625m，且目标的最大不模糊距离为 $\Delta R = c/2B = 6.25\,\mathrm{m}$，因此，通过计算可得目标的模糊次数为 $\varepsilon = \lfloor 1040.625/6.25 \rfloor = 166$。

接下来，使用 MUSIC 算法估计超分辨距离和速度。如图 4.23 所示，使用 MUSIC 算法可以得到运动目标的距离和速度，分别为 1040.55m 和 85.16m/s，估计误差可以忽略不计。

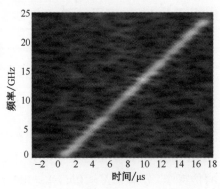
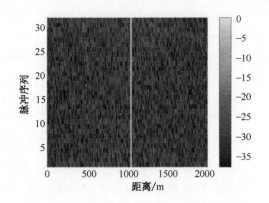

| 图 4.21 子载波合成后信号时频图 | 图 4.22 分组 SFA-OFDM 雷达脉冲压缩结果 |

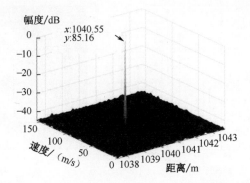

图 4.23　基于 MUSIC 算法的分组 SFA-OFDM 雷达信号处理结果

考虑多目标场景，假设雷达观测场景中包含两个运动目标（两个目标相距4.1m），目标参数如表 4.7 所示。如图 4.24 所示，由于分辨率的限制（脉冲压缩后距离分辨率为 $\Delta R = c/2B = 6.25\,\mathrm{m}$），经过脉冲压缩后，两个目标位于同一个粗分辨距离单元，无法区分出两个目标。如图 4.25 所示，采用 MUSIC 算法可估计出目标的高分辨距离和速度，目标 1 的距离和速度分别为 1038.406m 和 46.094m/s，目标 2 的距离和速度分别为 1042.594m 和 123.828m/s。仿真结果进一步验证了所提方法在多目标情况下的有效性。

表 4.7　目标参数

目　标	距离/m	速度/（m/s）
目标 1	1038.4	46
目标 2	1042.6	124

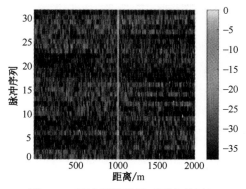

图 4.24　脉冲压缩结果（两个目标）

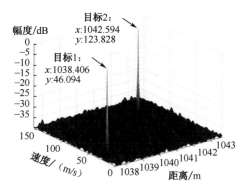

图 4.25　基于 MUSIC 算法的分组 SFA-OFDM 雷达信号处理结果（两个目标）

4.3　小结

　　本章介绍了 SFA-OFDM 雷达波形和分组 SFA-OFDM 雷达体制，两种捷变体制可提升 OFDM 雷达抗干扰能力。基于构建的 SFA-OFDM 雷达信号模型，提出了基于 IAA 算法的目标高分辨距离合成方法，在此基础上分别提出了 EM 算法和 RANSAC 算法以实现高速多目标参数估计。进一步地，基于构建的分组 SFA-OFDM 雷达信号模型，介绍了脉内子载波的合成处理，提出了两种相参处理方法：基于 IOMP 算法的目标距离–速度联合超分辨重构方法和基于 MUSIC 算法的目标距离–速度联合超分辨估计方法。

本章参考文献

[1]　LELLOUCH G, TRAN P, PRIBIC R, et al. OFDM waveforms for frequency agility and opportunities for Doppler processing in radar[C]. IEEE Radar Conference, Rome, 2008:1-6.

[2] 章平亮. 自适应迭代谱估计的统一分析与拓展[D]. 上海：复旦大学，2013.

[3] 高霞. OFDM 雷达捷变波形信号处理技术[D]. 西安：西安电子科技大学，2021.

[4] 卢雨祥，汤子跃，喻令，等. 随机 PRI 雷达的多普勒频率特性及相参处理[J]. 现代防御技术，2017,45(4):130-136.

[5] 全英汇，高霞，沙明辉，等. 基于期望最大化算法的捷变频联合正交频分复用雷达高速多目标参数估计[J]. 电子与信息学报，2020, 42(7):1611-1618.

[6] CHOI J. Sparse signal detection for space shift keying using the Monte Carlo EM algorithm[J]. IEEE Signal Processing Letters, 2016, 23(7): 974-978.

[7] DEMPSTER A P, LAIRD N M, RUBIN D B. Maximum likelihood from incomplete data via the EM algorithm[J]. Journal of the Royal Statistical Society: Series B (Methodological), 1977, 39(1): 1-22.

[8] 全英汇，高霞，沙明辉，等. 基于 RANSAC 算法的捷变频联合正交频分复用雷达高速多目标参数估计[J]. 电子与信息学报，2021, 43(7): 1970-1977.

[9] ZHAO M F, CHEN H J, SONG T, et al. Research on image matching based on improved RANSAC-SIFT algorithm[C]. 2017 16th International Conference on Optical Communications and Networks, Wuzhen, China, 2017: 1-3.

[10] RAZA M A, AWAIS REHMAN M, QURESHI I M, et al. A Simplified approach to Visual Odometry using Graph Cut RANSAC[C]. 2018 5th International Multi-Topic ICT Conference, Jamshoro, 2018: 1-7.

[11] 刘智星. 捷变雷达抗干扰及相参处理技术研究[D]. 西安：西安电子科技大学，2022.

[12] LIU Z, QUAN Y, WU Y, et al. Super-resolution range and velocity estimations for SFA-OFDM radar[J]. Remote Sensing, 2022, 14(2): 278.

[13] LORD R, INGGS M. High range resolution radar using narrowband linear chirps offset in frequency[C]. Proceedings of the 1997 South African Symposium on Communications and Signal Processing, 1997: 9-12.

[14] LI Y H, HUANG T Y, XU X Y, et al. Phase Transitions in Frequency Agile Radar Using Compressed Sensing[J]. IEEE Transactions on Signal Processing: A publication of the IEEE Signal Processing Society, 2021, 69: 4801-4818.

[15] WANG J, KWON S B, BYONGHYO B. Generalized orthogonal matching pursuit[J]. IEEE Transactions on Signal Processing, 2012, 60(12): 6202-6216.

[16] SCHMIDT R. Multiple emitter location and signal parameter estimation[J]. IEEE transactions on antennas and propagation, 1986, 34(3): 276-280.

第 5 章
认知捷变雷达

认知雷达（Cognitive Radar，CR）作为一种新型雷达体制，具有学习、理解和推断探测环境的能力，具备接收机向发射机持续信息反馈和波形自适应发射的能力。随着电磁环境日益复杂，雷达面临严重的电磁干扰威胁，故提高雷达的抗干扰能力显得尤为重要。传统雷达的干扰对抗能力有限，认知雷达可基于对场景的认知信息，在目标探测的过程中逐步适应环境，进而提升主动对抗及目标探测能力。

本章首先介绍干扰感知技术，包括干扰信号模型、干扰识别技术及干扰参数提取技术。基于所建立的不同类型的干扰信号模型判别有无干扰，若包含干扰则需根据干扰信号特征识别出干扰类型。其次根据干扰类型提取相应的干扰参数，实现干扰信息感知。在干扰感知技术的基础上，本章进一步介绍认知捷变波形设计技术。最后针对间歇采样转发干扰，设计认知捷变波形，提高间歇采样转发干扰与目标的区分度。认知捷变波形设计主要从频域及时频域出发，通过设计脉内频率编码波形的中心频点及编码序列，提高干扰与目标的正交性。

5.1　干扰感知技术

随着数字射频存储器（Digital Radio Frequency Memory，DRFM）的发展，针对雷达的干扰措施不断加强，新型有源干扰技术能够实现多维、多域联合干扰，产生压制性、欺骗性的干扰效果，对雷达的战场生存带来严峻挑战。现有的雷达抗干扰技术大多针对特定干扰类型，干扰识别与关键参数提取成为抗干扰策略制定的重要依据。因此，开展复杂电磁环境下雷达干扰智能感知研究，实现快速、准确的干扰类型识别与参数提取，为雷达抗干扰技术提供可靠信息支撑，具有重要的研究意义和实用价值。

5.1.1　干扰信号模型

雷达干扰样式数量繁多，且可以任意组合不同的干扰样式形成复合干扰，因此有必要对其进行分类以降低问题的复杂性，目前主要的分类方式有如下几种[1]。

（1）根据干扰的产生是否人为可以分为有意干扰和无意干扰。

（2）根据干扰能量的来源可以分为有源干扰和无源干扰，当前国内外干扰识别大多针对有源干扰信号进行识别分类。

图 5.1 为有源干扰分类示意图。有源干扰可分为两大类：压制式干扰与欺骗式干扰。其中：压制式干扰又可分为噪声调制干扰与灵巧噪声干扰；欺骗式干扰又可分为假目标干扰与拖引类干扰。

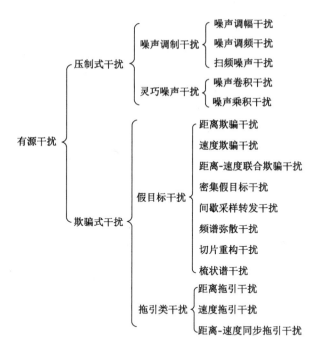

图 5.1 有源干扰分类示意

5.1.1.1 压制式干扰

压制式干扰主要通过噪声或类似噪声的干扰信号遮盖或压制目标的真实回波信号并最大化降低信号的信噪比，以此来干扰或阻碍雷达对真实目标的检测。压制式干扰一般可分为噪声调制干扰和灵巧噪声干扰。

1. 噪声调制干扰

通常来说，压制式干扰采用的噪声信号与雷达接收机的噪声均服从高斯分布，故难以区分干扰噪声信号和外部噪声，通常选择将高斯噪声调制到高频载波上以此来获得压制式干扰信号。此外，压制式干扰通常需要发射大功率信号来干扰敌方雷达系统。

噪声调制干扰一般包括噪声调幅干扰、噪声调频干扰、扫频噪声干扰等。此外还有射频噪声干扰，但因其在实际中很少采用，故不做详细介绍。

雷达采用的线性调频（Linear Frequency Modulated，LFM）信号为

$$S(t) = \text{rect}(t / T_p) e^{j\pi (2f_0 t + kt^2) + \varphi_0} \tag{5-1}$$

式中，$\text{rect}(\cdot)$ 表示矩形窗函数；f_0 表示载频频率；k 表示调频斜率；φ_0 表示信号的初相位；T_p 表示信号脉宽。图 5.2 所示为 LFM 信号时域示意图，其中，图 5.2（a）所示为信号实部，图 5.2（b）所示为信号虚部。

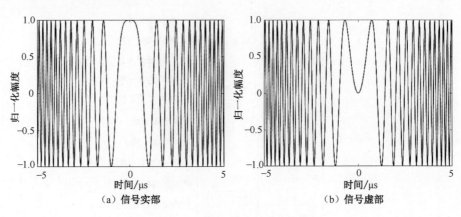

图 5.2　线性调频信号时域示意

1）噪声调幅干扰

噪声调幅干扰信号利用高斯噪声对载频幅度进行调制，其数学表达式如下：

$$J(t) = [U_0 + U(t)]\cos(\omega_0 t + \varphi) \tag{5-2}$$

式中，U_0 表示载频幅度；$U(t)$ 表示高斯调制噪声（零均值，方差为 σ^2）；ω_0 表示载频频率；φ 服从 $[0, 2\pi]$ 上的均匀分布，且与 $U(t)$ 不相关。

2）噪声调频干扰

噪声调频干扰信号利用高斯噪声对载频频率进行调制，其数学表达式如下：

$$J(t) = U_0 \cos\left(\omega_0 t + 2\pi K \int_0^t U(t')\mathrm{d}t' + \varphi\right) \tag{5-3}$$

式中，噪声 $U(t')$ 是零均值广义平稳随机过程；U_0 表示载频幅度；φ 服从 $[0, 2\pi]$ 上的均匀分布，且与 $U(t)$ 不相关；K 表示调频斜率。

3）扫频噪声干扰

扫频噪声干扰信号可被认为是一种特殊的噪声调频信号，区别在于扫频噪声的频率调制通常为锯齿波而不是高斯噪声，其数学表达式如下：

$$\begin{cases} f_{\mathrm{j}}(t) = f_0 + \dfrac{\Delta f_{\mathrm{s}}}{T_{\mathrm{s}}}t - \dfrac{\Delta f_{\mathrm{s}}}{2} + \delta f, \ t \in [0, T_{\mathrm{s}}] \\ \Delta f_{\mathrm{j}} = (2 \sim 5)\Delta f_{\mathrm{r}} \end{cases} \tag{5-4}$$

式中，Δf_{s} 表示扫频噪声信号的带宽；$f_{\mathrm{j}}(t)$ 表示扫频噪声干扰的载频频率；Δf_{r} 表示发射信号带宽；T_{s} 表示扫频时长。

扫频噪声干扰信号具有很宽的干扰频谱范围，对脉间频率捷变雷达和频率分集雷达具有更好的干扰效果，此外，扫频噪声干扰信号还可以对同一区域内具有不同频率参数的多个雷达进行干扰。

2. 灵巧噪声干扰

常见的灵巧噪声干扰（Smart Noise Jaming，SNJ）包含噪声卷积干扰和噪声乘积干扰。通过将雷达时延信号与高斯噪声进行卷积形成噪声卷积干扰信号，可以在时域和频域上对真实目标进行压制。其数学表达式为

$$J(t) = S(t - \tau_0) \otimes n(t) \tag{5-5}$$

式中，$S(t)$ 表示雷达发射信号；$n(t)$ 表示高斯白噪声；τ_0 表示时延。

与噪声卷积干扰信号不同，噪声乘积干扰信号通过将雷达时延信号与高斯噪声进行乘积来达到淹没真实目标信号的目的[1]，其数学表达式如下：

$$J(t) = S(t - \tau_0) \cdot n(t) \tag{5-6}$$

5.1.1.2　欺骗式干扰

欺骗式干扰通过截获发射信号，进行相应调制并转发信号，以产生与真实目标相似的虚假目标，误导雷达对真实目标的判别和信息提取。常见的欺骗式干扰可分为假目标干扰和拖引类干扰。

1. 假目标干扰

干扰机通过发射虚假目标信号，使雷达无法区分真实目标与虚假目标。假目标干扰是干扰机通过截获雷达发射信号并进行延时、调制和转发而形成的多个虚假目标干扰。常见的假目标干扰包括距离欺骗干扰、速度欺骗干扰、距离-速度联合欺骗干扰、密集假目标干扰、间歇采样转发干扰、频谱弥散干扰、切片重构干扰和梳状谱干扰等。

1）距离欺骗干扰

距离欺骗干扰（Range Deception Jamming，RDJ）是干扰机通过对截获的雷达发射信号进行时延、叠加并转发一定次数形成的。其信号表达式为

$$J(t) = \sum_{n=1}^{N} A_n S(t - t_0 - \tau_n) e^{j2\pi f_T t} \tag{5-7}$$

式中，N 表示干扰机转发干扰的次数；A_n 表示第 n 个虚假目标的调制幅度；f_T 表示真实目标的多普勒频率；t_0 和 τ_n 分别表示真实目标和第 n 个虚假目标的时延。

2）速度欺骗干扰

速度欺骗干扰（Velocity Deception Jamming，VDJ）是干扰机通过对截获的雷达发射信号进行多普勒频率调制产生的，其信号表达式为

$$J(t) = \sum_{n=1}^{N} A_n S(t - t_0) e^{j2\pi f_n t} \tag{5-8}$$

式中，N 表示干扰机转发干扰的次数；A_n 表示第 n 个虚假目标的调制幅度；f_n 表示第 n 个虚假目标的多普勒频率。

3）距离-速度联合欺骗干扰

距离-速度联合欺骗干扰是干扰机通过对截获的雷达发射信号进行时延和多普勒频率调制产生的，其信号表达式为

$$J(t) = \sum_{n=1}^{N} A_n S(t - t_0 - \tau_n) e^{j2\pi f_n t} \tag{5-9}$$

式中，N 表示干扰机转发干扰的次数；A_n 表示第 n 个虚假目标的调制幅度；t_0 和 τ_n 分别表示真实目标和第 n 个虚假目标的时延；f_n 表示第 n 个虚假目标的多普勒频率。

4）密集假目标干扰

密集假目标（Dense False Target Jamming，DFTJ）的干扰机通过对雷达发射信号进行多次复制转发会产生多个虚假目标，以干扰雷达对真实目标的判断并消耗雷达资源，其信号表达式为

$$J(t) = \sum_{n=1}^{N} A_n S(t - t_0 - \tau_n) \tag{5-10}$$

式中，N 表示干扰机转发干扰的次数；A_n 表示第 n 个虚假目标的调制幅度；t_0 和 τ_n 分别表示真实目标和第 n 个虚假目标的时延。

从信号时域形式上看，密集假目标干扰与距离-速度联合欺骗干扰一致，区别在于密集假目标干扰的干扰转发次数显著大于距离-速度联合欺骗干扰。

5）间歇采样转发干扰

间歇采样转发干扰（Interrupted-Sampling Repeater Jamming，ISRJ）是指干扰机通过对雷达发射信号进行间歇性采样转发得到的一系列虚假目标信号，具有良好的实时性能和匹配滤波器增益，其信号表达式为

$$J(t) = \sum_{n=1}^{N} \sum_{k=0}^{K-1} \left(S(t - nT_L) \text{rect} \left(\frac{t - T_L/2 - kT_s - nT_L}{T_L} \right) \right) \tag{5-11}$$

式中，K 表示切片个数；T_L、N、T_s 分别表示切片宽度、转发次数及采样间隔。

6）频谱弥散干扰

频谱弥散干扰（Smeared Spectrum Jamming，SMSPJ）是干扰机通过对截获的雷达发射信号进行调频斜率调制产生的，其信号表达式为

$$J(t) = \sum_{i=0}^{n-1} j_1 \left(t - \tau_J - i\frac{T_p}{n} \right) e^{j2\pi f_J t} \tag{5-12}$$

式中，n 表示干扰子脉冲的个数；τ_J 和 f_s 分别表示 SMSPJ 信号的时延和多普勒频

率；$j_1(t)$ 表示 SMSPJ 信号的干扰子脉冲，其信号表达式为

$$j_1(t) = \exp\left[\text{j}2\pi\left(f_0 t + 1/2n\frac{B}{T_\text{p}}t^2 \right) \right], \quad 0 \leqslant t \leqslant T_\text{p}/n \tag{5-13}$$

7）切片重构干扰

切片重构干扰也是调制产生多个子脉冲，每个子脉冲都是对雷达发射信号的复制，与频谱弥散干扰不同的是切片重构干扰并没有对斜率进行调制，即其与雷达接收机中的匹配滤波器是匹配的。其信号表达式为

$$J(t) = \sum_{k=1}^{n} p\left(t - \frac{k\tau}{mn} \right) \tag{5-14}$$

$$p(t) = s(t)\left[\text{rect}\left(\frac{t - \tau_\text{a}}{\tau_\text{a}} \right) \sum_{i=0}^{m-1} \delta(t - iT_\text{b}) \right] \tag{5-15}$$

式中，m 表示矩形脉冲串的数量；n 表示填充的时隙个数；τ_a 表示矩形脉冲串的脉宽；T_b 表示矩形脉冲串基波周期。

8）梳状谱干扰

梳状谱干扰是指一系列频率点上产生按某种方式调制的窄带干扰信号，其信号表达式为

$$J(t) = \text{rect}(t/\tau)\sum_{i=1}^{n} k_i \exp\left(\text{j}2\pi[(f_0 + f_i)t + 1/2kt^2] \right) \tag{5-16}$$

式中，f_i 为对应每个锯齿出现的频率点；k_i 表示相应第 i 个频率点处的幅度。

2. 拖引类干扰

拖引类干扰（Gate Pull-Off，GPO）是周期性地将干扰信号从真实目标参数下逐渐脱离的欺骗式干扰信号。典型的拖引干扰一般包含三个时期：停拖期、拖引期和关闭期[2]，距离拖引干扰中假目标的距离函数 $R(t)$ 表示为

$$R(t) = \begin{cases} R + V_1 t & 0 \leqslant t < t_1, \text{停拖期} \\ R + V_1 t_1 + V_2(t - t_1) & t_1 \leqslant t < t_2, \text{拖引期} \\ \text{干扰关闭} & t_2 \leqslant t, \text{关闭期} \end{cases} \tag{5-17}$$

式中，R 表示施放干扰时刻目标机与载机的距离；V_1 表示目标机与载机的相对速度；V_2 表示假目标与目标机的相对速度。

在停拖期，干扰机在截获到雷达信号后，首先转发与目标回波移动速度相同的干扰信号，且干扰信号的能量大于目标回波，使距离跟踪电路能够捕获干扰信号。在拖引期，假目标的参数将会逐渐脱离真实目标，且拖引的速度在雷达的跟踪范围之内，因此雷达的跟踪系统能接收到假目标参数改变的完整过程，直到参

数偏差达到预期峰值，进入关闭阶段。在关闭阶段，欺骗干扰信号消失，雷达跟踪系统中断。

拖引类干扰主要有三种类型：距离拖引干扰、速度拖引干扰和距离-速度同步拖引干扰，其干扰形式分别为

$$J_1(t) = A_R \exp(\varphi(t - t_0 - \Delta t_J - \Delta t_J(t)) + \varphi_J)$$
$$J_2(t) = A_V \exp(\varphi(t - t_0 - \Delta t_J) + \varphi_J) \cdot \exp(j2\pi\Delta f_{dJ}(t)t) \qquad (5\text{-}18)$$
$$J_3(t) = A_{R\text{-}V} \exp(\varphi(t - t_0 - \Delta t_J - \Delta t_J(t)) + \varphi_J) \cdot \exp(j2\pi\Delta f_{dJ}(t)t)$$

式中，A_R、A_V、$A_{R\text{-}V}$ 分别表示三种干扰信号的幅度；$\varphi(t) = j\pi(2f_0 t + kt^2)$；$f_0$ 表示信号的中频频率；k 表示调频斜率；Δt_J 表示干扰机对雷达发射信号进行接收、处理和转发所需的时延；$\Delta t_J(t)$ 表示干扰机的调制时延；$\Delta f_{dJ}(t)$ 表示干扰机调制的多普勒频移；φ_J 表示干扰机调制下干扰信号初相位。

5.1.2 干扰识别技术

作为干扰感知的首要步骤，识别具体的干扰类型不仅能为抗干扰提供技术支撑，同时也能为后续的干扰关键参数提取提供先验知识。下面从传统干扰识别方法、基于特征提取与决策树的快速干扰识别方法，基于特征提取与机器学习的干扰识别方法及基于深度学习的干扰识别方法展开介绍。

5.1.2.1 传统干扰识别方法

基于似然准则的干扰识别方法主要通过对回波信号建模并采用广义似然比检验来实现干扰检测。文献[3]针对多个类噪声干扰（Noise-Like Jamming，NLJ）的识别问题，采用似然比测试和循环优化程序等方法，实现对未知数量 NLJ 的联合检测；文献[4]采用基于广义似然比检验的方法，研究了基于 DRFM 的欺骗干扰与目标分类识别问题。然而，基于似然准则的干扰识别方法需要复杂的先验知识，并且计算复杂度高、应用场景受限，仅适用于有限的干扰类型。

5.1.2.2 基于特征提取与决策树的快速干扰识别方法

现有的干扰识别方法大多依赖机器学习或深度学习模型进行分类识别，其存在的主要问题就是计算量过大，无法实时完成干扰信号识别，这对雷达极为不利。此外，一些干扰识别方法存在识别干扰类型有限，或是需要在满足特定条件的场景下进行识别，无法有效适用于真实环境中。

故针对上述问题，设计一种基于决策树的单个干扰识别方法，该方法无须涉及大量复杂的计算，且同时能够保证识别的精度和可靠性，主要适用于压制式干

扰与欺骗式干扰的识别，并且对多种类型的干扰均能提供高可靠性识别，增加了雷达干扰识别的范围。下面详细阐述该方法的流程及仿真结果。

1. 判断有无干扰

首先判断接收到的雷达回波信号是否包含干扰，若信号不包含干扰，则无须采取抗干扰措施；若信号包含干扰，则进一步识别干扰类别，并采取相应的抗干扰措施。

一般情况下，干扰信号的能量较大，若雷达回波信号中存在干扰信号，则其能量比正常的回波信号能量大。基于此，首先计算雷达回波信号的能量，并与统计阈值相比。若信号能量小于该阈值，则判断为无干扰，识别结束；否则判断为有干扰并进行具体干扰类型的识别过程。

设雷达回波信号为 $S_r(t)$，对其进行数字化采样，得到的离散序列为 x，其中 $x = [x_1, x_2, \cdots, x_N]$，$N$ 为采样点数。则信号能量计算可表示为

$$E(x) = x_1^2 + x_2^2 + \cdots + x_N^2 \tag{5-19}$$

对包含不同干扰（包括无干扰）的雷达回波信号计算其能量，并进行上述识别流程，即可有效识别出雷达信号是否包含干扰。

2. 提取回波信号多域多维特征

根据上述步骤判断雷达接收信号包含干扰后，进行如下一系列特征的提取和计算，包括时域和频域的相关信号特征，如带宽和时宽等。这些特征对不同干扰样式而言具有显著的差别，能够有效地区分不同类型的干扰样式，且计算量小，运算效率高，准确性也能充分满足不同干扰场景的需求。

为了便于后续说明，首先利用离散傅里叶变换计算信号的频谱。雷达回波信号 $x = [x_1, x_2, \cdots, x_N]$ 经过离散傅里叶变换后得到的结果为 $f = (f_1, f_2, \cdots, f_M)$，其中 M 为离散傅里叶变换长度。通过计算信号的下述特征，以便后续设计决策树的节点判别流程。

1）时宽

对包含不同干扰类型的离散信号计算时宽特征，并与特定统计阈值相比，根据结果识别雷达回波信号中包含的干扰类型。

2）时域连续性系数

计算雷达回波信号的时域连续性系数，在信号时宽的基础上继而定义时域连续性系数 N_1，其定义如下：

$$N_1 \triangleq \sum_{k \in T} I(x_k < N) \qquad (5\text{-}20)$$

式中，$I(\cdot)$ 表示指示函数；T 表示时宽区间；N 表示时域噪声。

3）时域采样窗均值

令 A 为采样窗区间，即在时宽区间内选取左右部分作为采样区域，窗长可根据具体的信号参数确定。计算窗内数据均值，记为 M_{W}，即

$$M_{\mathrm{W}} = \frac{1}{|A|} \sum_{k \in A} x_k \qquad (5\text{-}21)$$

式中，$|A|$ 表示区间 A 的长度。

4）频域矩偏度

$$\mathrm{skewness}(x_{ij}) = E\left[\left(\frac{x_{ij} - \mu}{\sigma}\right)^3\right] \qquad (5\text{-}22)$$

式中，$\mathrm{skewness}(\cdot)$ 表示频域矩偏度计算函数；x_{ij} 表示第 i 个样本的第 j 个离散信号值；μ、σ 分别表示总体均值和标准差；$E(\cdot)$ 表示计算数学期望。总体均值和标准差具体在实际中采用每类干扰的总样本数的总体均值和标准差，对不同的干扰样本分别计算上述频域矩偏度参数。

基于上述定义中的频域矩偏度，定义局部矩偏度特征 N_2，具体计算方法如下：首先在时域信号中，任取若干个时间窗，对其计算频域矩偏度参数，即特征 N_2 可表示为

$$N_2 \triangleq \mathrm{skewness}(F) \qquad (5\text{-}23)$$

式中，F 表示若干个时间窗的频谱。

3. 干扰识别仿真实验

将上述提取出的不同特征分别作为不同决策树分支节点。不同节点各自计算相应的信号特征值，并与特定统计阈值进行比较，其比较结果决定分支走向及当前节点判断的干扰类型（未必是某一种特定类型，可能是一类信号特性相似的干扰类型）。这里选取九类干扰作为示例信号，其具体干扰信号类型及相应编号如下：

（1）全脉冲转发。

（2）全脉冲密集转发。

（3）ISRJ。

（4）部分脉冲密集转发。

（5）灵巧噪声（ISRJ 噪声调制）。

（6）噪声调频干扰。

（7）宽带压制干扰。

（8）扫频干扰。

（9）梳状谱干扰。

图 5.3 和图 5.4 所示分别为九类干扰信号示例的时域图和频谱图。为了评估识别精度，对不包含干扰的信号与包含每类干扰的信号均选取 1000 个样本，计算统计意义下的识别准确率。

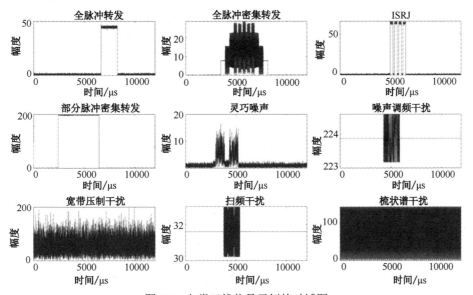

图 5.3　九类干扰信号示例的时域图

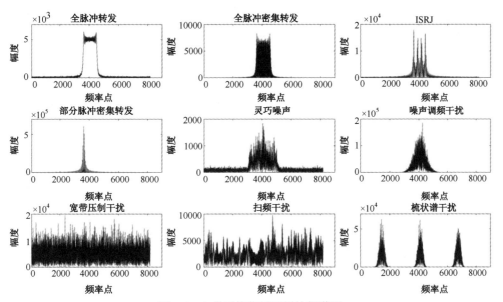

图 5.4　九类干扰信号示例的频谱图

首先利用信号的能量特征准确识别出信号是否包含干扰，对包含上述九类干扰及不包含干扰的雷达信号计算能量，并合理选择阈值，结果如图 5.5 所示。可以看出，最终在统计意义下对有无干扰的识别准确率接近 100%。

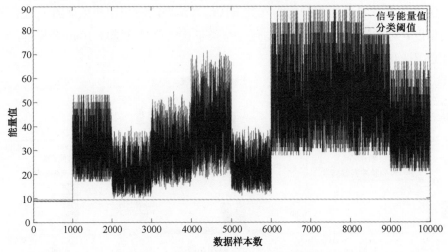

图 5.5 识别信号有无包含干扰的结果

若雷达信号包含干扰，则利用信号带宽特征，对包含上述九类干扰的雷达信号分别计算该特征值，结果如图 5.6 所示，其中从左至右分别为第 1～9 类干扰。从图 5.6 中可以看出，通过合理地选择阈值，可以有效识别第 1～4 类干扰与第 5～9 类干扰、第 1 类与第 4 类干扰、第 6 类与第 7～9 类干扰，且在统计意义下识别准确率：识别第 1～9 类干扰中的第 1～4 类干扰为 99.8%，第 5～9 类干扰为 100%；识别第 1 类与第 4 类干扰均为 100%；识别第 6 类与第 7～9 类干扰均为 100%。

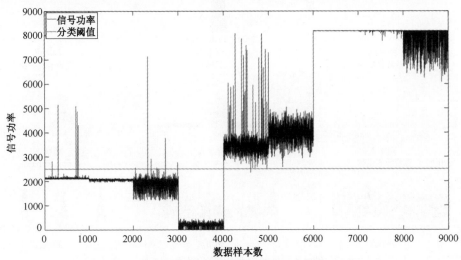

图 5.6 计算包含九类不同干扰的信号带宽特征值的结果

若判断雷达信号包含第 1～4 类干扰，则利用式（5-20）定义的时域连续性系数，对包含第 1～4 类干扰的雷达信号分别计算该特征值，结果如图 5.7 所示。可以看出，选取合适的阈值可以有效识别出第 1、第 4 类干扰与第 2、第 3 类干扰，且在统计意义下的识别准确率均为 100%。

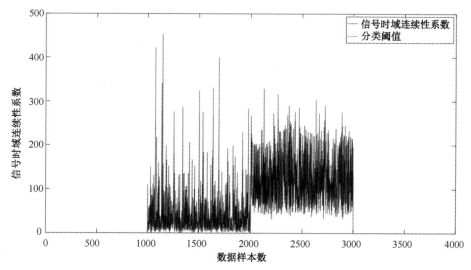

图 5.7　计算包含第 1～4 类干扰的信号时域连续性系数的结果

若根据上述识别过程判断雷达信号包含第 2 类干扰或第 3 类干扰，则参考式（5-21）定义的特征 M_{w}，对上述两类干扰分别计算该特征值，结果如图 5.8 所示。可以看出，选取合适的阈值可以有效识别出第 2 类干扰或第 3 类干扰，且在统计意义下的识别准确率分别为 96.8% 和 99.7%。

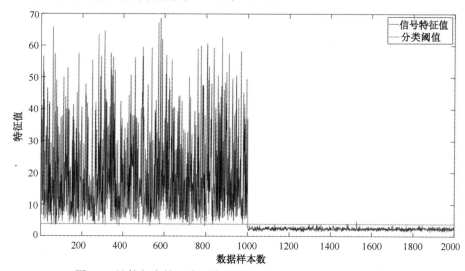

图 5.8　计算包含第 2 类干扰或第 3 类干扰的信号特征 M_{w} 结果

计算分别包含第 5～9 类干扰的雷达回波信号时宽，结果如图 5.9 所示。可以看出，选取合适的阈值可以有效识别出第 5 类干扰与第 6～9 类干扰，且在统计意义下的识别准确率均为 100%。

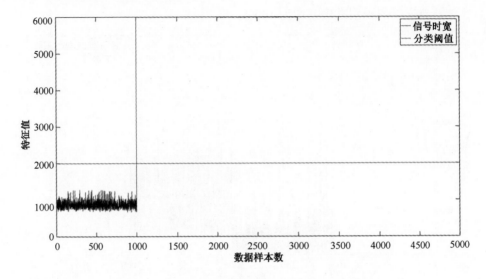

图 5.9　计算分别包含第 5～9 类干扰的信号时宽结果

利用式（5-22）描述的频域矩偏度特征，分别计算包含第 7～9 类干扰的雷达回波信号频域矩偏度，结果如图 5.10 所示。可以看出，选取合适的阈值可以有效识别出第 9 类干扰与第 7～8 类干扰，且在统计意义下的识别准确率均为 100%。

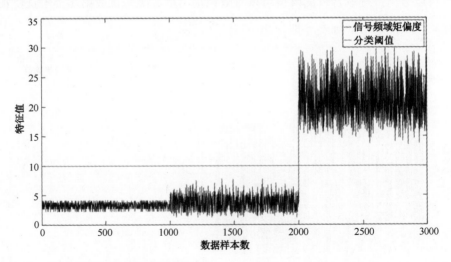

图 5.10　分别计算包含第 7～9 类干扰的信号频域矩偏度结果

经过上述流程后，若识别出信号中包含第 7 类干扰或第 8 类干扰，则继续利用式（5-23）定义的特征 N_2，计算信号的该特征值，结果如图 5.11 所示。可以看出，选取合适的阈值可以有效识别出第 7 类干扰或第 8 类干扰，且在统计意义下的识别准确率分别为 99% 和 100%。

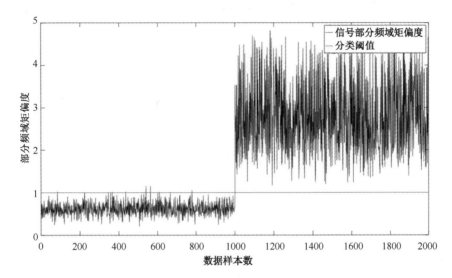

图 5.11　计算包含第 7 类干扰或第 8 类干扰的信号部分频域矩偏度结果

5.1.2.3　基于特征提取与机器学习的干扰识别方法

基于多域特征提取的方法利用专家知识提取时域、频域、时频域、极化域等不同特征，然后利用机器学习或其他算法（如决策树等）设计分类器，实现干扰识别[5-9]。然而，特征提取计算成本高且耗时，更重要的是，人工特征提取的质量对干扰识别性能有很大影响。

李方圆等[10]提出基于支持向量机（Support Vector Machines，SVM）和信号时频分析的干扰识别方法。该方法首先通过时频分析获取干扰信号的时频图，然后通过主成分分析（Principal Components Analysis，PCA）对时频图进行数据降维得到干扰特征，最后基于干扰特征训练一个 SVM 分类器作为干扰识别模型。由于单一的时域或者频域的特征信息很难完整描述干扰信号的特点，2014 年，施昉[11]提出了基于多尺度特征的干扰识别方法。该方法通过使用多尺度小波分析和经验模态分解提取多尺度特征，然后使用最近邻分类器对干扰特征进行分类识别。

文献[12]通过平滑伪魏格纳–维尔分布（Smoothed Pseudo-Wigner-Ville Distribution，SPWVD）对雷达回波信号进行时频分析，并通过 Zernike 矩特征提取细节特征组成特征向量来实现分类识别。文献[13]通过对干扰信号变分模态分解，并计算矩形积分双谱及 Renyi 熵来组成特征参量，采用随机决策树与随机森林相结合的分类器实现多种有源干扰的分类。文献[14]结合双谱分析和奇异谱分析提取回波和干扰信号的特征参数，利用遗传算法反向传播网络实现对干扰的分类与识别。然而，上述方法中人工特征提取需要先验知识且均存在计算量较大的问题。

5.1.2.4 基于深度学习的干扰识别方法

作为解决非线性问题的强大特征提取工具，深度学习已成功应用于各种图像处理任务[15-16]。受上述成功应用的启发，深度学习也被引入雷达干扰识别中。在文献[17]中，研究人员建议将九个干扰信号的时频谱图输入卷积神经网络（Convolutional Neural Networks，CNN）中进行识别。文献[18]设计了四分之一频谱，并将其输入 CNN 模型中，以识别 10 个信号（包括雷达和干扰）。在文献[19]中，研究人员提出了一种基于深度学习的融合模型，分别使用 1D-CNN 和 2D-CNN 提取时域和时频域特征，经过特征融合，最终实现了 12 种雷达有源干扰识别。在文献[20]中，提出了一种基于鲁棒功率谱特征的干扰识别网络，用于识别 10 个抑制性干扰信号。虽然基于深度学习的方法能够准确识别雷达干扰信号，但通常需要大量标记样本进行模型训练[21]。由于在复杂的战场环境中获取可靠的样本是极其困难的，因此有必要开展小样本条件下雷达有源干扰的识别方法研究。

1. 基于集成深度学习的干扰识别算法

基于集成深度模型的有源干扰智能分类流程如图 5.12 所示。可以看出，该模型主要利用 STFT 获取干扰样本的时频分布数据，并通过多通道特征组合方法得到不同时频特征组合的样本集，以实现特征多样化融合并增强数据多样性。其采用集成深度模型实现对各样本集的自动特征提取、类别预测及决策融合，最终实现对多型有源干扰的智能化分类识别。

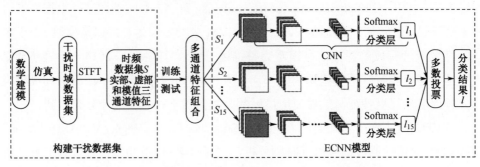

图 5.12　基于集成深度模型的有源干扰智能分类流程

1) 集成深度模型

集成学习是一种元算法，能够调用机器学习算法构成基分类器，还能够采用随机子空间技术、决策融合等方式将若干基分类器组合成一个集成学习模型，以提高模型泛化性能。由于深度学习算法具有强大的非线性特征提取能力，因此集成深度模型可采用 CNN 作为基分类器，利用其强大的特征提取、分类能力对输入样本集进行独立分类，并采用多数投票方法对各基分类器的预测标签进行决策融合，最终得到集成深度模型的预测结果。CNN 模型包括卷积层、池化层、正则化层和全连接层等，分别介绍如下。

卷积层可使用卷积运算替代普通全连接层的相乘运算，这是 CNN 与传统神经网络的最大区别之处。假设输入为融合多通道特征的三维矩阵 $\boldsymbol{X}$，其大小为 $m \times n \times d$，其中 $m \times n$ 为时频谱图大小，d 为样本所含特征通道数。这里设第一个卷积层具有 k 个滤波器，则第 j 个滤波器的输出可表示为

$$y_j = \sum_{i=1}^{d} f\left(\boldsymbol{x}_i * \boldsymbol{w}_j + \boldsymbol{b}_j\right), \quad j = 1, 2, \cdots, k \tag{5-24}$$

式中，$\boldsymbol{x}_i$ 表示 $\boldsymbol{X}$ 的第 i 个特征矩阵；$*$ 表示卷积运算；$\boldsymbol{w}_j$ 和 $\boldsymbol{b}_j$ 分别表示第 j 个滤波器的权重和偏置量；$f(\cdot)$ 表示激活函数，用于增强模型的非线性表示能力，采用 ReLU 激活函数表示为

$$f(x) = \max(0, x) \tag{5-25}$$

池化层对输入特征矩阵进行降采样操作，即首先将输入特征矩阵分割为多个子块（可重叠），然后对每个子块取平均值（平均池化）或最大值（最大池化）作为该子块的特征表示。

正则化层通过降低模型的存储信息量来优化模型，使其学习最重要的模式以减少过拟合风险，提高模型泛化性能。在 CNN 模型中，添加 Dropout 正则化层的目的是提高小样本情况下算法的泛化性能，其主要思想是在模型训练过程中随机地将该层 $\beta\%$ 的输出特征置 0；由于测试过程中不置 0，故将该层输出值按 $\beta\%$ 缩小以保持平衡。

在 CNN 模型中，全连接层通常起分类器的作用，即将模型所提取的分布式特征映射到各个样本标签。CNN 模型中的全连接层采用 Softmax 激活函数，计算分类器输入 z 属于第 c 类的概率，其数学表达式为

$$p_c(z) = \frac{\exp\left(\boldsymbol{\theta}_c^{\mathrm{T}} z\right)}{\sum_{h=1}^{C} \exp\left(\boldsymbol{\theta}_h^{\mathrm{T}} z\right)} \tag{5-26}$$

式中，C 表示类别总数；$\boldsymbol{\theta}$ 表示分类器参数。

2）基于多通道特征融合的集成卷积神经网络（Ensemble Convolutional Neural Networks，ECNN）算法

在基于多通道特征融合的 ECNN 算法中，首先，仿真构建雷达回波时域样本集，对每个雷达回波时域样本进行 STFT 并提取其实部、虚部和模值特征，以构建样本大小为 $m \times n \times 3$ 的时频分布集 S，其中 m、n 分别为时频分布样本的时间轴和频率轴的采样点数；其次，设计多通道特征组合方法，分别提取时频数据集中实部、虚部和模值三通道特征，然后进行 15 种 $\left(A_3^1 + A_3^2 + A_3^3\right)$ 互不相同（含顺序）的特征间组合，以增强数据融合及其多样性，接下来，构建包含上述特征组合的 15 种样本集 S_e，每个样本集中的样本大小分别为 $m \times n \times n_f$，其中 $1 \leqslant e \leqslant 15$，$1 \leqslant n_f \leqslant 3$；最后，将上述样本集分别输入集成模型的基分类器中进行特征提取和分类，并采用多数投票方法（对所有基分类器的预测结果取众数）获得集成深度模型的整体预测结果。综上所述，该算法的具体流程如下。

步骤一：建立雷达发射波形与干扰信号模型，仿真建立雷达回波信号时域数据集，其中共包含 N 个时域序列样本。

步骤二：对时域数据集中的 N 个样本分别采用 STFT 并提取其实部、虚部和模值特征，以得到大小为 $N \times (m \times n \times 3)$ 的时频分布数据集。

步骤三：在时频分布数据集中提取实部、虚部和模值三通道特征，进行 15 种特征组合，并分别构建大小为 $N \times \left(m \times n \times n_f\right)$ 的样本集 S_e，依次选取每类样本的 $\alpha\%$ 作为训练样本集，其余 $1 - \alpha\%$ 作为测试集。

步骤四：设计基分类器 CNN，构建包含 15 个独立基分类器的 ECNN 模型，利用构建的 ECNN 模型的各个基分类器分别对 15 个样本集进行特征提取和分类，采用多数投票方法获得集成模型的整体预测结果。

2. 仿真实验

为了验证基于多通道特征融合的 ECNN 算法的有效性，特仿真多种单一及复合干扰信号数据进行实验分析。雷达发射波形采用 LFM 信号，设置信号时宽 T=20μs，带宽 B=10MHz，采样率 $f_s = 20\,\text{MHz}$，真实目标信噪比为 0dB；每个时域样本即距离门长度为 2000 点，且真实目标随机出现在每个距离门中的任意位置，仿真产生仅含真实目标的回波信号及 7 种单一有源干扰信号，其参数如表 5.1 所示。为提升干扰场景的复杂性，仿真产生距离欺骗+灵巧噪声干扰、密集假目标+灵巧噪声干扰、距离欺骗+间歇采样转发干扰，以及线性扫频+间歇采样转发干扰 4 种复合干扰类型，上述 12 类信号每类仿真 500 个样本，即样本总数为 6000；对

每个时域样本采用 STFT 以生成时频分布样本集,其中输入时域样本被分为 32 段,各段间重叠采样点数为 8 点,窗函数选用 Hamming 窗,傅里叶变换点数 $N_{\mathrm{FFT}}=100$,故所得每个时频分布样本大小为 247×100;提取三通道特征以构建大小为 $6000\times(247\times100\times3)$ 的时频分布样本集 S,并采用特征组合方法分别构建 15 种样本集 S_{e}。本仿真实验分别选取每类样本的 8%、6%、4% 和 2% 作为训练样本,其余全部作为测试样本,来构建各类样本数目平衡的样本集。

表 5.1 干扰信号仿真参数

干扰类型	参数类型	取值范围
密集假目标干扰	假目标数/个	3~6
	假目标延迟/μs	1~10
间歇采样转发干扰、灵巧噪声干扰	转发次数/次	1~4
	干扰占空比	20%~50%
	采样周期/μs	5, 10
距离欺骗干扰	假目标延迟/μs	1~10
瞄准干扰	干扰带宽/MHz	20~40
阻塞干扰	干扰带宽/MHz	50~80
线性扫频干扰	扫频周期/μs	40~80
	扫频带宽/MHz	20

ECNN 模型包含 15 个基础分类器 CNN,每个 CNN 的详细参数如表 5.2 所示。每个 CNN 主要包含 4 个卷积层和 2 个正则化层。为验证所提算法的有效性和优越性,分别利用表 5.3 所示的 CNN 模型参数在时频域、时域三通道干扰数据集上进行对比分类实验,并采用文献[22]所提出的有源干扰信号分类算法作为对比,即提取了干扰信号均值、方差、频域矩偏度、频域矩峰度、盒维数、近似熵及分数低阶矩 7 维人工特征,采用随机森林(Random Forest,RF)分类器进行干扰信号分类,其中 RF 所包含决策树数目为 100。为明确地衡量各个算法的泛化能力,采用整体分类精度(Overall Accuracy,OA)、平均精度(Average Accuracy,AA)作为分类性能评价指标,所有实验结果均为 10 次独立重复实验取平均,以提高实验结果的可靠性。

表 5.2 基础分类器 CNN 模型参数

网络层	卷积核	最大池化	激活函数
输入层	$N\times(247\times100\times3)$		
卷积层 1	$(13\times13)\times64$	2×2	ReLU
正则化层	Dropout (0.25)		

续表

网络层	卷积核	最大池化	激活函数
卷积层 2	（9×9）×128	2×2	ReLU
卷积层 3	（5×5）×128	2×2	ReLU
正则化层	Dropout (0.25)		
卷积层 4	（3×3）×256	2×2	ReLU
展开层	1×5632		
全连接层	—	—	Softmax
输出层	1×12		

表 5.3　CNN 模型参数

网络层	卷积核	最大池化	激活函数
输入层	N×（2000×3）		
卷积层 1	（16×1）×16	2×1	ReLU
正则化层	Dropout (0.25)		
卷积层 2	（32×1）×32	2×1	ReLU
卷积层 3	（64×1）×64	2×1	ReLU
正则化层	Dropout (0.25)		
卷积层 4	（128×1）×128	2×1	ReLU
展开层	1×5120		
全连接层	—	—	Softmax
输出层	1×12		

　　上述四种算法的实验结果如图 5.13 所示。由图 5.13 可以看出，在训练样本数占 8%（较为充足）的情况下，四种算法均取得了较好的实验结果；当训练集大小依次减少到 2%时，各个算法的精度都依次下降；利用生成时频域数据集进行分类的时频域三通道 CNN 算法及 ECNN 算法的精度均高于时域三通道 CNN 算法精度与基于特征提取的 RF 算法的精度，且所提 ECNN 算法的精度始终为最佳，即具有最佳泛化能力；在不同训练样本的实验中，其整体精度（OA）相比传统基于人工特征提取的 RF 算法提高 5.18%～7.93%，相比时域三通道 CNN 算法提高 0.97%～16.70%，相比时频域三通道 CNN 算法提高 1.57%～4.54%；其平均精度（AA）相比传统基于人工特征提取的 RF 算法提高 2.81%～6.95%，相比时域三通道 CNN 算法提高 0.82%～16.52%，相比时频域三通道 CNN 算法提高 1.39%～4.27%。由此可见，所提 ECNN 分类算法在 2%的训练样本下较之对比算法的精度提高更多，其模型泛化能力更好。

　　表 5.4 详细给出了训练样本占 4%时四种算法实验结果的每类精度。表中每类干扰的最佳分类精度均用加粗字体显示，ECNN 算法在九种干扰类别中取得了最

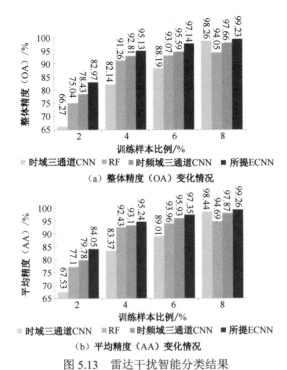

（a）整体精度（OA）变化情况

（b）平均精度（AA）变化情况

图 5.13　雷达干扰智能分类结果

佳分类效果，且该算法重复实验所得分类结果的方差最小（稳定性最高），较之对比算法优势更显著。

表 5.4　训练集占 4%时四种算法实验结果的每类精度

干扰	算　　法			
	时域 CNN	人工特征 提取+RF	时频域 CNN	所提 ECNN
真实目标	88.55±8.80	94.11±3.21	97.32±4.50	**99.75±0.24**
密集假目标干扰	92.08±3.29	86.10±4.36	92.77±4.34	**98.72±0.59**
间歇采样转发干扰	78.15±10.62	**98.50±3.47**	95.43±3.39	93.46±1.12
距离欺骗干扰	76.86±13.34	97.32±3.78	95.80±2.00	**98.59±0.21**
灵巧噪声干扰	76.46±9.86	92.49±2.61	**94.89±1.18**	83.61±1.32
扫频干扰	99.50±0.74	**99.79±0.25**	98.24±2.15	99.14±0.55
阻塞干扰	92.30±14.52	88.18±5.37	96.33±3.19	**100.00±0.00**
线性扫频干扰	70.47±9.85	87.31±3.82	83.92±7.56	**89.23±1.57**
距离欺骗+灵巧噪声干扰	78.95±12.70	90.32±1.65	86.54±7.19	**90.77±1.34**
密集假目标+灵巧噪声干扰	97.66±2.22	89.55±4.76	96.14±3.19	**100.00±0.00**
距离欺骗+间歇采样转发干扰	83.40±8.96	95.57±1.99	94.50±3.62	**96.73±0.91**
线性扫频+间歇采样转发干扰	66.04±7.96	89.91±4.54	85.32±10.33	**92.90±4.72**

注：表中加粗的数据为采用不同算法后对每种干扰识别精度最高的值。

5.1.3 干扰参数提取技术

通过上述不同的干扰识别算法进行干扰类型判别后，需要针对不同的干扰类型提取相应的关键参数，如 ISRJ 的切片宽度等，为后续抗干扰提供先验知识。

目前，针对干扰参数估计问题的研究工作较少，且主要针对间歇采样转发干扰，估计得到的参数一般用于后续干扰抑制。文献[23]分析了间歇采样转发式干扰的脉冲压缩时频特性，提出了一种去卷积处理的切片宽度估计方法。文献[24]提出了一种基于短时分数阶傅里叶变换的估计方法，实现对 ISRJ 的切片个数、切片宽度和调频斜率等干扰参数的估计。文献[25]分析了干扰匹配滤波后互模糊函数的特性，提出了一种基于 Radon 变换和最小二乘的参数估计方法。文献[26]提出一种滑动截断匹配滤波方法。文献[27]构造了间歇采样转发干扰和接收窗函数的非线性优化模型，提出了基于交替方向乘子法（Alternating Direction Method of Multipliers，ADMM）的干扰参数估计方法，提取切片宽度和数量。文献[28]提出了一种基于希尔伯特变换的估计方法，提取干扰采样次数和转发次数。上述工作均针对 ISRJ 的关键参数（如切片宽度、采样间隔等）进行估计，所用方法较为复杂。

图 5.14 所示为 ISRJ 信号干扰样式示意。其中图 5.14（a）所示的转发次数为 1 次，即"收一发一"；图 5.14（b）所示的转发次数为 2 次，即"收一发多"。二者的采样周期、切片宽度等参数均已标注在图中。

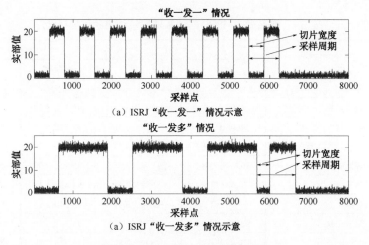

图 5.14　ISRJ 信号干扰样式示意

通过分析 ISRJ 信号特性，可以利用时域信号的上升/下降突变沿定位每个切片的起始位置和终止位置，进而确定切片及采样周期的宽度。转发次数可根据采样周期与切片宽度的对应关系计算得到，最终完成 ISRJ 信号的参数提取，图 5.15 所示为 ISRJ 参数提取方法的流程。

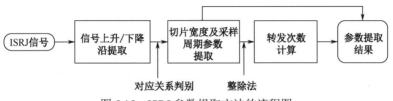

图 5.15 ISRJ 参数提取方法的流程图

下面对上述流程中的各个步骤进行说明。为便于展示过程结果，在 ISRJ 干扰场景下进行仿真实验。雷达发射信号采用 LFM 信号，ISRJ 信号的参数设置如表 5.5 所示。

表 5.5 ISRJ 信号参数

参数	切片宽度	采样周期	转发次数	采样频率	脉冲宽度	LFM 信号带宽
数值	1.3μs	2.6μs	1	300MHz	20μs	150MHz

由于 ISRJ 信号在转发期间的能量较之采样期间的能量大小有显著差异，故利用时域信号能量突变性质可准确提取出对应的上升/下降突变沿。图 5.16 所示为根据上述方法提取出的 ISRJ 信号突变沿结果，为便于后续处理，将信号上升突变沿位置统一标注为 1，将信号下降突变沿位置统一标注为-1，其余位置标注为 0。

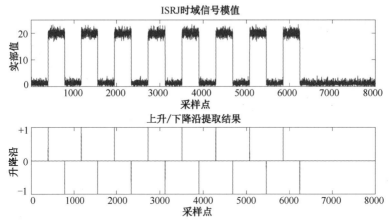

图 5.16 ISRJ 信号上升/下降沿提取结果

在 ISRJ 信号上升/下降沿提取的结果中，进一步提取信号的切片宽度及采样周期参数。显然，某一下降沿位置至其后第一个上升沿位置间的时长为 ISRJ 切片宽度；同理，某一下降沿位置至其后第一个下降沿位置间的时长为 ISRJ 采样周期。根据上述性质，对仿真信号进行参数提取，得到的结果如表 5.6 所示。显然可以看出，提取的结果与实际结果吻合。

表 5.6   仿真信号参数提取结果

参数	提取结果	实际结果
切片宽度	1.3μs	1.3μs
采样周期	2.6μs	2.6μs

对 ISRJ 信号，其切片宽度与采样周期及转发时长满足如下关系：

$$T_{\mathrm{L}} = T_{\mathrm{s}} - T_{\mathrm{r}} \qquad (5\text{-}27)$$

式中，T_{L} 表示切片宽度；T_{s} 和 T_{r} 分别表示采样周期和转发时长。

根据上述关系及切片宽度、采样周期参数提取结果可得到转发时长为 1.3μs，故转发时长与切片宽度一致，即转发次数为 1 次。最终的参数提取结果如表 5.7 所示。显然可以看出，提取结果与实际结果吻合。

表 5.7   仿真信号最终的参数提取结果

参数	提取结果	实际结果
切片宽度	1.3μs	1.3μs
采样周期	2.6μs	2.6μs
转发次数	1	1

5.2   认知捷变波形设计技术

随着干扰技术的不断更新与变革，雷达抗干扰技术也在不断进步以应对新型的干扰技术。现有的雷达抗干扰技术主要从波形设计层面和信号处理层面出发，波形设计层面是通过设计雷达发射波形，使其具备对干扰的主动对抗能力；信号处理层面是通过对接收到的回波信号采取一系列的信号处理手段，进而达到干扰对抗的目的，属于被动干扰对抗手段。随着电磁环境日益复杂，提升雷达的主动对抗能力十分必要。本节基于干扰感知信息，开展认知捷变波形设计研究，利用波形优化提高雷达发射波形的干扰对抗能力。

本节针对间歇采样转发干扰，基于第 3 章介绍的脉内频率编码信号，利用干扰感知信息，从频域、时频域出发，设计脉内频率编码波形，提高雷达信号与间歇采样转发干扰在频域、时频域的正交性，降低干扰对信号的影响。

5.2.1   频域脉内频率编码波形设计技术

频域脉内频率编码波形设计是基于干扰感知信息，设计脉内频率编码信号子脉冲的中心频点，减小受到干扰的频段，进而设计匹配滤波器，对受到干扰的子脉冲进行滤除，实现干扰抑制。

利用式（3-2）所建立的脉内频率编码信号模型，基于间歇采样转发干扰的先验信息，设置子脉冲的中心频点，其示意图如图 5.17 所示。

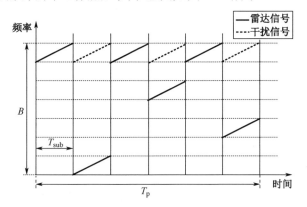

图 5.17　频域脉内频率编码波形回波示意图

对受干扰信号段对应的编码序列进行设计，进而减小干扰与目标的频域重叠部分；如式（5-28）所示，设计脉冲压缩参考信号 $s_{\text{ref}}(t)$，在实现脉冲压缩的同时实现干扰抑制，其表达式为

$$s_{\text{ref}}(t) = \begin{cases} s_m(t), & \text{未被干扰子脉冲} \\ 0, & \text{被干扰子脉冲} \end{cases} \qquad (5\text{-}28)$$

式中，$s_m(t)$ 表示第 m 个子脉冲信号。

为了验证所设计的脉内频率编码波形及滤波器的有效性，在不同干扰参数下进行如下仿真实验。

1. 单个间歇采样转发干扰

基于干扰认知信息，仿真在单个间歇采样转发干扰条件下，采用所述的频域脉内频率编码波形设计方法，得到回波信号及干扰抑制后的脉冲压缩结果。

雷达基本参数及间歇采样转发干扰的参数设置如表 5.8 所示。

表 5.8　雷达基本参数及间歇采样转发干扰的参数

参　数	数　值	参　数	数　值
带宽/MHz	85	干扰机个数/个	1
脉冲宽度/μs	30	干扰机 1 的采样时长/μs	2
子脉冲数/个	15	干扰机 1 的采样周期/μs	4
干信比（JSR）/dB	20	信噪比（SNR）/dB	5

图 5.18（a）所示为脉内频率编码波形的回波信号时域图，图 5.18（b）所示为对应的频谱图；图 5.19（a）所示为干扰抑制滤波器的频谱图，图 5.19（b）所示为对目标和干扰进行干扰抑制的脉冲压缩结果。从图 5.18（b）中可以看出，干扰机只干扰到了一个频点，其余频点均未受到干扰；因此构造图 5.19（a）所示的滤波器，利用该滤波器进行脉冲压缩，其结果如图 5.19（b）所示，间歇采样转发干扰由于与滤波器失配，获得的脉冲压缩增益很小，因此可实现干扰抑制。

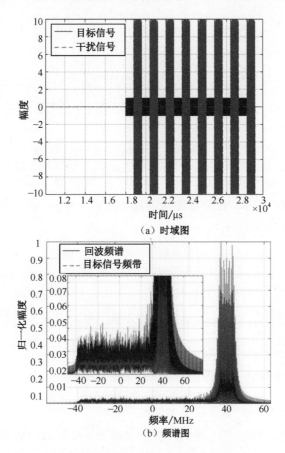

图 5.18　频域脉内频率编码波形回波

2. 两个间歇采样转发干扰

基于干扰认知信息，仿真在两个间歇采样转发干扰条件下，采用所述的频域脉内频率编码波形设计方法，得到的回波信号及干扰抑制后的脉冲压缩结果。

雷达基本参数及两个间歇采样转发干扰的参数设置如表 5.9 所示。

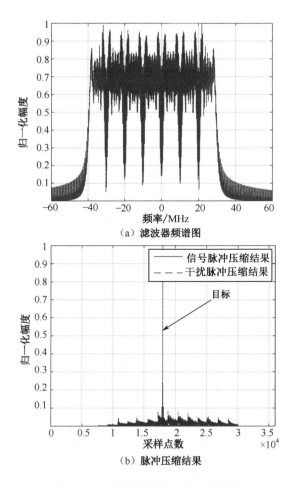

（a）滤波器频谱图

（b）脉冲压缩结果

图 5.19 间歇采样转发干扰抑制结果

表 5.9 雷达基本参数及两个间歇采样转发干扰的参数

参　数	数　值	参　数	数　值
带宽/MHz	85	干扰机个数/个	2
脉冲宽度/μs	30	干扰机 1 的采样时长/μs	2
子脉冲数/个	15	干扰机 1 的采样周期/μs	4
干信比（JSR）/dB	20	干扰机 2 的采样时长/μs	1
信噪比（SNR）/dB	5	干扰机 2 的采样周期/μs	4

图 5.20（a）所示为脉内频率编码波形的回波信号时域图，图 5.20（b）所示为对应的频谱图；图 5.21（a）所示为干扰抑制滤波器的频谱图，图 5.21（b）所示为对目标和干扰进行干扰抑制的脉冲压缩结果。从图 5.20（a）中可以看出，场景中存在两个干扰机，如图 5.20（b）所示，被干扰的频点只有一个，因此，使用

频域脉内频率编码波形，可以有效减少受干扰的频点；构造图 5.21（a）所示的滤波器，利用该滤波器进行脉冲压缩，其结果如图 5.21（b）所示，干扰与滤波器失配，干扰获得的脉冲压缩增益远小于目标获得的脉冲压缩增益，因此干扰被有效抑制。

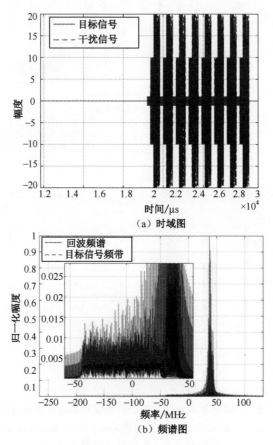

（a）时域图

（b）频谱图

图 5.20　频域脉内频率编码波形回波

5.2.2　时频域脉内频率编码波形优化技术

时频域脉内频率编码波形是针对间歇采样转发干扰与雷达信号在时频域难以区分的问题而设计的脉内频率编码波形。该波形可提高雷达信号与间歇采样转发干扰的时频域正交性，以减小干扰对雷达信号的时频重叠区域为目标，可降低干扰对雷达信号的影响。

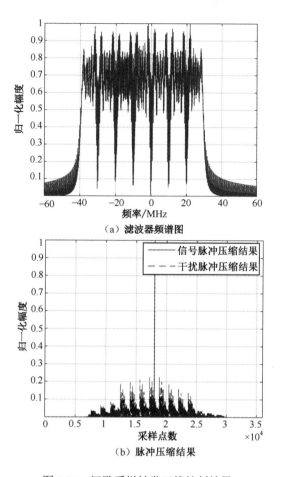

（a）滤波器频谱图

（b）脉冲压缩结果

图 5.21　间歇采样转发干扰抑制结果

假设场景中的干扰个数为 D，干扰信号 $J(\hat{t})=\sum\limits_{d=1}^{D}j_d(\hat{t})$，$j_d(\hat{t})$ 表示第 d 个间歇采样转发干扰；定义子脉冲的个数为 K，对应的脉内编码序列为 $\alpha_K=\begin{bmatrix}c_1 & \cdots & c_k & c_K\end{bmatrix}$，$c_k\in\{1,2,\cdots,K\}$。$\theta_j$ 为干扰感知参数，包括干扰采样时长及转发次数。脉内频率编码波形 $s(\hat{t})$ 与编码序列 α_k 有关，将其表示为 $s(\hat{t};\alpha_K)$，干扰信号与干扰的参数及脉内捷变波形有关，记为 $J(\hat{t};\alpha_K,\theta_j)$；对两者分别进行短时傅里叶变换，其表达式分别为

$$j_{\mathrm{tf}}\left(f,t';\alpha_K,\theta_j\right)=\int_{-\infty}^{\infty}J\left(\hat{t};\alpha_K,\theta_j\right)\omega\left(\hat{t}-t'\right)\cdot\mathrm{e}^{-\mathrm{j}2\pi f\hat{t}}\mathrm{d}\hat{t} \tag{5-29}$$

$$s_{\mathrm{tf}}\left(f,t';\alpha_K\right)=\int_{-\infty}^{\infty}s\left(\hat{t};\alpha_K\right)\omega\left(\hat{t}-t'\right)\cdot\mathrm{e}^{-\mathrm{j}2\pi f\hat{t}}\mathrm{d}\hat{t} \tag{5-30}$$

基于上式的时频变换结果，对干扰与目标的时频数据进行离散化处理。定义目标的时频矩阵为 $\Lambda_s(\alpha_K)$，其中，$\Lambda_s(\alpha_K)$ 中的第 p 行 q 列元素为

$\Lambda_{\mathrm{s}}\left(p,q;\alpha_K\right)=s_{\mathrm{tf}}\left(f_p,t'_q;\alpha_K\right)$；$P$ 为频率维度大小；Q 为时间维度大小，$1\leqslant p\leqslant P$，$1\leqslant q\leqslant Q$；t'_q 与 f_p 分别为离散化后的时间及频率。定义干扰时频矩阵为 $\Lambda_{\mathrm{j}}\left(\alpha_K,\theta_{\mathrm{j}}\right)$，其中，$\Lambda_{\mathrm{j}}\left(\alpha_K,\theta_{\mathrm{j}}\right)$ 中的第 p 行 q 列元素为 $\Lambda_{\mathrm{j}}\left(p,q;\alpha_K,\theta_{\mathrm{j}}\right)=j_{\mathrm{tf}}\left(f_p,t'_q;\alpha_K,\theta_{\mathrm{j}}\right)$。为了便于计算干扰与目标的重叠区域，对目标的时频矩阵 $\Lambda_{\mathrm{s}}\left(\alpha_K\right)$ 二值化后得到矩阵 $\tilde{\Lambda}_{\mathrm{s}}\left(\alpha_K\right)$，对干扰时频矩阵 $\Lambda_{\mathrm{j}}\left(\alpha_K,\theta_{\mathrm{j}}\right)$ 二值化后得到矩阵 $\tilde{\Lambda}_{\mathrm{j}}\left(\alpha_K,\theta_{\mathrm{j}}\right)$，其表达式分别为

$$\tilde{\Lambda}_{\mathrm{s}}\left(p,q;\alpha_K\right)=\begin{cases}0, & \left\|\Lambda_{\mathrm{s}}\left(p,q;\alpha_K\right)\right\|<\tilde{\delta}\\ 1, & \left\|\Lambda_{\mathrm{s}}\left(p,q;\alpha_K\right)\right\|\geqslant\tilde{\delta}\end{cases} \tag{5-31}$$

$$\tilde{\Lambda}_{\mathrm{j}}\left(p,q;\alpha_K,\theta_{\mathrm{j}}\right)=\begin{cases}0, & \left\|\Lambda_{\mathrm{j}}\left(p,q;\alpha_K,\theta_{\mathrm{j}}\right)\right\|<\tilde{\delta}\\ 1, & \left\|\Lambda_{\mathrm{j}}\left(p,q;\alpha_K,\theta_{\mathrm{j}}\right)\right\|\geqslant\tilde{\delta}\end{cases} \tag{5-32}$$

式中，$\tilde{\delta}$ 为常数；$\|\cdot\|$ 为对元素求模值。

进一步地，定义 Θ_K 为子脉冲数为 K 时，对应的脉内频率编码序列的解集。将二值化后的干扰矩阵 $\tilde{\Lambda}_{\mathrm{j}}$ 与目标矩阵 $\tilde{\Lambda}_{\mathrm{s}}$ 对应相乘后进行累加，得到干扰与目标的重叠度 $\sigma_K\left(\alpha_K,\theta_{\mathrm{j}}\right)$，其表达式分别为

$$\sigma_K\left(\alpha_K,\theta_{\mathrm{j}}\right)=\frac{\sum_{p=1}^{P}\sum_{q=1}^{Q}\tilde{\Lambda}_{\mathrm{s}}\left(p,q;\alpha_K\right)\cdot\tilde{\Lambda}_{\mathrm{j}}\left(p,q;\alpha_K,\theta_{\mathrm{j}}\right)}{\sum_{p=1}^{P}\sum_{q=1}^{Q}\tilde{\Lambda}_{\mathrm{s}}\left(p,q;\alpha_K\right)} \tag{5-33}$$

$$\min_{\alpha_K\in\Theta_K}\quad\sigma_K\left(\alpha_K,\theta_{\mathrm{j}}\right) \tag{5-34}$$
$$\mathrm{s.t.}\quad c_i\neq c_j, i\neq j, \forall i,j\in\left\{1,2,\cdots,K\right\}$$

贪婪算法可以被用于求解组合优化问题，它是一种基于贪心原理的递归算法，通过在每个步骤中选择当前最优解来逐步构建最终解。首先初始化编码序列为顺序步进，接下来逐次优化单个子脉冲的编码，求解得到每个子脉冲编码对应的局部最优解，进而得到最终解。采用贪婪算法对频率编码序列的求解步骤如下。

步骤一：初始化子脉冲数为 K 且对每个子脉冲编号，对第 k 个子脉冲的编号为 k，$k\in\left\{1,2,\cdots,K\right\}$。初始化脉内编码序列为顺序步进 $1\sim K$，即 LFM 波形，代入式（5-34）得到一个初始重叠度 σ_0。

步骤二：按照编号顺序分别对每个子脉冲的编码进行优化，优化编号为 k 的子脉冲编码时，其余 $K-1$ 个子脉冲的编码保持不变。首先对编号为 1 的子脉冲编码进行优化，该子脉冲编码的解集为 $\eta_1=[1,K]$。通过搜索整个解空间，得到使目

标函数最优的编码 $\beta_1 \in \eta_1$。接下来，对编号为 2 的子脉冲编码进行优化，更新解空间为 $\eta_2 = \eta_1 / \{\beta_1\}$，搜索解空间得到目标函数最优时对应的 $\beta_2 \in \eta_2$，以此类推，直到优化完编号为 $K-1$ 的子脉冲。

步骤三：对编号为 K 的子脉冲编码不需要再进行优化，该子脉冲编码的解集 η_K 中仅包含一个元素。至此，得到子脉冲数为 K 的编码序列最终解 $\tilde{\beta}_K = [\beta_1 \quad \cdots \quad \beta_k \quad \cdots \quad \beta_K]$ 及相应的目标函数值 $\tilde{\sigma}_K$。

为了验证优化算法及优化波形的有效性，可仿真在不同干扰场景下优化前后波形的性能。

1. 单个间歇采样转发干扰

场景参数如表 5.10 所示。

表 5.10 场景参数

参 数	数 值	参 数	数 值
子脉冲数/个	20	信号脉宽/μs	30
瞬时带宽/MHz	50	距离/km	10
信噪比/dB	5	采样周期 1/μs	6
采样时长 1/μs	2	干信比 1/dB	15
转发次数 1/次	2	采样周期 2/μs	3
采样时长 2/μs	1.5	干信比 2/dB	15
转发次数 2/次	1		

仿真结果如图 5.22 和图 5.23 所示。

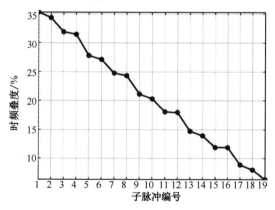

图 5.22 子脉冲编号-时频重叠度

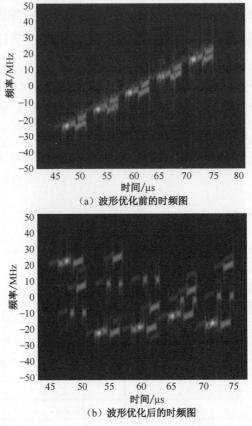

（a）波形优化前的时频图

（b）波形优化后的时频图

图 5.23　波形优化前后的时频图对比

　　基于对干扰采样时长及转发次数的干扰先验信息优化频率编码序列，以降低干扰对目标的时频重叠度。如图 5.22 所示，在子脉冲数为 20 的条件下，干扰对目标的时频重叠度由 35%降至 6.3%。如图 5.23（a）所示，当脉内频率编码波形为顺序步进时，干扰对目标的时频重叠度为 37%；如图 5.23（b）所示，在优化频率编码序列后，干扰对目标的时频重叠度降为 6.3%。

2. 单个间歇采样直接转发干扰

　　场景参数如表 5.11 所示。

表 5.11　场景参数

参　　数	数　　值	参　　数	数　　值
带宽/MHz	50	干扰机 1 的采样时长/μs	1.5
脉冲宽度/μs	30	干扰机 1 的采样周期/μs	4.5
子脉冲数/个	17	信噪比（SNR）/dB	0
干信比（JSR）/dB	20	目标距离/km	10

图 5.24（a）所示为子脉冲数为 17 的优化后回波信号时频图，图 5.24（b）所示为时频重叠度的变化趋势，干扰对目标的时频重叠度由 18.6%降至 0.36%。

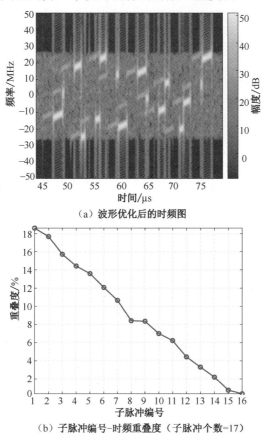

（a）波形优化后的时频图

（b）子脉冲编号–时频重叠度（子脉冲个数=17）

图 5.24　回波信号时频图及干扰对目标的时频重叠度优化图

图 5.25（a）所示为干扰抑制前的脉冲压缩结果，干扰信号在脉冲压缩后形成一个主假目标；图 5.25（b）所示为采用优化前后波形的干扰抑制结果对比，基于优化的脉内频率编码波形，干扰与目标的重叠区域有效减少，干扰抑制后目标的损失较小，经过计算，在该场景下，信干比改善因子为 36dB；对比干扰抑制后优化前后的波形，优化前波形在干扰抑制处理后的目标幅度更小。

3. 单个间歇采样重复转发干扰

场景参数如表 5.12 所示。

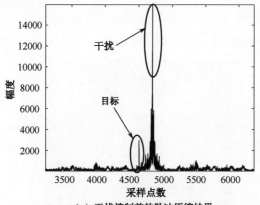

（a）干扰抑制前的脉冲压缩结果

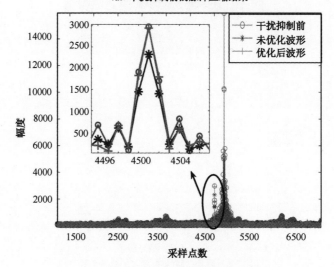

（d）优化前后波形的干扰抵制结果对比

图 5.25　脉冲压缩结果对比

表 5.12　场景参数

参　　数	数　值	参　　数	数　　值
带宽/MHz	50	干扰机 1 的采样时长/μs	1.5
脉冲宽度/μs	30	干扰机 1 的采样周期/μs	4.5
子脉冲数/个	20	信噪比（SNR）/ dB	0
干信比（JSR）/ dB	20	目标距离/km	10

图 5.26（a）所示为子脉冲数为 20 的优化后回波信号时频图，图 5.26（b）所示为时频重叠度的变化趋势，干扰对目标的时频重叠度由 22%降至 4%。

图 5.27（a）所示为干扰抑制前的脉冲压缩结果，对单个间歇采样重复转发干扰而言，干扰信号脉冲压缩后形成两个主假目标；图 5.27（b）所示为采用优化前

后波形的干扰抑制结果。可以看出，基于优化后的脉内频率编码波形，干扰与目标的重叠区域有效减小。此时经过干扰抑制后目标的损失较小，经过计算，在该场景下，信干比改善因子为 37.5dB；对未优化波形干扰抑制处理后的信号损失高于优化后波形，符合优化后波形带来的干扰对目标重叠区域低的优势。

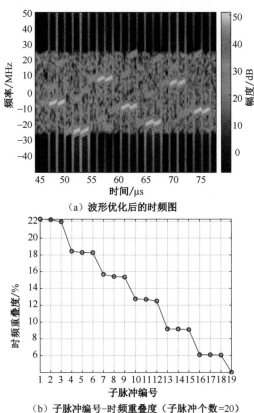

（a）波形优化后的时频图

（b）子脉冲编号-时频重叠度（子脉冲个数=20）

图 5.26　回波信号时频图以及干扰对目标的时频重叠度优化图

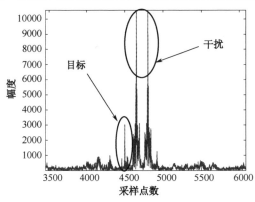

（a）干扰抑制前的脉冲压缩结果

图 5.27　脉冲压缩结果对比

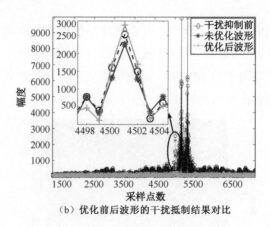

（b）优化前后波形的干扰抵制结果对比

图 5.27　脉冲压缩结果对比（续）

5.3　小结

本章围绕干扰感知及认知捷变波形设计开展研究，干扰感知研究包括干扰类型识别及干扰关键参数提取。其中，干扰类型识别利用基于决策树和多域多维特征的干扰类型快速识别方法及基于神经网络的智能识别算法，对不同的干扰类型（如欺骗干扰与压制干扰）进行识别；而干扰关键参数提取则针对 ISRJ 的参数，如切片宽度、采样周期等进行提取。认知捷变波形设计主要针对间歇采样转发干扰切片采样、快速转发的特点，提出频域、时频域脉内频率编码波形设计技术，提升波形的主动对抗能力。

本章基于不同干扰的特征域差异提取可分性强的特征，并基于决策树进行干扰类型识别；同时针对深度学习识别干扰类型中存在训练数据不足的问题，利用基于多通道特征融合的 ECNN 算法实现小样本条件下的干扰识别算法，以解决神经网络对未知干扰类型的泛化性能差的问题。

为了提升雷达波形的主动对抗能力，针对间歇采样转发干扰，本章基于频域、时频域对脉内频率编码波形进行优化设计，减小干扰对信号的影响；频域脉内频率编码波形设计通过子脉冲中心频点设计提高干扰与信号的频域正交性；时频域脉内频率编码波形优化技术基于贪婪算法，对子脉冲编码序列进行优化设计，提高干扰与信号的时频域正交性。

本章参考文献

[1]　周红平，王子伟，郭忠义. 雷达有源干扰识别算法综述[J]. 数据采集与处理，
　　　2022, 37(1): 1-20.

[2] 卢雪怡，杨爱平，盛骥松. 基于移频的距离波门拖引干扰方法分析与仿真[J]. 舰船电子对抗，2018, 41(3): 42-44,95.

[3] YAN L, ADDABBO P, HAO C, et al. A Sparse Learning Approach to Multiple Noise-Like Jammers Detection[C]. 2019 Photonics & Electromagnetics Research Symposium-Fall. IEEE, 2019: 155-161.

[4] GRECO M, GINI F, FARINA A. Radar detection and classification of jamming signals belonging to a cone class[J]. IEEE Transactions on Signal Process, 2008, 56(5): 1984-1993.

[5] SU D, GAO M. Research on jamming recognition technology based on characteristic parameters[C]. 2020 IEEE 5th International Conference on Signal and Image Processing. IEEE, 2020: 303-307.

[6] GAO M, LI H, JIAO B, et al. Simulation research on classification and identification of typical active jamming against LFM radar[C]. Eleventh International Conference on Signal Processing Systems. SPIE, 2019, 11384: 214-221.

[7] XU C, YU L, WEI Y, et al. Research on active jamming recognition in complex electromagnetic environment[C]. 2019 IEEE International Conference on Signal, Information and Data Processing. IEEE, 2019: 1-5.

[8] SHENGLIANG H U, LINGANG W U, ZHANG J, et al. Research on chaff jamming recognition technology of anti-ship missile based on radar target characteristics[C]. 2019 12th International Conference on Intelligent Computation Technology and Automation. IEEE, 2019: 222-226.

[9] YANG X Y, RUAN H L, FENG H R. A recognition algorithm of deception jamming based on image of time-frequency distribution[C]. 2017 7th IEEE International Conference on Electronics Information and Emergency Communication. IEEE, 2017: 275-278.

[10] 李方圆，张旭东，许稼. 基于时频分析和支持向量机的有源干扰信号识别[C]. 全国信号和智能信息处理与应用学术会议，2013.

[11] 施昉. 雷达有源欺骗干扰多尺度特征级识别技术研究[D]. 西安：西安电子科技大学，2014.

[12] 杨兴宇，阮怀林. 基于时频图像 Zernike 矩特征的欺骗干扰识别[J]. 现代雷达，2018, 40(2): 91-95.

[13] 刘明骞，高晓腾，张俊林. 多类型的雷达有源干扰感知新方法[J]. 西安交通大学学报，2019, 53(10): 103-108.

[14] 史忠亚，吴华，沈文迪，等. 基于双域特征的雷达欺骗干扰样式识别方法[J]. 火力与指挥控制，2018, 43(1): 136-140.

[15] SZEGEDY C, LIU W, JIA Y, et al. Going deeper with convolutions[C]. Proceedings of the IEEE conference on computer vision and pattern recognition, 2015: 1-9.

[16] LV Q, FENG W, QUAN Y, et al. Enhanced-random-feature-subspace-based ensemble CNN for the imbalanced hyperspectral image classification[J]. IEEE Journal of Selected Topics in Applied Earth Observations and Remote Sensing, 2021, 14: 3988-3999.

[17] LIU Q, ZHANG W. Deep learning and recognition of radar jamming based on CNN[C]. 2019 12th international symposium on computational intelligence and design (ISCID). IEEE, 2019, 1: 208-212.

[18] BHATTI F A, KHAN M J, SELIM A, et al. Shared spectrum monitoring using deep learning[J]. IEEE Transactions on Cognitive Communications and Networking, 2021, 7(4): 1171-1185.

[19] SHAO G, CHEN Y, WEI Y. Deep fusion for radar jamming signal classification based on CNN[J]. IEEE Access, 2020, 8: 117236-117244.

[20] QU Q, WEI S, LIU S, et al. JRNet: Jamming recognition networks for radar compound suppression jamming signals[J]. IEEE Transactions on Vehicular Technology, 2020, 69(12): 15035-15045.

[21] KONG Y, WANG X, CHENG Y. Spectral–spatial feature extraction for HSI classification based on supervised hypergraph and sample expanded CNN[J]. IEEE journal of selected topics in applied earth observations and remote sensing, 2018, 11(11): 4128-4140.

[22] 祝存海. 基于特征提取的雷达有源干扰信号分类研究[D]. 西安：西安电子科技大学，2017.

[23] ZHOU C, LIU Q, CHEN X. Parameter estimation and suppression for DRFM-based interrupted sampling repeater jammer[J]. IET Radar, Sonar & Navigation, 2018, 12(1): 56-63.

[24] 杨小鹏，韩博文，吴旭晨，等. 基于短时分数阶傅里叶变换的间歇采样转发干扰辨识方法[J]. 信号处理，2019, 35(6): 1002-1010.

[25] 周畅，范甘霖，汤子跃，等. 间歇采样转发干扰的关键参数估计[J]. 太赫兹科学与电子信息学报，2019, 17(5): 782-787.

[26] 周超，刘泉华，曾涛. DRFM 间歇采样转发式干扰辨识算法研究[J]. 信号处

理，2017, 33(7): 911-917.

[27] 尚东东，张劲东，胡婉婉，等. 基于 ADMM 的间歇采样转发式干扰的参数估计[J]. 雷达科学与技术，2021, 19(4): 417-422,429.

[28] MENG Y, YU L, WEI Y, et al. A novel parameter estimation method of interrupted sampling repeater jamming[C]. 2019 IEEE International Conference on Signal, Information and Data Processing. IEEE, 2019: 1-5.

[29] 杜思予，全英汇，沙明辉，等. 基于进化 PSO 算法的稀疏捷变频雷达波形优化[J]. 系统工程与电子技术，2022, 44(3): 834-840.

第 6 章
捷变雷达实时信号处理实现

脉间频率捷变雷达具备同一个相参处理周期内各个脉冲的载频随机跳变的特点，由于载频跳变周期短，无论是频率捷变波形实时生成，还是脉间频率捷变信号实时相参处理，都具有很高的复杂度。本章针对频率捷变波形生成及脉间频率捷变波形相参处理的工程实现方法进行介绍，主要包括脉间频率捷变波形产生方法、脉内波形产生方法及稀疏重构的实时处理。

6.1　脉间频率捷变波形产生方法

为了有效对抗基于 DRFM 的有源干扰机，脉间频率捷变雷达需要具备捷变频率范围大、频率切换速度快的能力[1]，目前常见的脉间频率捷变波形实时产生方法包括本振跳变及基带跳变两种方法。

6.1.1　本振跳变方法

本振跳变是指将射频组件用于混频的高频本振信号按照脉间频率捷变波形的发射规律进行调整，从而达到实现发射信号载频脉间捷变的目的。本振跳变需要 1～2 个可以在多个频率范围内发射的射频组件，且对射频组件的要求相对较高。现代相参体制脉间频率捷变雷达，常采用直接数字频率合成器[2]（Direct Digital Synthesizer，DDS）或锁相环（Phase-Locked Loop，PLL）捕获本振，以间接合成的方式实现本振跳变[3]。本振跳变硬件电路示意如图 6.1 所示。

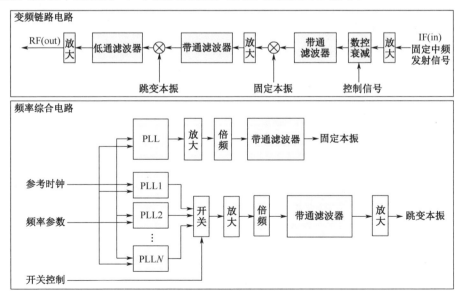

图 6.1　本振跳变硬件电路示意

本振跳变硬件电路中，变频链路常采用两级变频实现，第一级本振 LO1 使用跳变本振，第二级本振 LO2 采用固定本振，本振可采用 DDS 或者 PLL 实现。DDS 具有频率切换速度快、频率分辨率高的特点，其切换时间可到几十纳秒级别，但频率输出范围较窄、杂散抑制能力较差，而 PLL 具有频率输出范围宽、频谱纯度高的特点，但其频率切换时间长、频率分辨率低，其切换时间为百微秒级别，且小步进输出时相位噪声较高。

因此，对于脉间频率捷变雷达可根据具体的应用场景、应用需求选择不同的本振跳变方式。对于跳频范围窄、频率切换速度快的雷达应用需求，可使用 DDS 作为跳变本振；对于跳频范围宽、频率切换速度慢的雷达应用需求，可使用 PLL 作为跳变本振；对于跳频范围宽、频率切换速度快的雷达应用需求，可使用多个 PLL 并行输出加数控开关快速切换实现跳变本振，通过修改频率参数提前控制各个 PLL 输出，通过数控开关对 PLL 输出进行选择，频率切换速度取决于数控开关响应时间，大概在百微秒级别。

6.1.2 基带跳变方法

与本振跳变不同，基带跳变通过在数字端直接生成不同频率的发射信号，然后采用高采样率、大带宽的数字模拟转换器（Digital-to-Analog Converter，DAC）实现脉间频率捷变信号的输出，而射频本振采用固定频率源。在工程实现中，跳频规律可以做到伪随机变动，发射频率在合成带宽内呈均匀分布。数字基带跳变在生成波形的多样性和便捷性上具有显著优势，因此在实际工程中得到了广泛应用[4]。基带跳变硬件电路示意如图 6.2 所示。

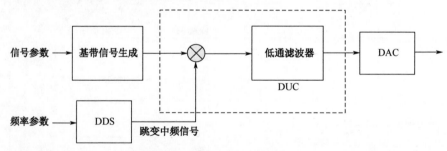

图 6.2 基带跳变硬件电路示意

基带跳变首先在数字信号处理器中产生位于零频的基带信号，然后通过数字上变频（Digital Up Conversion，DUC）实现脉冲间信号中心频率的切换，对不同带宽的基带信号选用不同的低通滤波器滤除上变频过程产生的谐波，然后通过 DAC 转换为模拟信号输出。

6.2 脉内波形产生方法

典型的脉内波形有 LFM、脉内频率编码波形、脉内相位编码波形等,本节针对脉内波形生成的工程实现,以 DDS 工作原理为切入点,借助 Xilinx 公司的 Vivado 开发工具,概述基于 DDS 芯片和基于 FPGA 的两种脉内波形实现方法。基于 DDS 芯片的脉内波形实现方法适用于相位连续的脉内波形,基于 FPGA 的脉内波形实现方法适用于任意脉内波形生成。Vivado 提供的图形化接口和高级编程功能可以大大降低 FPGA 对 DDS 芯片的控制和波形实现的难度,缩短工程开发周期。

6.2.1　基于 DDS 芯片的脉内波形实现方法

DDS 芯片采用 DDS 频率合成技术。该技术从相位理论出发,利用不同的电压幅度对应不同的相位,通过数字采样技术实现信号的调制。它成功地将数字处理技术融入信号频率合成领域,然后通过数字模拟转换器将输出的数字信号转化为需要的模拟信号。相比传统的频率合成技术,DDS 技术具有输出频率带宽高、分辨率高、频率转换速度快、能输出较多种类波形、便于软件控制等优点。

因此,通过 FPGA 对外部电路进行精确控制,以配置 DDS 芯片内部的参数,可对输出波形的频率、相位、幅度等进行精确调整,得到所需要的相位连续的脉内波形[5]。本节以生成 LFM 为例,着重介绍 DDS 芯片的工作原理和脉内波形实现方法。

6.2.1.1　DDS 原理与芯片介绍

DDS 是一种全数字频率合成技术,它具有多种数字式调制能力(如相位调制、频率调制、幅度调制及 I/Q 正交调制等),在通信、导航、雷达、电子战等领域获得了广泛的应用。DDS 的基本原理是利用采样定理,通过查表法产生波形。DDS 的基本电路原理如图 6.3 所示。

图 6.3 中,参考频率源为固定值;频率控制字 K,用来调整输出信号的频率;相位累加器由 N 位加法器与 N 位累加寄存器构成,它根据频率控制字 K,完成相位值的累加,并将此累加值输入波形存储器中;波形存储器将相位累加器的值作为当前地址,查找与相位值对应的信号数据,输出到 DAC;DAC 将波形存储器输出的数字量转换为与之对应的模拟量;由于 DAC 存在量化误差,输出波形中存在混叠,需要在输出端使用低通滤波器进行滤波,以提高信号的输出性能。

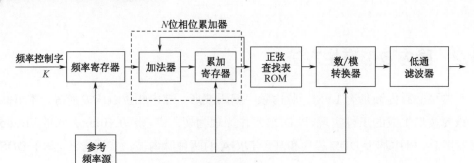

图 6.3　DDS 的基本电路原理

相位累加器由 N 位加法器与 N 位累加寄存器级联构成。每传来一个时钟脉冲 f_s，加法器均将频率控制字 K 与累加寄存器输出的累加相位数据相加，把相加后的结果送至累加寄存器的数据输入端。累加寄存器将加法器在上一个时钟脉冲作用后所产生的新相位数据反馈到加法器的输入端，以使加法器在下一个时钟脉冲的作用下继续与频率控制字 K 相加。这样，相位累加器在时钟作用下，不断对频率控制字进行线性相位累加。由此可以看出，相位累加器在每个时钟脉冲输入时，均将频率控制字累加一次，其输出的数据是合成信号的相位，溢出频率是 DDS 输出的信号频率。

亚德诺（ADI）半导体公司的 AD9910 DDS 芯片内置 14bit DAC，支持高达 1 GSPS 的采样速率，采用了 ADI 公司的高级 DDS 专利技术，能显著降低芯片功耗而无须牺牲性能。其 DDS 与 DAC 组合形成了数字可编程与高频模拟输出频率合成器，通过频率、相位和幅度等参数控制，能够在高达 400MHz 的频率下生成频率捷变正弦波形。AD9910 使用 32bit 累加器提供快速跳频和频率调谐分辨率，支持快速的频率扫描、相位和幅度切换，方便实现线性调频、相位编码信号的合成。AD9910 芯片的优越性能，使其在雷达本振频率合成、雷达和扫描系统线形调频源、极化调制器、雷达回波模拟、快速跳频等领域得到广泛的应用。

6.2.1.2　线性调频信号设计

AD9910 中集成了全数字斜坡发生器，可以从编程设定的起点到终点扫描相位、频率和幅度。将全数字斜坡发生器设置为频率扫描，即可产生线性调频输出信号。数字斜坡发生器的扫描参数可以完全由编程确定，包括斜坡扫描上、下限，正/负斜率扫描步长和扫描步进时间间隔。数字斜坡发生器的内核是参考时钟为 SYNCLK 的 32bit 累加器，其频率为

$$f_{\text{SYNCLK}} = \frac{1}{4} f_{\text{SYSCLK}} \tag{6-1}$$

若 DDS 系统时钟（DAC 采样时钟）为 1GHz，则数字斜坡发生器的内核参考时钟为 4ns，即数字斜坡发生器最短间隔 4ns 就可以进行一次扫描步进，这对输出线性调频信号的线性度非常有利，即最小扫描步进时间间隔为

$$\Delta t = \frac{4}{f_{\text{SYSCLK}}} \tag{6-2}$$

实际工作时，扫描步进时间间隔可以编程控制，即

$$\Delta t = \frac{4P}{f_{\text{SYSCLK}}} \tag{6-3}$$

式中，P 表示保存在扫描步进时间间隔寄存器内的数据。扫描步长 M 确定输出信号频率扫描步长，即

$$\Delta F = \left(\frac{M}{2^{32}}\right) f_{\text{SYSCLK}} \tag{6-4}$$

输出线性调频信号的斜率为

$$K = \frac{\Delta F}{\Delta t} = \frac{M}{2^{32} \times 4P} \left(f_{\text{SYSCLK}}\right)^2 \tag{6-5}$$

斜坡累加器后接有限值控制逻辑，可以强制设定数字斜坡累加器输出信号频率的上界和下界，确保输出信号在期望的频率范围内线性扫描。扫描至上限后，通过编程控制可以强制斜坡累加器清零，强制输出信号频率复位至下限频率[5]。

图 6.4 所示为通过实时配置 AD9910 芯片生成的线性调频波形。

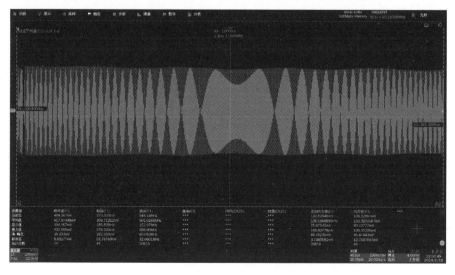

图 6.4　AD9910 芯片生成的线性调频波形

6.2.2　基于 FPGA 的脉内波形实现方法

基于 DDS 芯片的脉内波形实现方法虽然能够生成相位连续的波形，却难以输出时间连续而相位不连续的波形。以实现频率递增的线性调频波形和点频信号为例，DDS 芯片可以单独配置生成这两种波形。但是，当需要生成时间连续、相位不连续的波形时，单纯的 DDS 芯片配置无法实现。在这种情况下，可以利用 FPGA 配合使用 XILINX 官方自带的 DDS IP 核，实现相位不连续的波形生成，如脉内频率编码波形。

本节主要介绍非连续相位波形的 IP 核开发，它是结合赛灵思公司的 Vivado HLS 软件和其自带的 DDS IP 核完成的，所使用的开发环境为 Vivado 2017.4 版本。

6.2.2.1　关于 DDS IP 核的配置说明

DDS IP 核主要由五部分组成，其中 DDS 核心为相位累加器和查找表（Look-Up Table，LUT）。相位累加器实现查找表地址的产生，LUT 用来存储输出波形。抖动产生器和泰勒级数矫正产生模块，主要用来改善无杂散动态范围（Spurious Free Dynamic Range，SFDR），两者改善的效果、使用的逻辑资源存在差异。AXI4 接口用于实现相位累加字配置、多通道配置、相位累加器输出和波形数据输出，还有用于多通道 DDS 输出时使用的通道控制模块。图 6.5 所示为 DDS IP 核的 Configuration 配置界面。其详细的配置信息如下。

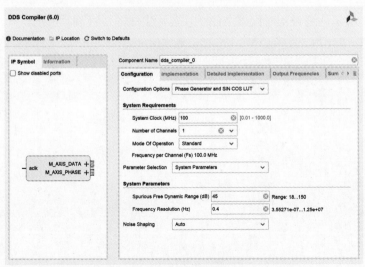

图 6.5　DDS IP 核的 Configuration 配置界面

（1）Configuration Options，分为以下三种模式。

① Phase Generator and SIN COS LUT (DDS)模式，在 IP 核内部集成好相位累

加器与 sin/cos 模块，只需要在 GUI 中配置好需要生成的频率即可，可选择单独输出 sin 或 cos，也可以两个曲线正交输出。

② Phase Generator only 模式下例化的 IP 核只有一个相位累加器，IP 核不断输出相位累加的结果。

③ SIN/COS LUT only 模式下例化的 IP 核只有一个 sin/cos 模块，需要外部不断输入累加的相位。

（2）System clock 是系统时钟（同时也是采样频率），直接影响 DDS 输出波形的频率。

（3）Number of Channels 为通道数，一般默认为 1。

（4）Mode of Operation 分为两种模式——Rasterized 模式和 Standard 模式。一般选择 Standard 模式。在 Standard 模式下，输出频率 f_{out} 是由设置的系统时钟 f_{clk} 的相位位宽 $B_{\theta(n)}$ 和控制字 $\Delta\theta$ 决定的，其公式为

$$f_{\mathrm{out}} = \frac{f_{\mathrm{clk}}\Delta\theta}{2^{B_{\theta(n)}}} \tag{6-6}$$

在 Rasterized 模式下，将分母换成可直接调控的 M，可方便输出一些整数频率波形。

（5）Parameter selection 分为两种模式。Hardware Parameter 模式下需要选择是否需要整形噪声 Noise Shaping 及输出的相位位宽和数据位宽。System Parameter 模式包含 SFDR、频率分辨率（Frequency Resolution）、Noise Shaping 三种需要配置的参数，SFDR 与输出的数据位宽有关，Frequency Resolution 与相位宽有关。详情可参考 Xilinx 的官方手册。

图 6.6 所示为 DDS IP 核的 Implementation 配置界面。其需要配置的具体参数如下。

图 6.6　DDS IP 核的 Implementation 配置界面

（1）Phase Increment Programmability 与 Phase Offset Programmability，即相位增量（频率控制字）和相位偏移量（相位控制字）控制模式选择，一般选择可编程模式，该模式下，当 valid 有效时可对相位增量和相位偏移量进行配置。

（2）Output 的 Sine、Cosine 及 Sine and Cosine 模式根据需要选择即可，在输出的 output_data 数据线上，有效数据位宽示意如图 6.7 所示。需要注意的是，Sine and Cosine 模式下输出数据位宽增大一倍。

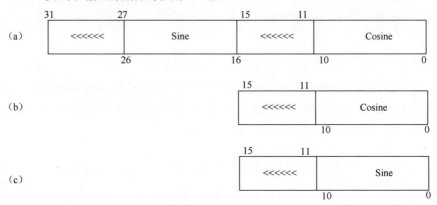

图 6.7 有效数据位宽示意

其余参数保持默认即可。

6.2.2.2 基于 DDS IP 的任意波形控制字生成方法

依据上节描述的输出频率 f_{out} 的计算方法可知，想要输出某个频率的信号时，输入的频率控制字为

$$\Delta\theta = \frac{f_{out}2^{B_{\theta(n)}}}{f_{clk}} \tag{6-7}$$

频率分辨率公式为

$$\Delta f = \frac{f_{clk}}{2^{B_{\theta(n)}}} \tag{6-8}$$

基于输入的频率控制字及频率分辨率，两者相乘可得到期望的输出频率。

对于产生相位偏移的信号（Phase Offset），在 DDS 中将"Phase Offset Programmability"设置为"Streaming"，IP 核端口会增加一个 PHASE 的输入通道，该通道数据总线的位宽与设置的频率分辨率有关，且可以在 Summary 界面中看到位宽（Phase Width）。该数据总线与 360° 的相位之间线性对应，例如，Phase Width 为 16Bits，则 0 对应 0°，FFFF 对应 360°，7FFF 对应 180°，以此类推。

通过相应波形频率的相位控制字与频率控制字，以及设置最低频率分辨率，结合时钟可以输出任何相位连续与相位非连续的发射波形[6]。

在工程实现中，按照采样率与时间间隔可计算出自适应编码信号有效波形部分所有的频率控制字，并按照相应编码顺序输入数字频率合成 DDS 核中即可生成最终波形。其中，计算频率控制字的算法由于需要大量的乘除运算，所以这里利用 Vivaco-HLS 工具进行实现，并生成相应的 IP 核。图 6.8 所示为设计一种特殊相位非连续波形时控制字的组合方式。

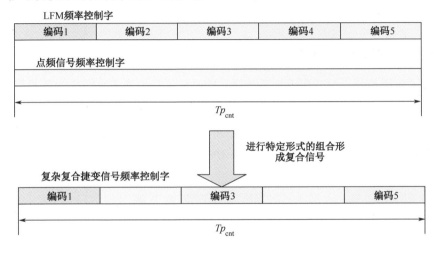

图 6.8　控制字的组合方式

按照上述组合原理可以生成图 6.9 所示的点频与线性调频信号分割组合的自适应特殊捷变波形。

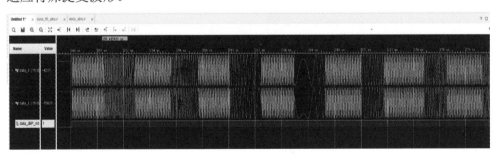

图 6.9　实际生成的特殊捷变波形

6.3　稀疏重构的实时处理

由于脉间频率捷变雷达的发射脉冲载频是随机捷变的，回波在一个 CPI 内的相位是非线性变化的，这使传统基于 FFT 的信号相参处理方法不再适用，基于第 2 章介绍的基于压缩感知的捷变相参处理算法，本节对捷变相参积累的工程实现方法进行介绍。稀疏重构算法通常涉及大量的运算，如矩阵运算和优化问题，这需要强大的并行处理能力才能实现实时计算，而 FPGA 正好具有设计灵活、并行度高、运算速度快、数据吞吐率大等特点。基于高集成度 FPGA 实现复杂的脉间频率捷变雷达信号处理算法，既能提高信号处理实时性，又能使信号处理平台更加小型化、低功耗化，使之更适合应用于诸如弹载等对系统集成度和功耗要求较高的微小型平台。因此，可以选择 FPGA 作为捷变相参积累的工程实现平台，实现对稀疏重构法的硬件加速[8]。

6.3.1 寻找原子支撑集

原子支撑集是正交匹配追踪算法运算的基础，是用来表示信号的基函数集[10]。其搜寻方法是将每轮迭代产生的残差向量向字典矩阵的各个基上进行投影，通过搜寻投影结果的最大值及其索引，从字典矩阵中选取与残差向量最相关的基向量作为新原子，并更新原子支撑集。图 6.10 所示为新原子选取过程示意。

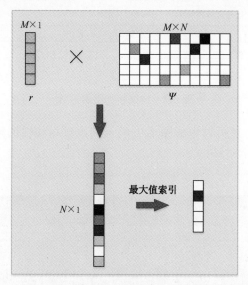

图 6.10　新原子选取过程示意

首先，用 MATLAB 生成模块计算要用的观测向量及字典矩阵，然后将文件包含到程序中用以初始化程序中的字典矩阵变量。由于字典矩阵是固定不变的，所以可以选择用只读存储器（Read-Only Memory，ROM）来存放该数据块。HLS 中对 ROM 的约束策略如图 6.11 所示。

```
#pragma HLS RESOURCE variable=basis_real core=ROM3s
#pragma HLS RESOURCE variable=basis_imag core=ROM3s
```

图 6.11　HLS 中对 ROM 的约束策略

basis_real、basis_imag 分别指字典矩阵的实虚部；ROM3s 表示用 FPGA 内部的块随机存取存储器（Block Random Access Memory，BRAM）来存放该变量所包含的数据，并且当读有效信号到来时，延时两拍再输出有效数据。这里之所以要设置成两拍后输出的原因是整个算法最后都要整合到同一个 Vivado 工程下。在 Vivado 中 BRAM 的时序图如图 6.12 所示。

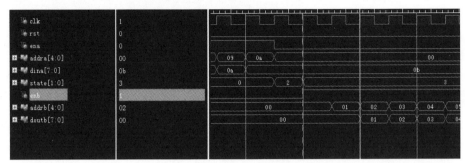

图 6.12　Vivado 中 BRAM 的时序图

在图 6.12 所示的仿真中，事先在 BRAM 中写入了 1～10 的递增数。当读使能信号 enb 及有效地址信号 addrb 到来时，过了两拍之后 BRAM 的输出端口 doutb 上才开始输出有效数据。而 HLS 在约束端口时都是以时序最优为默认约束准则的，除非特别指定端口的延时，默认配置的 BRAM 输出端口是不经过一级寄存器的，其时序图如图 6.13 所示。

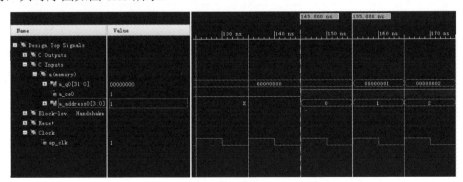

图 6.13　HLS 中默认配置的 BRAM 时序图

如果对 BRAM 做端口时序的约束，则用 ROM3s 取代默认的 ROM，其时序图如图 6.14 所示。需要注意的是，为了与工程中其他 IP 模块时序匹配，这里必须对 BRAM 的输出时序做约束。该模块实际上同样是矩阵与向量的乘法运算，所以可以参照相关运算模块的设计思路对该处的字典矩阵做并行优化设计。该模块的输入变量一是来自前端的最佳补偿向量，二是来自稀疏重构模块自己产生的残差向量。为了与字典矩阵的并行设计相匹配，必须对输入变量做相应的并行设计，如果直接在接口上对输入变量进行约束，则会使接口上的连线过于复杂。为简化起见，可将输入变量缓存到模块内部的存储器上，这样在模块内部做并行设计时才不会影响接口连线的复杂度。

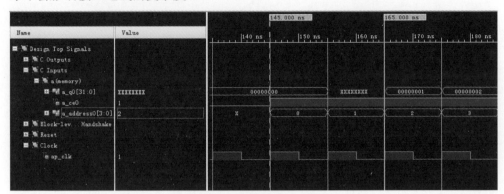

图 6.14   HLS 中用 ROM3s 约束后的 BRAM 时序图

如图 6.15 所示，Ψ_1、Ψ_2、Ψ_3、Ψ_4 中存放的是将 $M \times N$ 的字典矩阵按行拆分成四块小矩阵。初始化时，模块的输入变量是最佳补偿向量，直到算法达到收敛条件时，输入的均是残差向量。该模块首先将输入向量分四路送入不同的 BRAM 中，再与各小块 BRAM 中的字典矩阵进行乘法和累加运算。待输入的向量与字典矩阵的列相乘和累加运算完成后，接着求其 l_0 范数，即求复数的模长。HLS 中包含的复数库 complex.h 中已有对复数求模值的函数 norm()，开方操作是通过 cordic 算法实现的，Xilinx 公司也提供了 cordic 算法的 IP 核。后面的比较器用来挑选 N 个模值中的最大值，记录并根据选出的最大值的索引，从字典矩阵中选取对应的基作为新原子。

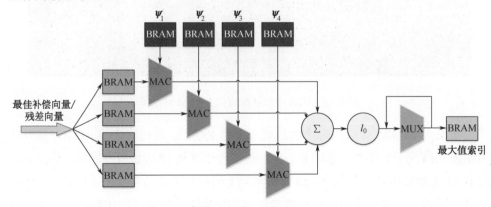

图 6.15   寻找原子支撑集模块映射电路

表 6.1 给出了并行优化后模块的资源消耗。

表 6.1　并行优化后模块的资源消耗

名称	静态随机存储器	微型乘法器模块	触发器	查找表
数字信号处理器	—	2	—	—
数据表达式	—	—	0	3636
先进先出数据缓冲器	—	—	—	—
实例	—	32	0	32
存储器	16	—	384	32
多路选择器	—	—	—	1090
寄存器	—	—	2714	7
总数	16	34	3098	4797
可用总数	2940	3600	866400	433200
利用率/%	~0	~0	~0	~1

表 6.2 所示为并行优化后模块的时间消耗。该模块在优化后最大的时间消耗为 1170 个时钟周期。

表 6.2　并行优化后模块的时间消耗

延迟		间隔		类型
最小	最大	最小	最大	
1169	1169	1170	1170	无

表 6.3 所示为并行优化前后资源与时间消耗对比。其中解决方案 1 表示并行优化前的综合结果，解决方案 2 表示并行优化后的综合结果。并行优化前模块计算大约需要 42.36μs，优化后仅需约 11.69μs。对比优化前后的综合结果，可以看出对计算过程做 4 路 pipeline 设计时效果明显提升。这里所采用的 pipeline 是高层

表 6.3　并行优化前后资源与时间消耗对比

项目		解决方案 1	解决方案 2
静态随机存储器		18	16
微型乘法器模块		20	34
触发器		3149	3098
查找表		5440	4797
延迟	最小	152	136
	最大	6302	4240
间隔	最小	153	137
	最大	6303	4241

次综合工具 Vivado HLS 专门针对电路实现后的数据吞吐率做的优化策略，该策略的特点是针对程序中要反复计算的，如 for 循环内要执行的程序部分，如果每轮迭代之间的计算过程是独立的，则经过 pipeline 策略优化后，不管是电路的时序、数据处理速率或是资源利用率，都会获得一个最优的效果。

6.3.2 QR 分解

常用的实现 QR 分解的算法有 Givens 变换、Household 变换，或通过 LU 及 Cholesky 对矩阵进行分解，但这些方法的前提条件是要求事先已知待分解矩阵。由于雷达系统中的信号处理对实时性的要求较高，无法等到原子支撑集中的所有原子选取完毕后再做 QR 分解。本节通过 Gram-Schmidt 正交化的方法实现对原子支撑集做 QR 分解，其优点是不必事先知道待分解的信号矩阵。当前面的原子选取模块迭代产生了一个新原子时可以立即对其做正交化处理，然后用正交化处理后的原子更新原子支撑集，并可用正交化处理后的原子去更新残差向量，使算法整体流水结构不被打断。QR 分解模块的计算过程如图 6.16 所示。

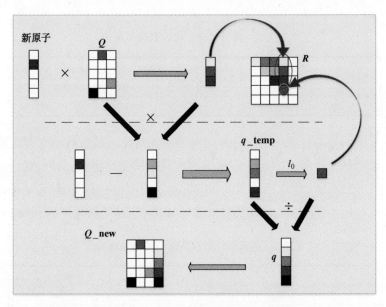

图 6.16 QR 分解模块的计算过程

图 6.16 较详细地描述了基于 Gram-Schmidt 方法实现对原子支撑集的 QR 分解过程。首先，将产生的新原子输入该模块，将其与当前经正交化处理过的原子集 Q 做内积运算，一个 $M \times 1$ 的原子与 $M \times P$ 的正交矩阵相乘得到一个 $P \times 1$ 的低维度向量。该向量的意义是新选出来的原子在已有的正交化处理过的原子支撑集

上的投影系数，即新原子与各正交基之间的相关度。这些值主要影响最终稀疏重构结果旁瓣值的计算，而旁瓣产生的原因就是因原子集中的所有基不可能完全正交而导致信号在频域的谱发生泄露现象。其次，当 $P \times 1$ 的向量计算完成后，在将其存到上三角系数矩阵 R 对应的列上的同时，与 Q 矩阵的转置做乘法，再用输入原子减去该乘法运算结果求得正交化之后的新原子 q_temp；接下来，求 q_temp 的模值，即求该向量的 l_0 范数。再次，在求出其 l_0 范数后，用其对 q_temp 向量做归一化，同时将其存入系数矩阵 R 的对角线上。经过这几步的计算，即可实现对新选出的原子做正交化归一化处理，使之与已被选出的原子之间互不相关。最后，将经过正交归一化处理过的向量 q 存入原 Q 矩阵中，更新原子支撑集。

上述过程中产生的 R 矩阵将用于后面的线性方程组的求解，其值的意义反映了每个被选出的原子与支撑集中的其他原子之间的互相关性及和自身的自相关性，而原子所代表的对象是信号的某个维度，所以上三角系数矩阵 R 的含义为信号的各个维度在由原子支撑集构成的基空间上的投影系数（比重）。图 6.17 展示了该模块实现后对应硬件电路的映射。

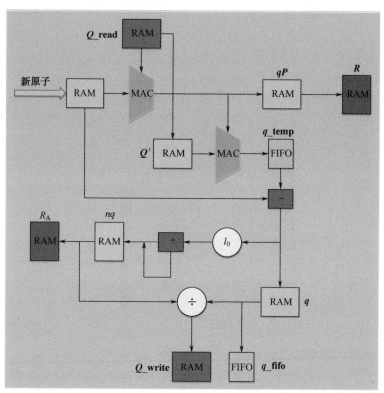

图 6.17　QR 分解模块硬件电路的映射

由于模块中的新原子在不同时刻要被重复使用，故将其缓存入 BRAM 模块中。图中的 Q_read 和 Q_write 是伪双口 BRAM 的读写接口，由于两接口的时序是互相独立的，故将其分开表示。首先，将新原子和当前正交化处理过的原子支撑集做内积运算，求得系数向量 qP 并将其缓存。其次，在读 Q 矩阵的同时，将其做转置处理并存入另一个 BRAM 中，当将向量 qP 算完之后，将其从缓存读出，与做完转置处理的 Q' 矩阵相乘并累加求得 q_temp，缓存到先进先出寄存器（First In First Out，FIFO）中。再次，用缓存在 BRAM 中的新原子与计算好的 q_temp 向量做元素相减，得到向量 q。此时，q 与原子支撑集中的所有元素正交。最后，对 q 向量做归一化处理后将其更新入原子支撑集。

由于要做归一化处理，所以要求解向量的模值，QR 分解模块耗资最多的地方就在于此。由于 q 向量中的元素也是复数，可以直接调用 HLS 库函数中的 norm() 函数，通过求 l_0 范数的方法来求 q 向量的模。而求得的模值 nq 也是向量 q 的自相关系数，将其存到系数矩阵 R 的对角线上。最后用求得的模值 nq 对 q 向量做除法实现归一化处理，并用归一化后的向量更新 Q 矩阵。由于用 R 矩阵中的自相关与互相关系数计算时间时存在差异，故将每一步计算的结果均先做缓存处理，待一轮迭代计算完成之后再将数据从缓存里读出并更新各系数矩阵。在 FPGA 内部，BRAM 的最小单位是 18KB，由于每个变量都要单独占用一块最小单位的 BRAM，但由于每个单独的变量消耗资源较少，从而造成资源浪费。Vivado HLS 中有一种专门针对小块变量资源利用优化的 ARRAY_MAP 策略，该策略主要应用于计算过程中间变量过多的情况，其原理如图 6.18 所示。

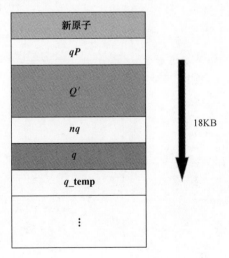

图 6.18　ARRAY_MAP 优化策略效果

ARRAY_MAP 优化策略其实是一种小块资源集中处理的方法，将计算过程中产生的小变量分段集中存储到一块 BRAM 中，由于一块 BRAM 不可能一个周期写入或读出两个以上的数据，所以存到同一块 BRAM 中的这些变量不能是同步读取或写入的。ARRAY_MAP 优化前后资源消耗对比如表 6.4 所示。

表 6.4　ARRAY_MAP 优化前后资源消耗对比

项目	解决方案 1	解决方案 2
静态随机存储器	12	8
微型乘法器模块	16	16
触发器	1153	1046
查找表	1305	1136

解决方案 1 表示优化前的综合结果，解决方案 2 表示优化后的综合结果。可以看出，优化后节约了 4 块 18KB 的 BRAM 及一些触发器和逻辑运算资源。ARRAY_MAP 还有另一种拼接方式，它是按位对变量进行拼接的，也就是说，在一个周期内可以同时读出多个变量。这种拼接方式对变量产生的并行性有严格要求，否则优化效果并不理想。由于 QR 分解步骤中基本都是串行计算的，所以第一种 ARRAY_MAP 优化资源的方法比较适用。表 6.5 所示为 QR 分解模块资源消耗情况。表 6.6 所示为 QR 分解模块时间消耗情况，一次 QR 分解模块运行时长最长为 8603 个时钟周期，最短为 408 个时钟周期。

表 6.5　QR 分解模块资源消耗情况

名称	静态随机存储器	微型乘法器模块	触发器	查找表
数字信号处理器	—	4	—	—
数据表达式	—	12	0	566
先进先出数据缓冲器				
实例	—	—	—	—
存储器	8	—	72	0
多路选择器	—	—		508
寄存器	—	—	958	—
总数	8	16	1030	1074
可用总数	2940	3600	866400	433200
利用率/%	~0	~0	~0	~0

表 6.6　QR 分解模块时间消耗情况

延迟		间隔		类型
最小	最大	最小	最大	
407	8602	408	8603	无

图 6.19 所示为 QR 分解模块综合后的原理图。QR 分解模块主要是一些逻辑运算，资源消耗较少。由于 Q 矩阵在不同迭代次数之间的规模是不同的，迭代次数越多，选出来的原子就越多，相应的 Q 矩阵就越大，故随着迭代次数的增加，QR 分解步骤中的矩阵与向量相乘部分的运算时间就会越来越长。图 6.20 所示为 QR 分解模块优化分析图，该图给出了模块整体寄存器传输级（RTL）实现时的时序性能分析。

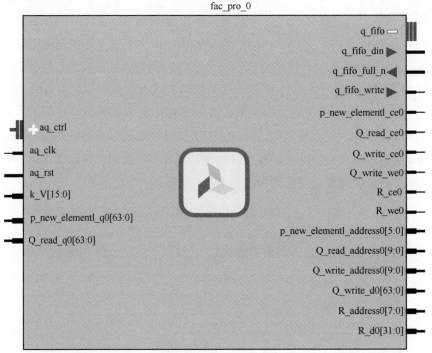

图 6.19　QR 分解模块综合后的原理图

算法的迭代次数与目标的稀疏度相同。以目标稀疏度 15 为例，第一次计算耗时约 407ns；当计算到最后一次时，该模块总耗时约为 8602ns。由于不同循环之间存在非独立性的依赖关系，当前循环必须等到前一次循环完成之后才能开始。图 6.20 中被椭圆圈起来的地方表示这里存在一个编译器无法优化的读写性能瓶颈，其详细信息如图 6.21 所示。

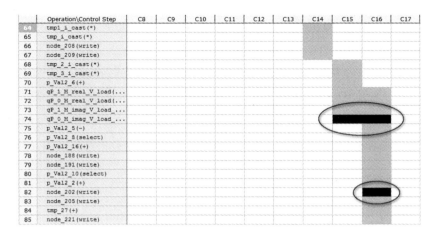

Operation\Control Step	C8	C9	C10	C11	C12	C13	C14	C15	C16	C17
64	tmp1_i_cast (*)									
65	tmp_i_cast (*)									
66	node_208 (write)									
67	node_209 (write)									
68	tmp_2_i_cast (*)									
69	tmp_3_i_cast (*)									
70	p_Val2_6 (+)									
71	qP_1_M_real_V_load (...									
72	qP_0_M_real_V_load (...									
73	qP_1_M_imag_V_load ...									
74	qP_0_M_imag_V_load ...									
75	p_Val2_5 (-)									
76	p_Val2_8 (select)									
77	p_Val2_16 (+)									
78	node_188 (write)									
79	node_191 (write)									
80	p_Val2_10 (select)									
81	p_Val2_2 (+)									
82	node_202 (write)									
83	node_205 (write)									
84	tmp_27 (+)									
85	node_221 (write)									

图 6.20　QR 分解模块优化分析

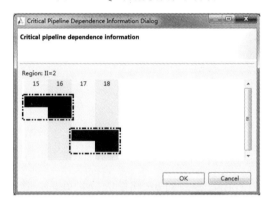

图 6.21　模块读写瓶颈信息

图 6.21 表明，在程序执行到第 16 个周期时，一个端口的读和写两个操作发生了冲突，导致编译器在优化到该区域时，一个 pipeline 被强制打断。优化分析结果中指出，该处的瓶颈发生在对 *qP* 向量的读取与写入上，此时查看到的编译器输出信息如图 6.22 所示。

```
INFO: [HLS 200-10] Starting hardware synthesis ...
INFO: [HLS 200-10] Synthesizing 'fac_pro' ...
INFO: [HLS 200-10]
----------------------------------------------------------
INFO: [HLS 200-10] -- Implementing module 'fac_pro'
INFO: [HLS 200-10]
----------------------------------------------------------
INFO: [SCHED 204-11] Starting scheduling ...
INFO: [SCHED 204-61] Pipelining loop 'Loop 1'.
INFO: [SCHED 204-61] Pipelining result: Target II: 1, Final II: 1, Depth: 3.
INFO: [SCHED 204-61] Pipelining loop 'loop2_0_loop2_1'.
WARNING: [SCHED 204-68] Unable to enforce a carried dependence constraint (II
= 1, distance = 1, offset = 1)
   between store operation (fac_project/fac_pro.cpp:45) of variable
'__Val2__', fac_project/fac_pro.cpp:45 on array 'qP[0]._M_imag.V',
fac_project/fac_pro.cpp:17 and load operation 'qP_0_M_imag_V_load_1',
fac_project/fac_pro.cpp:45) on array 'qP[0]._M_imag.V',
fac_project/fac_pro.cpp:17.
INFO: [SCHED 204-61] Pipelining result: Target II: 1, Final II: 2, Depth: 5.
```

图 6.22　编译器输出信息

分析图 6.22 所示编译器输出信息，在对 $qP[0]$ 变量的虚部进行读写时，无法实现在同一个周期内对同一个端口既读又写的操作，原因在于 qP 向量存入的缓存是个单口 RAM，一个周期只能读一个数。解决方案是将存放 qP 向量的缓存进行分块处理，即通过 ARRAY_PARTITION 约束策略，将原存放 qP 向量的缓存进行拆分，由原来单口 RAM 拆分成多个小容量的单口 RAM，实现单个周期内读取多个数量，提高数据的吞吐率。模块读写瓶颈被优化后的性能分析结果如图 6.23 所示。

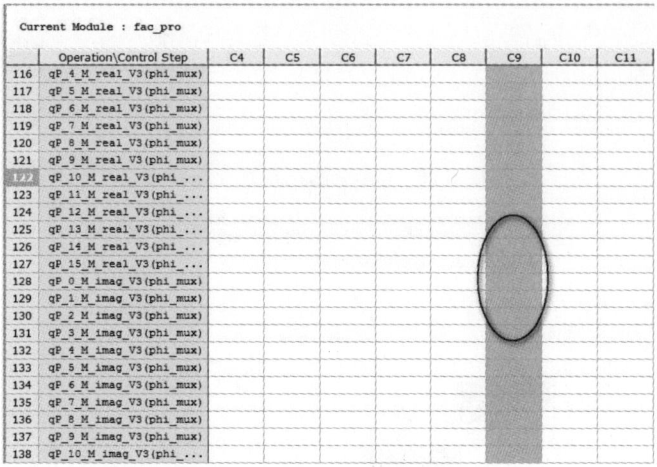

图 6.23　模块读写瓶颈被优化后的性能分析结果

从图 6.23 中可以看出，经过对 qP 向量的分块处理，数据的吞吐率被提高之后，原先对 BRAM 读取与写入的瓶颈已被优化掉，数据处理的流水线经过这里时不再会被打断，算法的时序也会得到相应的优化，其综合优化结果如表 6.7 所示。

表 6.7　优化前后资源及运算时间对比

项目	优化前		优化后	
	解决方案 1	解决方案 2	解决方案 1	解决方案 2
静态随机存储器	8	6	152	136
微型乘法器模块	16	16	6302	4240
触发器	1046	3305	153	137
查找表	1136	4506	6303	4241

表 6.7 中，解决方案 1 为读写瓶颈被优化前的综合结果，解决方案 2 为读写瓶颈被优化后的综合结果。这里存储器之所以会突然增加许多，是因为原先 qP 向量及和其相关的其他中间变量程序是通过消耗 BRAM 资源来实现缓存的，现在对 qP 向量做分块处理后改成了用 FPGA 内部的逻辑资源实现对变量的缓存。当瓶颈被优化掉之后，算法在时序上的收敛速度也得到了较明显的提高。

6.3.3　更新残差

在原子选取阶段，先采用残差向量与字典矩阵做相关运算，然后再从字典矩阵里找出与输入的残差向量最相关的某个基作为新原子；在 QR 分解模块中对选出的原子做正交化处理，并更新正交基矩阵 **Q** 及包含相关系数的上三角矩阵 **R**。经过正交化处理后产生了一个新的归一化原子 **q_fifo**，如图 6.24 所示。本节将利用该原子实现对输入残差向量更新的工作。

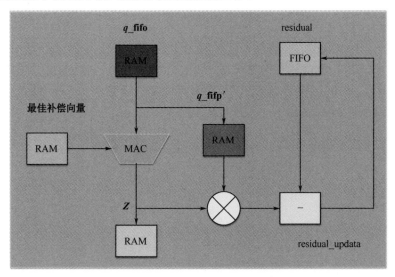

图 6.24　残差更新模块硬件映射结果

图 6.25 所示为更新残差模块综合后的原理。通过前文对更新残差原理的介绍可知，由于原子的选取过程是用输入的残差向量与字典矩阵进行相关运算求出来的，原子与残差向量之间存在相关性。因此，可先将输入的观测向量 **y**，向选取出来的原子上投影，得到的权值即该原子中包含观测向量部分的比重。然后从输入的残差向量中将该部分的比重去掉，实现对残差向量的更新。该模块对应的硬件映射图如图 6.24 所示。

观测向量在稀疏重构的初始阶段已被缓存到 BRAM 中，在这里对残差更新时要使用该向量。**q_fifo** 是经过正交化处理后的原子。模块刚开始工作的时候，首先将两个向量读出来做相向内积运算，由于前文介绍的 QR 分解模块在做原子正交化处理时耗时过长，这里就不再对输入模块的向量做过多的并行设计，只需简单的一条流水线即可满足数据实时处理的需求。待两个向量内积完成之后可得到变量 **Z**，其包含了观测信号在各个正交基上的投影比重（后面在求解目标稀疏解时会用到该系数向量，故再用它做后续运算的同时要将其缓存起来）。求得变量 **Z** 后，将其与 **q_fifo** 向量相乘，可得到信号在该正交基上的投影比重。最后从输入的残差向量中将这部分信号减去，剩下的部分为新的残差。表 6.8 给出了更新残差模块的资源消耗情况。表 6.9 所示为更新残差模块的时间消耗情况，可以看出其运行时长为 139 个时钟周期。

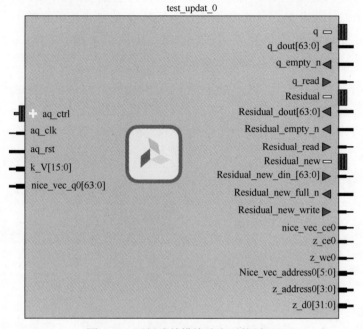

图 6.25　更新残差模块综合后的原理

表 6.8　更新残差模块的资源消耗情况

名称	静态随机存储器	微型乘法器模块	触发器	查找表
数字信号处理器	—	—	—	—
数据表达式	—	8	0	382
先进先出数据缓冲器	—	—	—	—
实例	—	16	0	0
存储器	4	—	0	0
多路选择器	—	—	—	220
寄存器	—	—	809	9
总数	4	24	809	611
可用总数	2940	3600	866400	433200
利用率/%	~0	~0	~0	~1

表 6.9　更新残差模块的时间消耗情况

延迟		间隔		类型
最小	最大	最小	最大	
138	138	139	139	无

综上可知，该模块没有过于庞大的数据块要存储，逻辑也较简单，消耗的资源及计算时间相对较少。

6.3.4 求目标稀疏解

在理论基础之上，已对 QR 分解后得到的互相关系数矩阵 R 做了进一步的优化，即通过主成分分析的方法取 R 矩阵中的主要信息，去除掉与主要信息相关联但只包含少量主要成分的其他变量，来对系数矩阵做降维处理，以简化之后求解线性方程组的过程。图 6.26 所示为对求目标稀疏解进行简化后在硬件电路上的映射。

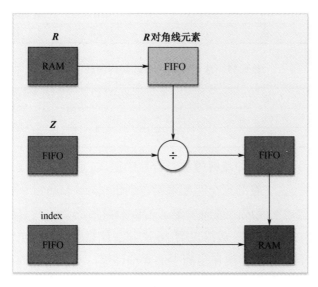

图 6.26　简化后求目标稀疏解在硬件电路上的映射

本节要完成的工作是对 QR 分解后的系数矩阵 R 做主成分分析，并利用处理后的矩阵及残差更新后产生的 Z 向量，完成对目标稀疏解的求取[11]。主成分分析中比较典型的方法是对矩阵的特征值进行提取，被保留下来的特征值中包含着原互相关矩阵中的主要信息。将 R 矩阵的对角线元素提取出来暂存到 FIFO 中，然后同步读取残差更新模块产生的 Z 向量，两者做除法即可求解出目标的稀疏解中对应的非零解。待所有非零解求解完毕之后，再从 index 模块中读取寻找原子支撑集时产生的原子索引集，将上面的计算结果存储到 BRAM 的对应地址上，完成对信号的稀疏恢复全过程。表 6.10 与表 6.11 所示分别为求解目标稀疏解模块资源与时间消耗情况。可以看出，该模块运行时长为 63 个时钟周期。

表 6.10 求目标稀疏解的资源消耗情况

名称	静态随机存储器	微型乘法器模块	触发器	查找表
数字信号处理器	—	—	—	—
数据表达式	—	—	0	18
先进先出数据缓冲器	—	—	—	—
实例	—	—	4988	4988
存储器	—	—	—	—
多路选择器	—	—	—	7
寄存器	—	—	60	12
总数	0	0	5048	5025
可用总数	2940	3600	866400	433200
利用率/%	~0	~0	~0	~1

表 6.11 求目标稀疏解的时间消耗情况

延迟		间隔		类型
最小	最大	最小	最大	
62	62	63	63	无

图 6.27 所示为求目标稀疏解模块综合后的原理。仿真数据设置的目标稀疏度为 15，这决定了一次完整的正交匹配追踪（Orthogonal Matching Pursuit，OMP）算法需迭代 15 次才能完成，进而决定了 QR 分解后的相关系数矩阵 R 的规模为 16×16 的上三角矩阵。因此，最终仅需 16 次除法计算即可近似求解出目标的稀疏解。该模块的主要运算量体现在步骤中的除法运算，对于数据的读取与存储操作消耗的资源较少。

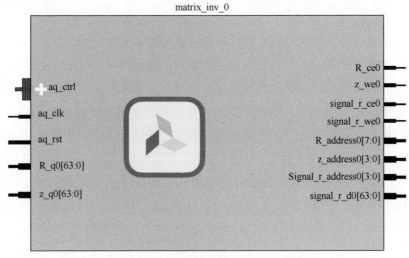

图 6.27 求目标稀疏解模块综合后的原理

6.4　小结

在雷达的工程实现过程中，频率捷变雷达与传统 PD 雷达不同之处在于频率捷变雷达的发射波形存在非单一性的特点。传统 PD 雷达发射波形可以通过提前储存数字波形等方法来实现，但是频率捷变雷达的发射波形具有随机性与复杂性，其生成方法会根据不同体制的雷达与不同类型的波形采用不同的方法。对于脉间频率捷变波形生成，可通过本振跳变或者基带跳变实现。对于脉内波形生成，最常用的为 DDS，也是工程中最容易实现的一种方式。直接采用 DDS 芯片只能生成相位连续的脉内波形，对于相位不连续的脉内波形的生成，通常采用数字 IP 核实现，但是该方法所占用的 RAM 资源会相应增加，所以工程中要根据实际情况进行选择。

同时，针对脉间频率捷变雷达的相参积累，本章还介绍了稀疏重构算法的工程实现方法。采用赛灵思公司旗下的 Vivado HLS 这一软件工具，结合 Verilog 语言，基于 FPGA 芯片进行的工程实现，兼顾了实时性与计算精度。

本章参考文献

[1]　蒋天来. 频率捷变雷达简述[J]. 制导与引信，1980(1):56-66.

[2]　宋彦斌. 直接数字频率合成器的研究方法与实现[D]. 北京：北京交通大学，2013.

[3]　胡蓓，王韬. 一种小体积 X 波段频率合成器设计[J]. 现代导航，2023,14(6):451-454.

[4]　GSM 射频跳频与基带跳频[N]. 人民邮电，2000-08-11(008).

[5]　曹婷，陈华敏. 基于 DDS 技术和 FPGA 的高精度任意波形发生器设计[J]. 南阳理工学院学报，2022,14(2):59-64.

[6]　苟玉玲，曾湘洪. 基于 FPGA 中 DDS IP 核的设计应用[J]. 软件，2021,42(1):101-103.

[7]　高肖肖. 雷达稀疏信号处理算法的硬件加速设计[D]. 西安：西安电子科技大学，2015.

[8]　马宝洋. 基于 FPGA 的捷变频雷达信号实时处理研究[D]. 西安：西安电子科技大学，2019.

[9]   APPLEBAUM L, HOWARD S D, SEARLE S, et al. Chirp sensing codes: Deterministic compressed sensing measurements for fast recovery[J]. Applied & Computational Harmonic Analysis, 2009, 26(2): 283-290.

[10] DAVENPORT M A, WAKIN M B. Analysis of Orthogonal Matching Pursuit Using the Restricted Isometry Property[J]. IEEE Transactions on Information Theory, 2010, 56(9): 4395-4401.

主要符号

B	信号带宽
c	光速
f_0	初始载频
T_r	脉冲重复周期
T_p	脉冲宽度
P_{fa}	虚警概率
f_s	采样率
Δf	频率间隔
T_{sub}	子脉冲宽度
γ	调频斜率
B_{sub}	子脉冲带宽
T_j	干扰采样宽度
T_s	采样周期
Δr	距离分辨率
Δv	速度分辨率
λ	波长
V_{max}	最大不模糊速度
r_{max}	最大不模糊距离
ΔR	粗距离分辨率
R	目标径向距离
v	目标径向速度
τ	时延

缩略语

MIMO	Multiple-Input and Multiple-Output	多输入多输出
DRFM	Digital Radio Frequency Memory	数字射频存储器
FDA	Frequency Diverse Array	频率分集阵技术
FDA-MIMO	Frequency Diverse Array-Multiple Input Multiple Output	频控阵-多输入多输出
SMSP	Smeared Spectrum	频谱弥散
C&I	Chopping and Interleaving	切片组合
FrFT	Fractional Fourier Transform	分数阶傅里叶变换
LCT	Linear Canonical Transform	线性正则变换
APC	Adaptive Polarization Cancellers	自适应极化对消器
IAA	Iterative Adaptive Approach	自适应迭代方法
CS	Compressive Sensing	压缩感知
MTI	Moving Target Indicator	动目标显示
STCA	Space-Time Coding Array	空时编码阵列
TDA	Time Diversity Array	时间分集阵列
EPC	Element Pulse Code array	阵元间脉冲编码阵列
PD	Pulse Doppler	脉冲多普勒
CPI	Coherent Pulse Interval	相参处理间隔
FFT	Fast Fourier Transformation	快速傅里叶变换
MTD	Moving Target Detection	动目标检测
IFFT	Inverse Fast Fourier Transform	逆快速傅里叶变换
NUFFT	Nonuniform Fast Fourier Transform	非均匀快速傅里叶变换
OMP	Orthogonal Matching Pursuit	正交匹配追踪
PRT	Pulse Repetition Time	脉冲重复周期
LFM	Linear Frequency Modulated	线性调频
SF	Stepped Frequency	频率步进
RCS	Radar Cross Section	雷达散射截面
MP	Matching Pursuit	匹配追踪算法
PRF	Pulse Repetition Frequency	脉冲重复频率

RIP	Restricted Isometry Property	约束等容性
MIP	Mutual Incoherence Property	互不相干性
RIC	Restricted Isometry Costant	限制等容常数
FAR	Frequency Agility Radar	捷变频雷达
JSR	Jamming to Signal Ratio	干信比
LOF	Local Outlier Factor	局部离群因子
KKT	Karush-Kuhn-Tucker	卡罗需-库恩-塔克
RBF	Radial Basis Function	径向基核函数
SNR	Signal to Noise Ratio	信噪比
ISRJ	Interrupted-Sampling Repeater Jamming	间歇采样转发干扰
ISRJ-DF	Interrupted Sampling Repeater Jamming-Direct Forwarding	间歇采样直接转发干扰
ISRJ-RF	Interrupted Sampling Repeater Jamming- Repeat Forwarding	间歇采样重复转发干扰
STFT	Short Time Fourier Transform	短时傅里叶变换
ISTFT	Inverse Short-Time Fourier Transform	逆短时傅里叶变换
MDCFT	Modified Discrete Chirp-Fourier Transform	修正离散 Chirp-Fourier 变换
CFT	Chirp-Fourier Transform	Chirp-Fourier 变换
DCFT	Discrete Chirp-Fourier Transform	离散 Chirp-Fourier 变换
IDCFT	Inverse Discrete Chirp-Fourier Transform	离散 Chirp- Fourier 逆变换
DFT	Discrete Fourier Transform	离散傅里叶变换
CFSFDP	Clustering by Fast Search and Find of Density Peak	快速搜索查找密度峰值聚类算法
OFDM	Orthogonal Frequency Division Multiplexing	正交频分复用
FA-OFDM	Frequency Agile Orthogonal Frequency Division Multiplexing	频率捷变联合正交频分复用
SFA-OFDM	Sparse Frequency Agile Orthogonal Frequency Division Multiplexing	稀疏频率捷变联合正交频分复用
EM	Expectation-Maximum	期望最大化

RANSAC	Random Sample Consensus	随机采样一致性
IOMP	Improved Orthogonal Matching Pursuit	改进的正交匹配追踪
MUSIC	Multiple Signal Classification	多信号分类
APES	Amplitude and Phase Estimation of a Sinusoid	正弦信号幅度相位估计
WLS	Weighted Least Squares	加权最小二乘
CFAR	Constant False-Alarm Rate	恒虚警率
LDP	Location Determination Problem	位置确定问题
CR	Cognitive Radar	认知雷达
RDJ	Range Deception Jamming	距离欺骗干扰
VDJ	Velocity Deception Jamming	速度欺骗干扰
DFTJ	Dense False Target Jamming	密集假目标干扰
SMSPJ	Smeared Spectrum Jamming	频谱弥散干扰
GPO	Gate Pull-Off	波门拖引类干扰
NLJ	Noise-Like Jammer	多类噪声干扰机
SVM	Support Vector Machines	支持向量机
SPWVD	Smoothed Pseudo-Wigner-Ville Distribution	平滑伪 Wigner-Ville 分布
CNN	Convolutional Neural Networks	卷积神经网络
TG	True Goal	真实目标
RF	Random Forest	随机森林
OA	Overall Accuracy	整体分类精度
AA	Average Accuracy	平均精度
ADMM	Alternating Direction Method of Multipliers	交替方向乘子法
PSO	Particle Swarm Optimization	改进粒子群算法
FPGA	Field-Programmable Gate Array	现场可编程门阵列
PLL	Phase-Locked Loop	锁相环
VCO	Voltage Controlled Oscillator	压控振荡器
	Voltage Controlled Crystal Oscillator	电压控制晶体振荡器
BPSK	Binary Phase Shift Keying	二进制相移键控
QPSK	Quadrature Phase Shift Keying	四分相移键控

QAM	Quadrature Amplitude Modulation	正交振幅调制
DAC	Digital-to-Analog Converter	数模转换器
DDS	Direct Digital Synthesizer	直接数字合成器
RAM	Random Access Memory	随机存取存储器
SFDR	Spurious Free Dynamic Range	无杂散动态范围
ROM	Read-Only Memory	只读存储器
BRAM	Block Random Access Memory	块随机存取存储器
FIFO	First In First Out	先进先出寄存器
RTL	Register Transfer Level	寄存器传输级
DOA	Direction of Arrival	波达方向
PAR	Phased Array Radar	相控阵雷达
PCA	Principal Components Analysis	主成分分析
ECNN	Ensemble Convolutional Neural Networks	集成卷积神经网络
DUC	Digital Up Conversion	数字上变频

反侵权盗版声明

电子工业出版社依法对本作品享有专有出版权。任何未经权利人书面许可，复制、销售或通过信息网络传播本作品的行为；歪曲、篡改、剽窃本作品的行为，均违反《中华人民共和国著作权法》，其行为人应承担相应的民事责任和行政责任，构成犯罪的，将被依法追究刑事责任。

为了维护市场秩序，保护权利人的合法权益，我社将依法查处和打击侵权盗版的单位和个人。欢迎社会各界人士积极举报侵权盗版行为，本社将奖励举报有功人员，并保证举报人的信息不被泄露。

举报电话：（010）88254396；（010）88258888

传　　真：（010）88254397

E-mail： dbqq@phei.com.cn

通信地址：北京市万寿路 173 信箱

　　　　　电子工业出版社总编办公室

邮　　编：100036